军队信息化建设系列规划教材

21世纪高等教育计算机规划教材

多媒体设计与制作入门

Introduction to Multimedia Design
and Production

魏迎梅 谢毓湘 栾悉道 徐珂 编著

人民邮电出版社

北 京

图书在版编目（CIP）数据

多媒体设计与制作入门 / 魏迎梅等编著. -- 北京：
人民邮电出版社，2015.6（2023.2重印）
21世纪高等教育计算机规划教材
ISBN 978-7-115-38795-0

Ⅰ．①多… Ⅱ．①魏… Ⅲ．①多媒体技术－高等学校
－教材 Ⅳ．①TP37

中国版本图书馆CIP数据核字(2015)第061195号

内 容 提 要

本书讲述多媒体设计与制作过程中所需要的基础知识和基本方法。全书共 5 章，主要内容包括多媒体技术概述、音频基础与制作、图像基础与图像处理、视频基础与制作、动画基础与制作。

本书作为多媒体技术的入门教程，旨在从应用的角度介绍音频、图像、视频、动画等多媒体相关基本概念、制作方法与技巧，通过以知识点为基本单元的组织方式支持个性化学习。

本书是计算机应用普及类教材，可供多媒体制作职业培训、广大的多媒体制作爱好者学习参考。

◆ 编　　著　魏迎梅　谢毓湘　栾悉道　徐　珂
　　责任编辑　邹文波
　　责任印制　沈　蓉　彭志环

◆ 人民邮电出版社出版发行　　北京市丰台区成寿寺路 11 号
　　邮编　100164　电子邮件　315@ptpress.com.cn
　　网址　http://www.ptpress.com.cn
　　北京九州迅驰传媒文化有限公司印刷

◆ 开本：787×1092　1/16
　　印张：15.75　　　　　　　　2015 年 6 月第 1 版
　　字数：410 千字　　　　　　2023 年 2 月北京第 9 次印刷

定价：39.80 元

读者服务热线：(010)81055256　印装质量热线：(010)81055316
反盗版热线：(010)81055315
广告经营许可证：京东工商广登字 20170147 号

前言

多媒体技术自诞生以来，就一直改变着人们的生活方式以及信息交流方式。如今，以图像、视频、音频为代表的多媒体数据已成为互联网和各种信息系统的主流数据资源，也是各种应用系统和应用领域的重要数据基础。随着智能终端与移动计算设备的普及和功能的不断完善，普通用户也可以方便地获取各种多媒体数据，如何对这些数据进行加工处理，使其能够更有效地为我们的工作和生活服务，是应用多媒体技术的基本要求。

本书作为"多媒体设计与制作入门"课课程的配套教材，该课程旨在从应用的角度介绍音频、图像、视频、动画等媒体的概念和处理方法，自2014年上线以来，受到了广大学习者的热烈欢迎，为此我们缩写了此书。该书特别强调对多媒体制作和综合运用能力的培养和对个性化学习方式的支持，其目的是使初学者能够较为容易地理解和掌握多媒体基础知识，能够使用专业制作工具，进行多媒体素材的加工处理，并针对具体的应用问题，进行多媒体作品的设计与制作。

本书在内容组织上，采用以应用问题为牵引、以知识点为基本单元的微课程组织方式，知识点采用按应用问题划分的原则，而不是从理论体系的角度来划分，以浅显的语言和明晰的结构使初学者能够清楚地了解所学内容，根据实际情况个性化地选择、调整学习内容和学习进度。对于每个知识点的学习，采用问题牵引的方式展开，先从实际应用中碰到的问题和可能需求入手，引出要学习的内容，便于消除初学者常有的"学了有什么用"的困惑，使其能够明确学习目的，尽快利用所学知识解决实际问题。在教学内容的选择上，考虑到初学者的特点，本着"学以致用"的原则，精选出最常见的应用问题所涉及的知识内容；在各种处理和制作软件的选择上，也没有追求最新版本，而是本着"够用"和"好用"原则，选择了较为经典、易于掌握的版本。

本书共5章。第1章为多媒体技术概述，介绍多媒体技术的概念、主要技术特征以及其产生发展历程；第2章音频基础与制作，介绍音频基本概念、音频文件格式等基础知识，讲述利用音频处理软件进行录音、调整音高、添加音频效果以及合成音频等处理的基本方法；第3章图像基础与图像处理，介绍数字图像的基本概念、图像文件格式等基础知识，讲述运用图像处理软件进行抠图、修图、绘图、添加文字特效以及合成图像等基本方法；第4章视频基础与制作，介绍视频的基本概念、视频文件格式等基础知识，讲述如何利用视频处理软件进行素材管理、视频分割、切换、合成等非线性编辑方法；第5章动画基础与制作，介绍动画的原理、种类及特点，讲述如何利用动画制作软件进行动画绘制与制作、发布和导出等基本方法。每章都配有大量的练习题，练习题的内容经过精心设计，可以从巩固、督促和应用3个方面对所学知识进行训练，并促使学习者动手实践以理解所学内容。

本书第 1 章、第 3 章、第 5 章由魏迎梅、徐珂撰写；第 2 章、第 4 章由谢毓湘、栾悉道撰写。

多媒体技术是一门综合性很强、发展很快的技术，限于作者的能力水平，书中难免存在错误和不妥之处，敬请读者批评指正。

编 者

2015 年 2 月

目　录

第1章
多媒体技术概述

自 20 世纪 80 年代末以来，随着计算机技术、通信技术和广播电视技术的飞速发展以及相互渗透融合，形成了多媒体技术。如今，多媒体技术已渗透到人们日常工作和生活的各个方面，并不断地改变着人们的生活方式和信息交流方式。以图像、视频、音频为代表的多媒体数据已成为互联网和各种信息系统的主流数据资源，也是各类应用系统的重要数据基础。本章将介绍多媒体的含义、多媒体技术的主要特性、多媒体技术的产生和发展等基础知识。

1.1 多媒体的基本概念

1.1.1 多媒体的基本概念

对于什么是多媒体，不同的应用领域有不同的说法，并没有统一的定义。多媒体一词译自英文 "Multimedia"，它由 "multiple" 和 "media" 复合而成，核心词是媒体（Media）。

媒体在计算机领域有两种含义：一是指存储信息的实体，如磁盘、光盘、磁带、半导体存储器等，又译为媒质；二是指传递信息的载体，如数字、文字、声音、图形和图像等，又译为媒介，目前并不区分这三个概念，可统一称作媒体。

媒体的概念非常广泛，与承载、传递信息有关的一切介质，都可以看作是媒体的范畴。CCITT（国际电报电话咨询委员会）把媒体分为如下 5 类。

（1）感觉媒体：指能直接作用于人们的感觉器官，从而能使人产生直接感觉的媒体，如视觉、听觉、触觉等。

（2）表示媒体：指为了传送感觉媒体而人为研究出来的媒体，即信息的表示方式。借助于此种媒体，能更有效地存储感觉媒体或将感觉媒体从一个地方传送到遥远的另一个地方，如文字、图形、电报码、条形码、五线谱、图像编码等。

（3）显示媒体：指用于显示信息内容的媒体，通常是通信中使电信号和感觉媒体之间产生转换用的媒体，如话筒、键盘、鼠标、显示器、打印机等表现和获取信息的设备。

（4）存储媒体：指用于存放某种媒体的媒体，如纸张、磁带、磁盘、光盘等。

（5）传输媒体：指用于传输某些媒体的媒体，如电话线、电缆、光纤等。

那么多媒体的含义是什么呢？所谓多媒体，从文字上理解就是多种媒体的综合，但事实上，并不是简单地把多种媒体"放"在一起就是多媒体了，尽管不同领域对多媒体的定义多种多样，但人们普遍地认为，多媒体是指能够同时获取、处理、编辑、存储和展示两个以上不同类型信息媒体的技术，这些信息媒体包括文字、声音、图形、图像、动画、视频等。从这个含义中可以看到，我们常说的多媒体最终被归结为是一种"技术"，不是指多种媒体本身，而是指处理和应用它的一整套技术。因此，多媒体实际上常被当作多媒体技术的同义语。

多媒体技术往往与计算机技术联系起来，这是由于计算机的数字化及交互式处理能力，极大地推动了多媒体技术的发展。通常可以把多媒体看作是先进的计算机技术与视频、音频、通信等技术融为一体而形成的新技术或新产品。因此我们一般理解是，计算机综合处理文本、图形、图像、音频、视频等多种媒体信息，使多种信息建立逻辑连接，集成为一个系统并具有交互性。

多媒体技术的发展改变了计算机的使用领域，使计算机由办公室、实验室中的专用品变成了信息社会的普通工具，广泛应用于工业生产管理、学校教育、公共信息咨询、商业广告、军事指挥与训练，甚至家庭生活与娱乐等领域。

1.1.2　多媒体技术的基本特征

多媒体技术不是各种信息媒体的简单复合，它是一种把文本、图形、图像、动画、声音等形式的信息结合在一起，并通过计算机进行综合处理和控制，能支持完成一系列交互式操作的信息技术。因此，多样性、集成性、交互性被称作是多媒体技术的三大基本特征。

1. 多样性

人类对于信息的接收和产生主要在 5 个感觉空间内，即视觉、听觉、触觉、嗅觉和味觉，其中前三者占了 95%以上的信息量。借助于这些多感觉形式的信息交流，人类对于信息的处理可以说是得心应手。但是，计算机以及与之类似的一系列设备，都远远没有达到人类的水平。在许多方面必须要把人类的信息进行变形之后才可以使用。信息只能按照单一的形态（如二进制数）才能被加工处理。可以说，在信息交互方面计算机的水平并不高。多媒体技术就是要把机器处理的信息多样化或多维化，使之在信息交互的过程中，具有更加广阔和更加自由的空间。多媒体的信息多维化不仅仅是指输入，而且还指输出，目前主要包括视觉和听觉两个方面。通过对多维化的信息进行变换、组合和加工，可以大大丰富信息的表现效果，增强人们对信息的理解能力。

2. 集成性

多媒体技术的集成性应该说是在系统级的一次飞跃。早期多媒体中的各项技术都可以单一使用，但很难有很大的作为，因为它们是单一的、零散的，如单一的图像、声音等。信息空间的不完整，如仅有静态图像而无动态视频，仅有语音而无图像等，都将限制信息的有效使用和空间信息组织。同样，信息交互手段的单调性也会制约应用的发展。

多媒体的集成性主要表现在两个方面，即多媒体信息的集成和处理这些媒体的设备集成。对于前者而言，各种信息媒体尽管可能会是多通道的输入或输出，但应该成为一体。这种集成包括信息的多通道统一获取、多媒体信息的统一存储与组织、多媒体信息表现合成等各方面。对于后者而言，指的是多媒体的各种设备应该成为一体。从硬件来说，应该具有能够处理多媒体信息的高速 CPU 系统、大容量的存储、适合多媒体多通道的输入/输出能力及外设、宽带的通信网络接口等。对于软件来说，应该有集成一体化的多媒体操作系统、适合于多媒体信息管理和使用的软件系统和创作工具、高效的各类应用软件等。同时还要在网络的支持下，集成构造出支持广泛信息应用的信息系统，1+1＞2 的系统特性将在多媒体信息系统中得到充分的体现。

3. 交互性

多媒体的交互性将向用户提供更加有效地控制和使用信息的手段，同时也为应用开辟了更加广阔的领域。

交互可以增加对信息的注意和理解，延长信息保留的时间。但在单一的文本空间中，这种交互的效果和作用很差，只能使用信息，很难做到自由地控制和干预信息的处理。当交互性引入时，活动本身作为一种媒体介入了信息转变为知识的过程。借助于活动，我们可以获得更多的信息，改变现在使用信息的方法。因此，交互性一旦被赋予了多媒体信息空间，可以带来很大的作用。例如，我们早期到达一个陌生的城市，只能借助于纸质地图册去查找地点和路线，不仅信息获取困难，而且获取的信息非常有限。电子地图的出现改善了这一情况，但单一的关键字查询方式限制了其应用的范围。而如今，通过手机上的在线地图系统，可以很容易地查找定位目标地点，最短路径、实时道路交通状况等，甚至可以进一步获得图文并茂的衣食住行信息，还可以迅速反馈补充新信息。而在获取和反馈信息时，可以综合使用键盘输入、手写输入、语音输入、手势输入等多种交互手段，方便快捷地完成各种查询和控制操作。可以说，良好的交互性已经成为用户评价此类多媒体应用系统的一个主要指标，也是多媒体技术能够广泛深入到各个应用领域的一个重要原因。

1.2　多媒体技术的产生与发展

多媒体技术的概念起源于 20 世纪 80 年代初期，但真正蓬勃发展起来是在 90 年代。多媒体是在计算技术、通信网络技术、大众传播技术等现代信息技术不断进步的条件下，由多学科不断融合、相互促进而产生出来的。它是信息技术与应用发展的必然。

计算机中信息的表达最初只能用二进制的 0、1 来表示，它的目的纯粹是为了计算。但在应用过程中，这种 0、1 的形式使用起来非常不方便，后来就产生了像 ASCII 码这一类的字符代码。将字符命令引入到计算机中，不仅方便了用户，而且也使计算机不再局限于计算的范围，而进入了事务处理领域。中文标准代码的出现和使用很大程度上依赖于计算机图形技术和软件技术的发展，使之能够以一种图形的方法来表达信息。随后计算机开始处理图形、图像、语音、音乐，直至发展到能处理影像视频信息。这个过程就是计算机的多媒体化过程，当然早期的集成度还相当不够。与此同时，在大众传播及娱乐界，最初是印刷技术开始了电子化、数字化的过程，继而逐步发展了广播、电影、电视、录像、有线电视乃至交互式光盘系统、高清晰度电视 HDTV，并且逐渐地开始具有交互能力。在这个过程中，通信网络技术的发展，从邮政、电报电话，一直到计算机网络等，一方面不断地扩展了信息传递的范围和质量，另一方面又不断支持和促进了计算机信息处理和通信、大众信息传播的发展。因此可以说，多媒体直接起源于计算机工业界、家用电器工业界和通信工业界。

最早研究和提出多媒体系统的分别是计算机工业的代表 IBM、Intel、Apple 及 Commodore 公司，家用电器公司的代表 Philips、Sony 等。他们从两个方面提出的发展方向和目标可以说是不谋而合，都是要推出能够交互式综合处理多媒体信息的设备或系统。1984 年，美国 Apple 公司推出被认为是代表多媒体技术兴起的 Macintosh 系列机。1985 年，美国 Commodore 公司的 Amiga 计算机问世，成为多媒体技术先驱产品之一。1986 年 3 月，Philips 和 Sony 两家公司宣布发明了交互式光盘系统（CD-I），这是文字、图像和声音于一体化的多媒体系统。1987 年，美国 RCA 公司展示了交互式数字影像系统（DVI），它以 PC 技术为基础，用标准光盘来存储和检索活动影像、静止图像、声音和其他数据。后来，Intel 公司接受了这项技术转让，于 1989 年宣布把 DVI 开发为大众化商品。DVI 可使计算机能够处理影像视频信息，这就使得计算机跨入了传统的电视领域。

Microsoft 等一大批软件开发商以多媒体应用为契机，推出的各类多媒体软件和 CD 光盘，造就了一大批计算机的多媒体应用和用户。而以 Philips 和 Sony 公司为代表的家用电器工业，将电视技术进行改进，使其向智能化、有交互能力的方向发展。现在又与通信网络普遍结合，开发出的电视机顶盒、大规模视频服务器，也显示出了交互式电视的潜在能力。通信工业也不甘落后，不仅在通信传输、电话终端等方面保持优势，而且在许多新的领域大力拓展，努力开发新一代的产品。可视电话、视频会议、远程服务、综合电话终端等都是通信业在技术上的新发展。

进入 20 世纪 90 年代以来，由于"信息高速公路"计划的兴起，Internet 的广泛使用，刺激了多媒体信息产业的发展和网络互连的需求，在全球掀起了一股家电行业、有线电视网、娱乐行业、计算机工业及通信业相互兼并、联合建网的浪潮，从而使得 90 年代被称为多媒体时代。计算机、通信、家电和娱乐业的大规模联合，造就了新一代的信息领域，产生了崭新的信息社会的概念，也创造了无穷的机遇和潜在的市场。

目前，多媒体技术的发展，已显示出许多突出的特点，如多学科交叉、顺应信息时代的需求、促进和带动新产业的形成与发展、多领域的应用等。将来多媒体技术将向着以下 6 个方向发展：高分辨化，提高显示质量；高速度化，缩短处理时间；简单化，便于操作；高维化，提高处理三维、四维或更高维信息的能力；智能化，提高信息识别能力；标准化，便于信息交换和资源共享。其总的发展趋势是具有更好、更自然的交互性，更大范围的信息存取服务，为未来人类生活创造出更完美的崭新世界。

由多媒体技术的发展和涉及的范围不难看出，它的应用是极为广泛的。对于经常与各种信息打交道的人和部门，计算机都能够提供快速、准确和综合的服务，多媒体增强了以往的仅依赖文本和简单图形的用户界面，方便了用户的使用。目前，多媒体的应用已遍及社会生活的各个领域，如教育与培训、办公自动化、电子出版、影视创作、旅游与地图、家庭应用、商业、新闻出版、电视会议、广告宣传等。

习　题

一、单选题

按照 CCITT 对媒体的分类，文本、图像、动画属于（　　　）媒体。

　　A. 感觉媒体　　　　B. 表示媒体　　　　C. 传输媒体

　　D. 存储媒体　　　　E. 显示媒体

二、多选题

1. 以下属于显示媒体有（　　　）。

　　A. 鼠标　　　　　　B. 显示器　　　　　C. 打印机　　　　　D. 图像

2. 多媒体三大基本特性是（　　　）。

　　A. 交互性　　　　　B. 集成性　　　　　C. 娱乐性　　　　　D. 多样性

三、判断题

1. 只要包含多种媒体形式，就是多媒体。　　　　　　　　　　　　　　　　（　　　）

2. 自从第一台计算机问世，多媒体技术便伴随着计算机技术共同发展。　　（　　　）

3. 多媒体技术是计算机技术、大众传媒技术和通信技术共同发展的产物。　（　　　）

4. 多媒体技术的研究与发展是为了让人更好地适应计算机。　　　　　　　（　　　）

第2章
音频基础与制作

音频在多媒体制作过程中起着非常重要的作用，恰当地运用音频将为多媒体作品增色不少。本章将首先介绍音频的一些基础知识，包括什么是音频，数字音频的技术指标以及音频文件格式。在此基础上介绍如何使用音频处理软件 Audition 进行音频的基本制作，包括认识 Audition，如何打开和保存音频文件，如何录音，如何调整音高，如何添加效果，如何拼接合成音频等内容。最后，通过习题对本章所学内容进行巩固。

2.1　什么是音频

2.1.1　什么是声音

要理解音频的概念，首先需要了解什么是声音。简单地讲，声音是通过空气传播的一种连续的波。在现实生活中，声音是混杂的，由许多不同频率的正弦波复合而成。

声波在物理上通常用振幅、频率和相位来进行描述，如图 2-1 所示。其中，振幅表示声波产生的压力，体现了声音的强弱。频率表示声波变化的速率，体现了音调的高低。相位表示声波的起点和方向，体现了声音的方位。

图 2-1　声波图

声音的物理特性与人对声音的主观感觉相对应，可分别用音调、音强和音色来描述。音调是指人耳对声音调子高低的主观感觉，主要是与声波的频率有关，也和发声体的结构等因素有关。通常，女声的音调要比男声的音调高一些，这是因为女声的声波频率比男声声波频率要高。音强是指人耳对声音强弱的主观感觉，在频率一定的情况下音强取决于声波的振幅。音色是指人耳对声源发声特色的感受。例如，在许多人同时说话的嘈杂声中，我们可以听出朋友的声音。不同的乐器，即使音调和音强都相同，我们也可以把它们区分开来。音色主要与声波的波形有关，也和发声材料有关。

此外，声音还具有方向性，如图 2-2 所示。人类感知声源位置的最基本的理论是双工理论，这种理论基于两种因素：两耳间声音到达的时间差和两耳间声音的强度差。时间差是由于距离的原因造成，当声音从正面传来，距离相等，所以没有时间差；但若偏右三度则到达右耳的时间就要比左耳约少 30μs。而正是这 30μs，使得我们辨别出了声源的位置。强度差是由于信号的衰减造成的。信号的衰减一方面是因为距离而自然产生，另一方面

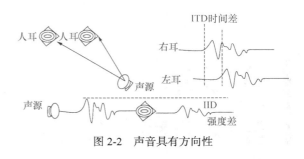

图 2-2　声音具有方向性

是因为人的头部遮挡，从而使得靠近声源一侧的耳朵听到的声音强度要大于另一耳。正是由于声音到达左右耳的时间差和强度差的存在，人耳才能判别声音的来源方向。利用声音的这种方向性，可以制造声音的立体感和空间感效果。

2.1.2　声音的分类

根据频率范围的不同，可将声音分为次声、音频和超声，如图 2-3 所示。其中，次声是指频率小于 20Hz 的声音；超声是指频率高于 20kHz 的声音；音频则是指频率范围在 20Hz～20kHz 的声音。这个频率范围的声音能够被我们的人耳所感知，如音乐声、风雨声、汽车声等，也将其称为全频带声音。在音频中，有一类比较特殊的声音信号，其频率范围在 300Hz～3.4kHz，称其为语音。

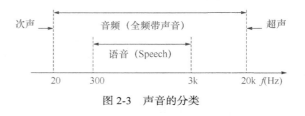

图 2-3　声音的分类

各类音频占用的频率范围不同，其声音质量也不同。一般来说，声音的频率范围越宽，声音的质量就越好。如图 2-4 所示，CD-DA的频率范围最宽，其音质最好。调频立体声广播次之，接下来是调幅立体声广播，最后才是电话。

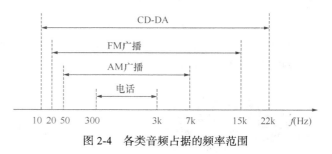

图 2-4　各类音频占据的频率范围

通常所说的音频是指数字音频。声源发出的模拟音频信号必须经过采样、量化、编码后才能变成数字音频，为后期所编辑和处理。

2.2　数字音频的技术指标

2.2.1　采样频率、量化位数和声道数

数字音频是对模拟音频信号按采样的频率间隔，不断获取幅度的量值，使连续的声音转变为离散的数字量的结果。通常，数字音频的技术指标包括采样频率、量化位数以及声道数等。

1. 采样频率
采样频率是指对声波每秒钟进行采样的次数，其单位为 Hz。如图 2-5 所示，每秒钟的采样次

数不同,对原始模拟信号的恢复能力也不同。

显然,每秒钟的采样次数越多,也即采样频率越高,采样值越能精确反映原来的模拟信号,数字音频的质量越好,但所需的存储空间也越大。反之,采样频率越低,数字音频的质量也就越差。根据奈奎斯特采样理论:只要采样频率高于输入信号最高频率的两倍,就能从采样信号系列中重构原始信号。数字音频常见的采样频率有:44.1kHz、22.05kHz、11.025kHz 等。其中, CD 音乐的

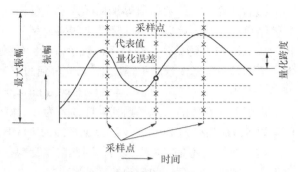

图 2-5　数字音频的采样量化示意图

采样频率为 44.1kHz, FM 广播的采样频率为 22.05kHz,电话语音的采样频率为 11.025kHz。

2. 量化位数

数字音频的另一个重要技术指标是量化位数,它表示对声波的幅度轴(即声音的强弱)进行数字化的动态范围。简单来讲,就是每个声音样本在计算机当中用多少 bit 的位数来进行存储,也称为量化精度。量化位数越高,越能细致地反映声音的强弱变化,但所需的存储空间也越大。量化位数每增加 1 位,数字音频的动态范围就增加 6 分贝。常见的量化位数包括 8 位、16 位等。

3. 声道数

反映数字音频质量的另一个因素是声道数。声道数是指声音同一时间产生的波形数。简单地讲,声道是指同一时间有几个喇叭发出声音。常见的有单声道和双声道。记录声音时,如果每次生成一个声波数据,称为单声道;每次生成两个声波数据,称为立体声(双声道)。单声道缺乏对声音的定位能力,而立体声在录制过程中被分配到两个独立的声道,从而能够达到很好的声音定位效果,现场真实感更强。立体声更能反映人的听觉感受,但相应的数据量要比单声道的数据量加倍。立体声虽然满足了人们对左、右声道位置感觉体验的要求,但要达到更好的效果,仅仅依靠两个音箱是远远不够的。随着声音合成技术的发展,双声道立体声逐渐向多声道环绕声发展。早期运用 3 声道来增强人的沉浸感,后来发展到 4 声道(两前两后)、DVD 的 6 声道(5.1 声道)、7 声道(6.1 声道)、8 声道(7.1 声道),以及电影院的 10 声道等。

这里重点介绍一下 5.1 声道,如图 2-6 所示。5.1 声道是杜比实验室发布的新一代家庭影院环绕声系统,包括中央声道、前置主左/右声道、后置左/右环绕声道,及所谓的 0.1 声道的重低音声道。其中,中央声道负责配合屏幕上的动作和人物对白;前置主左/右声道喇叭,用来弥补在屏幕中央以外或不能从屏幕看到的动作及其他声音;后置左右环绕声道负责外围及整个背景音乐,让人感觉置身于整个场景的正中央;而马达声、轰炸机的声音或是大鼓等震人心弦的重低音,则是由重低音声道来完成。

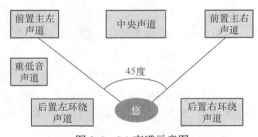

图 2-6　5.1 声道示意图

2.2.2　数字音频数据量的计算

数字音频数据量的计算与其技术指标密切相关。其计算公式如下:

数据量(Byte)=采样频率×量化位数×声道数×持续时间/8

根据计算公式，数据量等于采样频率、量化位数、声道数以及持续时间的乘积，这样得到的计算结果为比特，除以 8 将计算结果转换为字节。其中，单位时间传送的数据位数通常称为数据传输率，用 bit/s 为单位进行表示，表示每秒钟的数据量。

下面计算以 CD 音质采样量化 1min 得到的数字音频数据量是多少？

$$44.1(kHz) \times 16(bit) \times 2 \times 1 \times 60(s)/8 \approx 10MB$$

由于 CD 音质的数字音频其采样频率为 44.1kHz，量化位数为 16 位，声道数为 2，再乘以时间除以 8，最终得到 1min 的 CD 数据量约为 10MB，其数据传输率约为 1411.2bit/s。

这个数据量还是非常庞大的，因此数字音频在计算机中进行存储时，往往需要进行一定的压缩编码，才能适应存储和传输的需要。

2.3　音频文件格式

数字音频在计算机当中是以各种音频文件格式进行存储的。常见的音频文件格式包括 CD、WAV、MIDI、MP3、WMA、RA 等。下面就对这些文件格式一一进行介绍。

1. CD 格式

CD 格式是 1982 年飞利浦和索尼公司公布的一种文件格式，也是目前为止音质最好的一种近似无损的音频文件格式，常被称作天籁之音。

CD 格式的文件采样频率为 44.1kHz，量化位数为 16 位。1min 的 CD 数据量约为 10MB，占用的存储空间比较大。

CD 格式的文件其扩展名为 cda，这个文件里只包含一个 44B 的索引信息，用于记录音频文件所在的位置。由于它并不包含真正的声音信息，因此需要使用特定的抓音轨软件将其转换成 WAV 文件，才能在硬盘上进行播放。如果光驱质量好且参数设置得当，这个转换过程基本上是无损的。

2. WAV 格式

WAV 是微软公司开发的一种无损的音频文件格式，被 Windows 平台及其应用程序所支持。WAV 文件记录了对实际声音进行采样的数据，可以重现自然界的各种声音，包括不规则的噪音、CD 音乐等。其声音文件质量很好，和 CD 相差无几，但其文件所占的空间很大，30min 的立体声音乐，WAV 文件约占 300MB，因此不适合长时间记录音频数据。

3. MIDI 格式

MIDI 格式是数字音乐的国际标准，扩展名为 MID。在 MIDI 文件里，记录的是音乐的信息，如乐器种类、键名、力度、时间长短等，通过指令告诉声卡如何再现音乐。MIDI 文件主要用于音乐创作，是作曲家最喜爱的一种文件格式。

MIDI 文件的特点是：数据量小，每分钟的数据量在 5～10KB，编辑起来很灵活，但它只能记录标准所规定的有限几种乐器的组合，其回放质量受到声卡合成芯片的限制，缺乏重现真实自然声音的能力。MIDI 文件有几个变通格式，如.rmi 和.cmf 等。

4. MP3 格式

MP3 是非常流行的一种音频文件格式，它诞生于 20 世纪 80 年代的德国。MP3 是 MPEG1 视频压缩标准中音频部分第 3 层的一种压缩编码方法，它对音频文件的压缩比可以达到 10:1～12:1 的效果，经过压缩后每分钟的 MP3 音乐约为 1MB 左右，这样每首歌的大小只有 3～5MB。由于它数据量较小，因此在网络上非常流行。

MP3 音频文件采用了一种基于感官编码的有损压缩技术。由于人耳对 12kHz 以上的高频信号不敏感，因此在编码时牺牲 12kHz 以上的高频部分来换取文件大小的降低。MP3 文件的大小约为 WAV 文件的 1/10，而音质却非常好，仅次于 CD 和 WAV，这也是它在互联网上广为流行的主要原因。

5. WMA 格式

WMA 是微软公司开发的一种音频文件格式。这种文件兼具音质好，文件体积小的优点，支持流媒体技术，适合在网络上在线播放。这种文件格式内置了版权保护技术，可以在一定程度上限制盗版问题。在绝大多数的 MP3 播放器上，通常支持的两种音频文件格式就是.mp3 和.wma。

6. 其他音频文件格式

其他音频文件格式包括 RA、APE 等。

RA 是 Real Networks 公司的一种文件格式，采用流媒体技术，可以随网络带宽的不同而改变声音的质量，在保证大多数人听到流畅声音的前提下，令带宽富裕的用户获得较好的音质，主要适用于网上在线音乐欣赏。

APE 是一种高保真、几乎无损的音频压缩文件格式。由于这些特点，它经常会被音乐爱好者用来进行音频素材的保存。

7. 音频文件格式总结

如图 2-7 所示，按音频文件每分钟数据量从小到大来看，数据量最大的音频文件格式为 WAV、CD、APE 等，每分钟数据量约为 10MB。这些音频文件音质最好，非常适合素材保存、音乐收藏等应用。其次是 MP3、WMA、RA 等文件，每分钟数据量约为 1MB。这些音频文件音质较好，比较适合播放、网络等应用。数据量最小的文件为 MID、RMI、CMF 等，每分钟数据量约为 10KB，文件记录的是消息指令，适合创作、音效制作等应用。

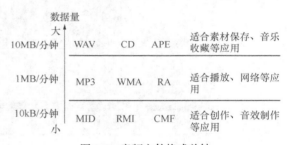

图 2-7　音频文件格式总结

2.4　认识 Audition

2.4.1　Audition 简介

Audition 是 Adobe 公司收购的一款专业音频编辑软件。Adobe 公司是世界上最著名的一家数字媒体供应商，大家熟知的 Photoshop、Premiere、Flash 等软件都属于这家公司。Audition 专为在照相室、广播设备和后期制作方面工作的音频和视频专业人员设计，可提供先进的音频混合、编辑、控制和效果处理等功能。它是 Cool Edit Pro2.1 的更新版和增强版。

Audition 不仅适合于专业人员，同样也适合于普通音乐及朗诵爱好者。使用它可以对音频进行录音、降噪、剪接等处理，还可以给它们添加混响、淡入淡出、往返放音等奇妙音效。制成的音频文件，可保存为 WAV、MP3 等常见的音频文件格式。对于普通用户来说，学会使用这款软件，可以完成类似于配乐诗朗诵、个人 CD、音频广告等音频作品的制作，为自己的工作和生活增添许多乐趣。

Audition 经过多年的发展，其版本已从最初的 1.5 发展到最新的 6.0。版本越高，功能越丰富，但同时对计算机的硬件配置要求也越高。本书将以较为经典的 Adobe Audition 3.0 中文版为例，介绍其基本界面和使用方法。

2.4.2 Audition 的基本界面

Adobe Audition 3.0 中文版的主界面如图 2-8 所示。

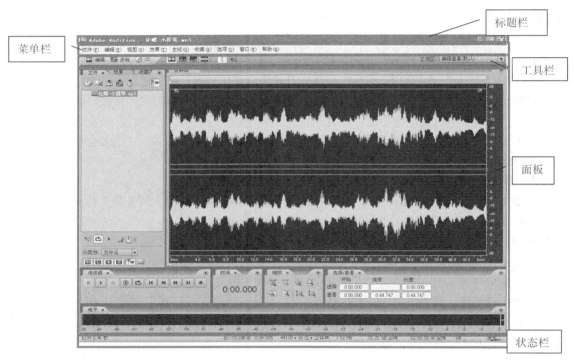

图 2-8 Adobe Audition3.0 中文版主界面

和 Adobe 公司的其他众多软件一样，软件主界面包括标题栏、菜单栏、工具栏、各种控制和显示面板、底部状态栏等。

（1）标题栏。标题栏位于界面的顶端，左侧为软件名称以及当前打开的音频文件，右侧与大多数 Windows 应用软件类似，包括 "最小化" 按钮、"最大化" 按钮和 "关闭" 按钮。

（2）菜单栏。在主界面上方的菜单栏包括【文件】、【编辑】、【视图】、【效果】、【生成】、【收藏】、【选项】、【窗口】、【帮助】9 个菜单项，用于完成对音频的文件操作、编辑、效果等处理。其中，【文件】菜单主要完成和音频文件相关的一些操作，如打开、关闭、保存文件等；【编辑】菜单主要完成对当前打开的音频文件进行剪切、复制、调整采样率等编辑操作；【视图】菜单用于对整个工作区的显示状态、显示格式等进行设置；【效果】菜单是比较常用的菜单，对音频文件的修复、变速变调、混响等效果的添加都是在这里完成的。

（3）工具栏。接下来是工具栏，提供了较为常用的一些功能项，如 "编辑" "多轨" 和 "CD" 视图等，其中最常用的是 "编辑" 和 "多轨" 视图。"编辑" 视图，也称为单轨视图，主要用于完成对单个音频文件的编辑。图 2-8 所示状态即为单轨的编辑状态，这里可以看到两个波形，上面

的波形表示音频文件的左声道，下面的波形表示音频文件的右声道。单击
波形文件的上部或下部，可分别选中左右声道，对其分别进行处理。

单击"多轨"按钮，可进入多轨视图。多轨视图含有多个音频轨道，
当涉及对多个音频文件的合成处理时，通常需要在多轨状态下进行。例如，
当进行诗朗诵作品的制作时，既需要用到语音，也需要用到背景音乐，这
时就需要至少两个音轨。Audition 最多可支持 128 个音轨。

（4）面板。主界面的左侧是"文件/效果/收藏夹"面板，如图 2-9 所示。
其中，"文件"面板主要完成对音频素材的导入、关闭、编辑、插入至多轨
等工作；"效果"面板主要完成对音频效果的设置工作，它的作用和"效果"
菜单是类似的；"收藏夹"面板提供了经常会用到的一些效果，如淡入淡出、
人声消除、升高降低音调等。

"主群组"面板是音频的编辑与合成区域，如图 2-10 所示。对音频的
剪辑、效果应用等处理主要在此区域完成。在这个区域中，可以清晰地看
到当前编辑音频的波形文件。其横轴表示时间，以秒为单位；纵轴表示音
量，默认情况下以分贝为单位。

图 2-9　"文件/效果/收
藏夹"面板

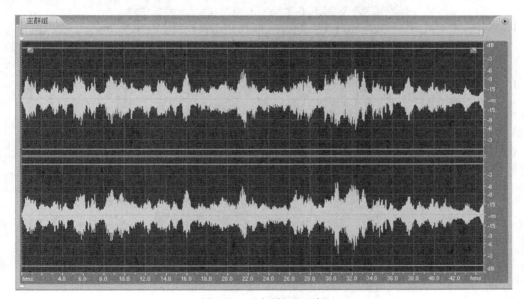

图 2-10　"主群组"面板

主界面的左下角是"传送器"面板，如图 2-11 所示，用
于完成音频文件的播放、暂停、快进、快退、录音等控制。

"时间"面板如图 2-12 所示，用于显示黄色标记线当前
所在的音频文件位置。例如，当前黄色标记线所在的位置是
0 分 0 秒 0 毫秒，也即音频文件开始的位置。

图 2-11　"传送器"面板

"缩放"面板如图 2-13 所示，可用于对音频文件的波形进行水平、垂直等方向的放大和缩小，
以便更清晰地观察编辑后的波形效果。

在进行音频编辑的时候，经常需要对音频波形进行放大，以进行一些细节的处理；或者需要
对音频波形进行缩小，以便查看波形的整体效果。单击 🔍 图标，对音频波形在水平方向上不断放

大，最终可以看到数字音频实际上是由时间轴上许多离散的采样点组成的，如图 2-14 所示。

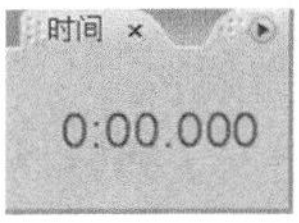

图 2-12 "时间"面板

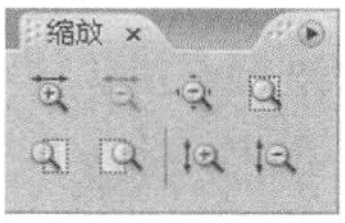

图 2-13 "缩放"面板

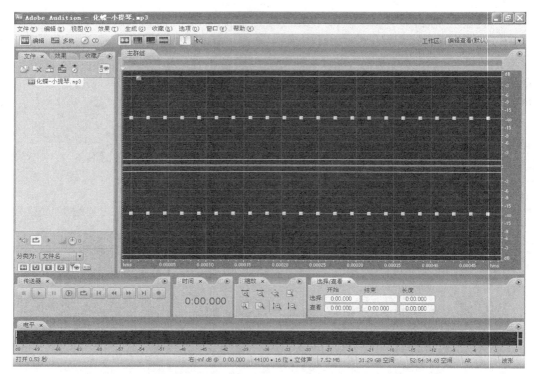

图 2-14 利用"缩放"面板对音频波形进行水平放大后的效果

当然，对波形进行缩放的操作不仅可以通过"缩放"面板实现，也可以通过滚动鼠标上的滚轮来实现。

最右侧的"选择/查看"面板，可对当前选择的某个音频片段的开始、结束位置以及长度进行查看，也可对整个音频文件的开始、结束位置和长度进行查看，如图 2-15 所示。

图 2-15 "选择/查看"面板

例如，在"主群组"面板中选中一段音频，如图 2-16（a）所示，可以看到，选中的这段音频其开始时间是 20.602 秒，结束时间是 28.690 秒，持续时间是 8.087 秒。整段音频的开始时间是 0 秒，结束时间是 44.747 秒，持续时间是 44.747 秒，如图 2-16（b）所示。

"电平"面板如图 2-17 所示，可在播放音频文件时对其音量大小进行监控。通常情况下，若电平显示呈现红色，则表示音量过大。

（5）状态栏。主界面最下面是"状态栏"，如图 2-18 所示，用于显示音频文件的采样频率、量化位数、声道数、文件大小等状态信息，可辅助进行音频的编辑工作。

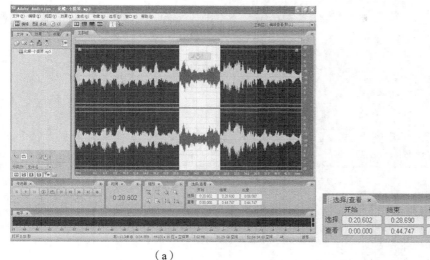

（a）

（b）

图 2-16　选中一段音频后"选择/查看"面板的显示结果

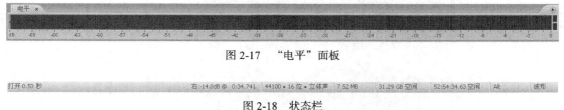

图 2-17　"电平"面板

图 2-18　状态栏

2.5　如何打开和保存音频文件

打开和保存音频是最基本的音频文件操作之一，具体内容包括打开、播放、剪切和保存音频文件。

2.5.1　打开和播放文件

1．打开文件

在"文件"面板下单击"导入文件"按钮，会弹出一个"导入"对话框。在该对话框的"查找范围"栏中，可以选择导入文件的路径，即文件在硬盘上所在的位置，如图 2-19 所示。

在"文件类型"下拉列表中，如图 2-20 所示，可以看到 Audition 支持的各种文件格式，既包括 wav，mp3，wma 等主流的音频文件格式，也包括 avi 等一些常见的视频文件格式。

这里选择"所有文件"，选中音频文件（例如，"朴树 - 那些花儿.mp3"），单击"打开"按钮，如图 2-21 所示。

当然，也可以单击【文件】|【打开】菜单命令，或者双击"文件"面板的空白区域，实现同样的打开文件效果。

图 2-19　选择导入文件的路径

图 2-20　选择文件类型

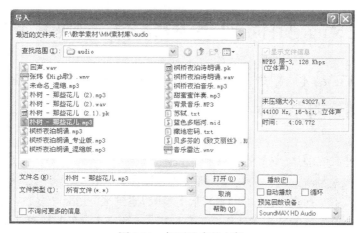

图 2-21　打开选中的文件

文件打开之后，在主界面左侧的"文件"面板中将出现新打开的音频文件名。双击该文件名，在"主群组"面板中将出现打开后的音频文件波形图，如图 2-22 所示。

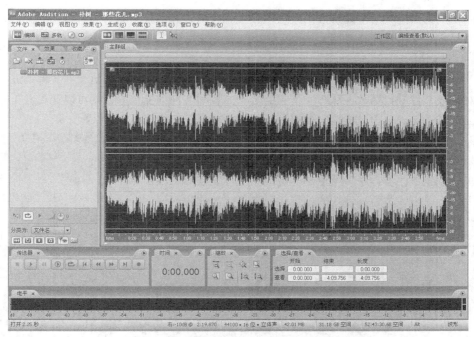

图 2-22　打开音频文件后的主界面

　　Audition 虽然只是一个音频编辑软件，但是它的功能非常强大，也支持一些视频素材的导入。例如，导入一段 wmv 格式的视频文件（例如，"张玮《High 歌》.wmv"）并打开它。这时，会在"文件"面板中看到这段视频的音频部分已经作为新的音频素材导入进来了。双击这个文件名（例如，这里是"音频为张玮《High 歌》"），可以看到这个音频文件的波形，如图 2-23 所示。

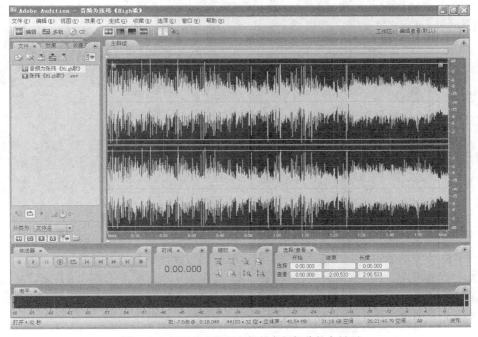

图 2-23　打开某个视频文件的音频部分的主界面

Audition 提供的这个功能可以用来从视频中剥离出音频部分，当手头只有视频文件，但又需要视频的伴音时这个功能很有用。

2．播放文件

打开"朴树 - 那些花儿.mp3"，在右侧的"主群组"面板中会显示出音频文件的波形。接下来需要对音频文件进行播放，试听一下它的效果。音频文件的播放等控制可以通过左下角的"传送器"面板来进行。单击"播放"按钮 ，即可播放音频，如图 2-24 所示。

当然，也可以简单地通过按空格键来播放或暂停音频。

如果需要对音频从指定位置开始进行播放，可在"主群组"面板单击音频波形，看到一条黄色的标记线。在音频波形的不同位置上进行单击，黄色标记线的位置也随之变化。这时再按下"播放"按钮 ，即可从黄色标记线处开始播放或暂停音频文件，如图 2-25 所示。

图 2-24　播放音频文件

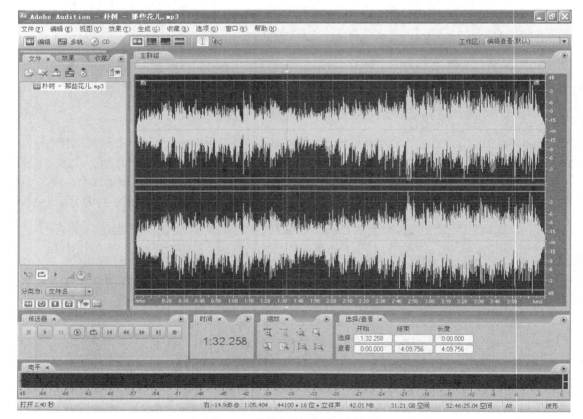

图 2-25　从指定位置播放音频文件

在音频编辑过程中，经常需要反复地在水平方向上缩放音频文件，以实现更为细致的音频编辑。实现音频文件水平缩放，一种非常简单的方法就是将鼠标移到"主群组"面板的波形区域，滚动鼠标上方的滚轮，即可水平缩放音频。图 2-26 所示为采用鼠标滚轮方式实现的音频波形文件放大后的效果。

这个效果与通过"缩放"面板进行水平缩放的效果是一致的。

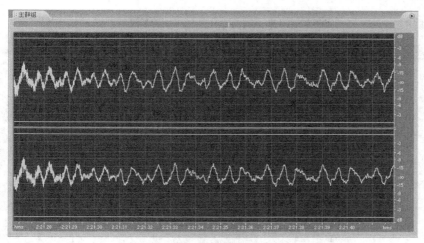

图 2-26　采用鼠标滚轮方式对音频波形进行放大后的效果

2.5.2　剪切和保存文件

打开音频文件之后，除了对其进行播放之外，有时还需要进行一些简单的编辑处理。例如，从整个音频文件中提取出部分片段，生成一个新文件；或者剪切掉不需要的部分，只保留有用的部分等。

1. 剪切文件

当前打开的音频文件为一首名为"朴树 - 那些花儿.mp3"的歌曲。通过播放试听，发现这首歌唱了两遍。假如只需要唱了一遍的这首歌，可以通过试听找到这首歌第一遍的结尾处。在这个位置单击，拖动鼠标至结尾，选中的音频片段会呈高亮显示，如图 2-27 所示。

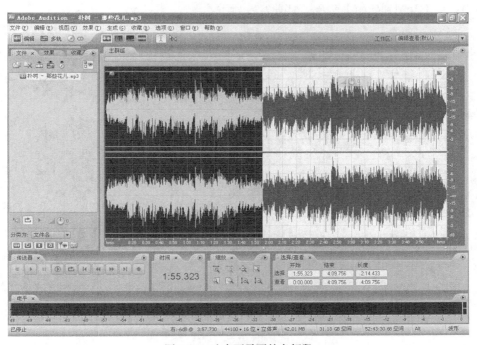

图 2-27　选中不需要的音频段

按【Delete】键将其删除，就得到了一段比原来短得多的音频片段，剪切后的波形效果如

图 2-28 所示。

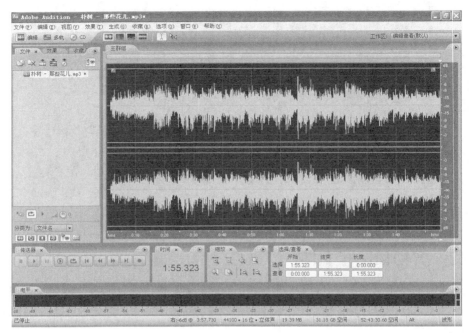

图 2-28　音频剪切后的波形效果

2. 复制为新文件

如果想将这段音频复制为一个新的音频文件，可以在音频波形上单击鼠标右键，在弹出的快捷菜单中选择【复制到新的】命令，如图 2-29 所示。

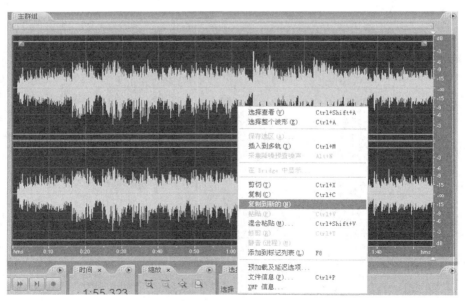

图 2-29　将当前音频文件复制为新文件

这时在"文件"面板上会出现以"朴树 - 那些花儿（2）"命名的一个新文件，如图 2-30 所示，这个新文件就是通过刚才剪切复制得到的。

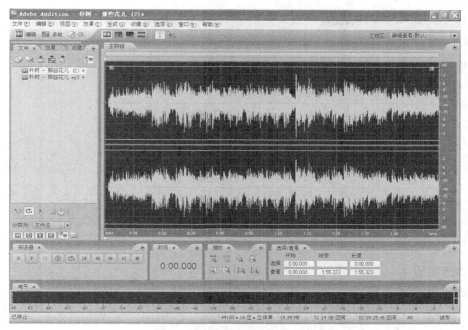

图 2-30　复制得到的新音频文件

试听一下这段经过剪切的新文件，如果对当前编辑的音频效果比较满意，则可以保存该音频文件了。

3. 保存文件

单击【文件】|【另存为】菜单命令，即可弹出"另存为"对话框，如图 2-31 所示。

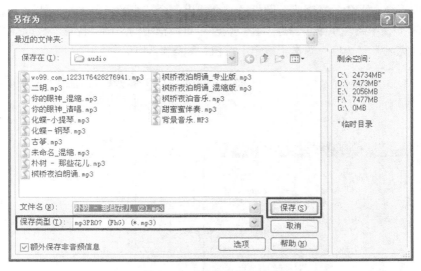

图 2-31　"另存为"对话框

在"保存类型"下拉列表中选择需要保存的文件类型，这里选择 mp3 格式，单击【保存】按钮后即完成了对新剪切文件的保存。当然，也可以采用类似的方法把该音频保存为 wav 格式。

回到资源管理器，对比一下，如图 2-32 所示。可以看到同样采样频率、声道数和量化位数的音频文件，以 wav 格式保存的音频文件数据量比较大，而以 mp3 格式保存的音频文件数据量要小得多。

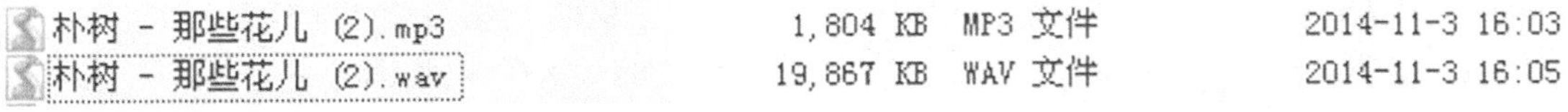

朴树 – 那些花儿（2）.mp3	1,804 KB	MP3 文件	2014-11-3 16:03
朴树 – 那些花儿（2）.wav	19,867 KB	WAV 文件	2014-11-3 16:05

图 2-32　同样音频文件不同格式的对比

2.6　如　何　录　音

录音是在进行音频制作时经常会接触到的一项工作。假如需要制作一个简单的诗朗诵作品，或是制作一首个人 mp3，或是为一部获奖片配解说稿，这些都离不开录音。下面将介绍录音的前期设置、录音、录音文件的修剪等内容。接下来以诗朗诵为例，逐一讲解这些方法。

2.6.1　录音设置与录音

1. 录音设置

要完成录音工作，需要配置好录音环境，包括硬件准备和软件环境配置两个方面。录音所需的硬件除了声卡之外，还需要话筒（麦克风）、耳机等。其中，声卡和话筒（麦克风）是必须的。这些硬件设备的质量，会在很大程度上影响到最终的录音效果。

对于普通用户来说，声卡通常已经集成在计算机的主板中，另外一个硬件设备就是话筒（麦克风）。现在的笔记本电脑一般都配有内置的话筒（麦克风）。台式机则需要购买外置的麦克风，通过计算机上的麦克风接口将麦克风与声卡相连接。为保证录音的效果，最好戴上耳机，并在相对安静的环境下录音，以免受到噪声干扰，增加音频文件后期处理的难度。此外，还需进行软件环境的配置，具体操作如下。

双击操作系统右下角的"喇叭"图标 🔊，会弹出一个"主音量"窗口，如图 2-33 所示。

单击【选项】|【属性】菜单命令，在"属性"对话框中的"调节音量"栏选择"录音"单选项，勾选"麦克风"复选框，单击【确定】按钮，如图 2-34 所示。

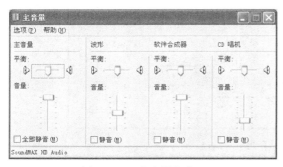

图 2-33　"主音量"窗口

图 2-34　"属性"对话框

这时可以看到"录音控制"窗口中的话筒（麦克风）已经被选中了，如图 2-35 所示。
在一切准备工作就绪后，接下来就可以开始录音了。

2. 录音

新建一个音频文件，用来保存即将录制的语音。

单击【文件】|【新建】菜单命令，会出现一个"新建波形"对话框，如图 2-36 所示。

图 2-35　"录音控制"窗口

图 2-36　"新建波形"对话框

在这个对话框当中，需要设置新建文件的采样频率、通道和分辨率等参数，这里选择"采样率"为 44.1kHz，"通道"选择立体声，"分辨率"也即量化位数选择 16 位。单击【确定】按钮之后，看到在"文件"面板中已经出现了一个未命名的新文件，如图 2-37 所示。

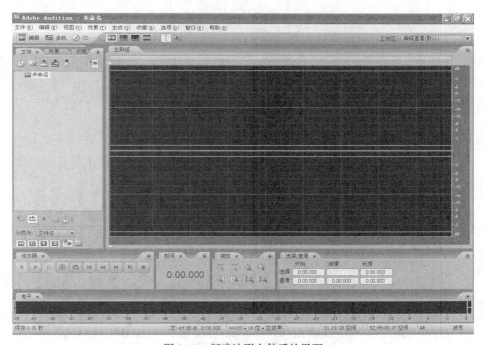

图 2-37　新建波形文件后的界面

单击"传送器"面板中的"录音"按钮 ，即可开始录音，如图 2-38 所示。

录音前最好先录一段环境音，以便进行后续的降噪处理。同时也要注意录音时不要太靠近话筒，以免产生难以消除的啸叫声。

例如，这里朗诵一段《枫桥夜泊》："枫桥夜泊，张继。月落乌啼霜满天，江枫渔火对愁眠，姑苏城外寒山寺，夜半钟声到客船"。这时，在"主群组"面板中看到随着录音

图 2-38　"传送器"面板中的录音功能

的正在进行而动态显示的波形文件，如图 2-39 所示。

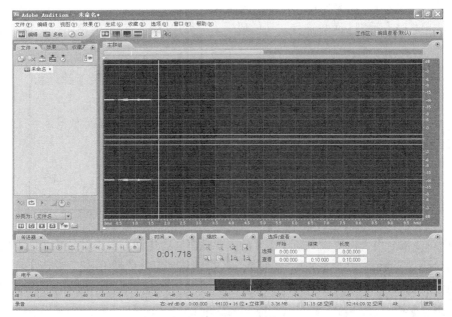

图 2-39　正在进行录音的界面

单击"传送器"面板的"停止"按钮 ■，即可终止录音，
如图 2-40 所示。

图 2-40　停止录音

2.6.2　录音文件修剪

完成录音后，得到如图 2-41 所示的波形图。

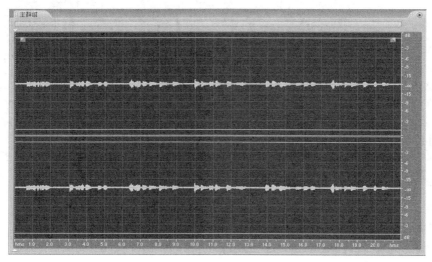

图 2-41　录音结束后的波形

1. 去除不必要的录音

首先试听一下效果。我们注意到，在朗诵之前有一些说话声。这段声音是不需要的，因此必须将

其删除掉。通过拖曳鼠标，可以选中不需要的音频片段，如图 2-42 所示，按【Delete】键对其进行删除。

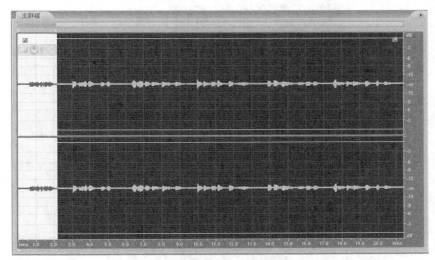

图 2-42 选中不需要的音频片段并去除

2. 降噪处理

在试听的过程中，会听到有一些嘶嘶的声音，通常称其为环境音或背景音。这种声音会影响最终的效果，因此需要对这些噪声进行去除。去除噪声首先需要对其进行采样。选中一段没有语音的背景音，如图 2-43 所示，以便对其进行后续的降噪处理。

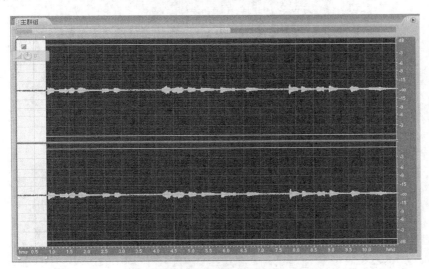

图 2-43 选中背景音波形

单击【效果】|【修复】|【降噪器】菜单命令，会弹出一个"降噪器"对话框，单击【获取特性】按钮，即可对噪声进行采样，如图 2-44 所示。

单击【确定】按钮后可以看到，原来选中的那段噪声已经变成了一段接近无声的直线，如图 2-45 所示。

将整段录音中的噪声都去除，可双击选中整段音频，单击【效果】|【修复】|【降噪器】菜单命令，在"降噪器"对话框中直接单击【确定】按钮即可，对整段音频降噪后的效果如图 2-46 所示。

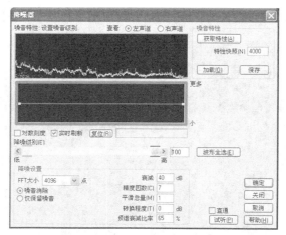

图 2-44 单击"获取特性"按钮后得到的噪声采样数据

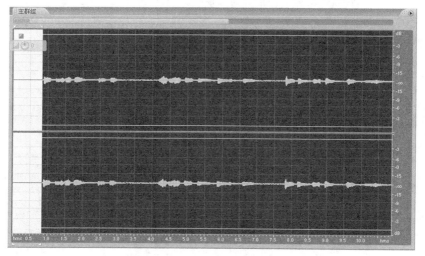

图 2-45 对选中的背景音进行降噪后的效果

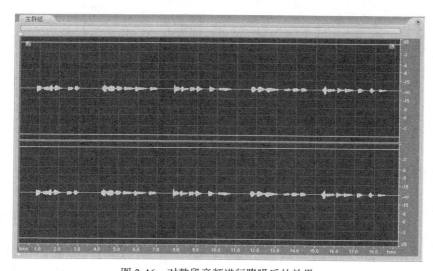

图 2-46 对整段音频进行降噪后的效果

试听一下，可以明显地感觉到录音时的环境噪声已经被去除了。但是音量似乎有点小，接下来对录音的音量进行调整。

3．调整音量

选中整段音频，单击【效果】|【振幅和压限】|【标准化】菜单命令，在弹出的"标准化"对话框中，将音量标准化到 90%，如图 2-47 所示。

图 2-47　"标准化"对话框

单击【确定】按钮后可以看到波形振幅长了许多，如图 2-48 所示。

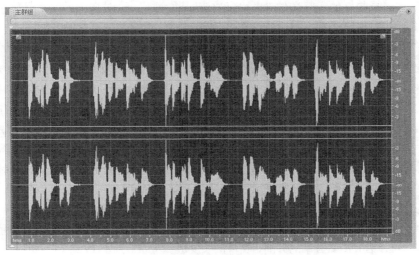

图 2-48　音量标准化之后的波形

再来试听一下，可以感觉到音量增大了许多。通过反复调整参数，经多次试听后可以将音量调整到最满意的程度。

最后，对完成的工作进行保存，单击【文件】|【另存为】菜单命令，将其保存为"枫桥夜泊诗朗诵.wav"文件，以备后续音频合成使用。

2.6.3　录音注意事项

录音时需要注意以下事项。

（1）录音硬件设备的质量会影响到最终的录音效果，因此录音时使用的声卡和话筒不要选择质量太差的。

（2）录音时应保证相对安静的环境。虽然 Audition 提供了一些去噪的方法，但如果噪声太复杂的话，要将其完全去除，难度还是比较大的。

（3）录音时最好先录一段环境音，以备后期进行去噪处理。

（4）录音时声源不要离话筒太近，以避免产生啸叫，增加后期处理的难度。

2.7　如何调整音高

所谓音高，就是音调的概念。音调是指人耳对声音调子高低的主观感受，主要与声波的频率有关，也与发声体的结构、声音持续的时间长短有关。通常，可以感觉到女性的音调比较高，男性的音调相对较低。

在音频制作过程中，经常碰到需要对音频文件进行加速播放或减缓播放等变速方面的处理，以及对音频文件进行升调或降调的处理。因此，下面重点介绍使用【效果】|【变速变调】菜单命令和"剪辑时间伸展属性"进行变调和变速的方法。

2.7.1 单轨下变调

1. 升调

打开上节已经录制好的音频文件"枫桥夜泊诗朗诵.wav"，这时在主界面上会显示出该音频文件的波形。试听一遍这段语音，感觉音调有些偏低，因此想调整一下它的音调。

双击选中整段音频文件波形，选择【效果】|【变速变调】菜单命令，会看到一些子菜单，它们都可以完成变速变调的工作。这里选择【变调器】子菜单，会弹出"变调器"对话框，如图2-49所示。

在这个对话框当中，首先看到的是一个调整区域，横轴表示时间，以秒为单位；纵轴表示要调整的音调，以半音为单位。调整区域内有一条蓝色的调整曲线，系统默认的调整曲线效果是升高一个全音（也就是两个半音）。曲线开始部分2秒，音调缓慢升高。曲线结束部分2秒，音调缓慢降低。通过单击【试听】按钮，可以试听变调后的效果。试听后，可以感觉到音调确实升高了一些。同时，语速好像也变快了一些。这一点，可以从对话框的提示上看到，调整后的音频文件长度变短了，由24.06秒改变为21.69秒。一般来说，音调越高，声音的频率也越高，对于同一段音频数据，它的时间也就越短。

如果觉得音调不够高，还希望它再高些，可以在"范围"栏中设置需要调整的半音数，假设想设为升4个半音，可以看到随着音调的升高，文件的长度进一步缩短到了19.58秒，如图2-50所示。

图2-49 "变调器"对话框

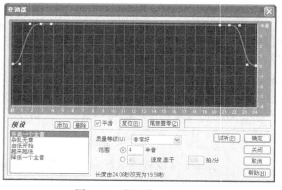

图2-50 音调升4个半音

再试听一下，可以明显地感觉到调子升高了许多，并且语速也快了许多，甚至感觉有点不自然了。

同样的，也可以对音频进行降调等其他处理。"变调器"的预设栏中，除了默认的"升高一个全音"外，还包括"杂乱无章""由低开始""越来越低""降低一个全音"等选项。单击不同的预设选项，会在调整区域中看到不同的曲线效果，通过单击【试听】按钮，可对选择的效果进行试听。

2. 降调

假如想对这段语音进行降调处理的话，可以选择预设中的"降低一个全音"，如图2-51所示。单击【试听】按钮后，可以感觉到音调确实降低了，但同时语音速度也变慢了。

在"范围"内继续设置降低4个半音，如图2-52所示，可以更为明显地感觉到音调的降低，甚至已经接近于男声。

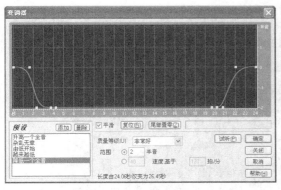

图 2-51　降低一个全音

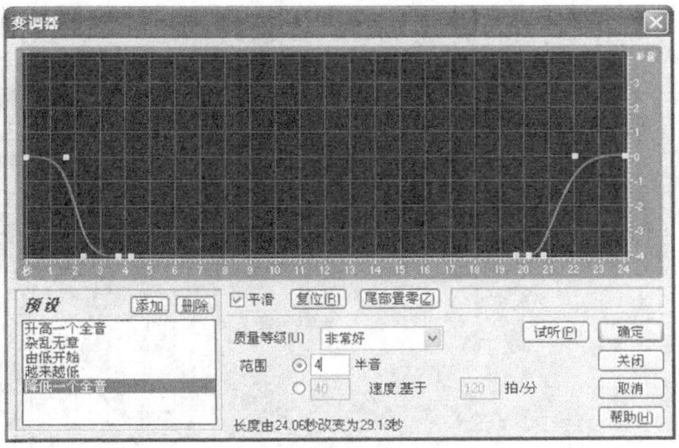

图 2-52　降低 4 个半音

3. 通过调整曲线调整音调

除了使用系统里预设的一些变调效果之外，也可以通过调整曲线实现音调的改变。仔细观察调整曲线，会发现曲线周围有一些白色的小点，这些点就是曲线的控制点。通过拖曳这些控制点，可以对曲线形状进行调整。

例如，想修改升高一个全音的曲线，让整段音频的音调都提高 1 个全音。可以点中开始部分音频的控制点，将其拖曳到升高 1 个全音的位置。然后点中结束部分音频的控制点，也将其拖曳到升高 1 个全音的位置。这样，就可以将整段音频的音调都升高 1 个全音了，而不是预设中开始和结束部分的音调缓慢升高的效果，如图 2-53 所示。

这里需要特别强调的是，在音频的编辑过程中，往往需要反复地试听，才能获得最终想要的效果。

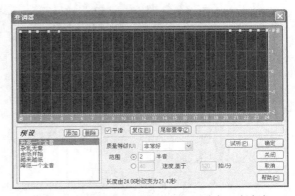

图 2-53　调整曲线使整段音频音调升高一个全音

2.7.2　多轨下变速和变调

实现变调还有许多其他方法，如在多轨状态下进行变速和变调。

1. 多轨下变速

在"文件"面板中选中录音文件"枫桥夜泊诗朗诵.wav"，单击"文件"面板上的"插入进多轨会话"按钮，再切换到"多轨"视图 多轨 下，这时可以看到，录音文件已经在音轨上了，如图 2-54 所示。

在"主群组"面板中用鼠标右键单击待处理的音频文件波形，在弹出的快捷菜单中选择【剪辑时间伸展属性】命令，则弹出一个"素材变速属性"对话框，在该对话框中勾选"开启变速"选项，在"变速总量"文本框中设置速度参数为80%，单击【确定】按钮，如图 2-55 所示。

这时会看到音频文件长度变短了。播放试听一下，可以感觉到语音速度加快了。

如果想减慢速度，可以在"素材变速属性"对话框中将"变速总量"设大，如设为 120%，再试听一下效果。可以感觉到语速明显减慢了。

2. 多轨下变调

如果希望保持语速不变，但是音调升高一些，可以在"素材变速属性"对话框的"变调"文本框中进行设置。例如，在保持语速不变的情况下，将音调升高 2 个半音，如图 2-56 所示。

图 2-54　将录音文件插入至多轨状态下

图 2-55　变速参数的设置

图 2-56　变调参数的设置

试听一下效果，可以感觉到，语速没有变化，但是音调升高了。

同样的，如果想保持语速不变，音调降低 2 个半音的话，将"变调"的值设为"-2"就可以了。试听一下，可以感觉到语速没变，但是音调降低了。

2.8　如何添加效果

在 Audition 中提供了许多音频效果，如修复、变速/变调、振幅和压限、混响等。效果的添加既可以通过"效果"菜单实现，也可以通过"效果"面板实现。下面将介绍比较常用的两种效果：混响以及淡入淡出。

2.8.1　混响效果的添加

声波在室内传播时，会被墙壁、天花板、地板等障碍物反射，每反射一次都要被障碍物吸收一些。这样，当声源停止发声后，声波在室内要经过多次反射和吸收，最后才消失。我们感觉到声源停止发声后声音还会持续一段时间，这种现象就叫混响，这段时间叫作混响时间。混响的效果在日常生活中经常会接触到，如在空旷房间内的唱歌声，大礼堂里的说话声等，都是混响的一种形式。

下面以录制好的语音文件"枫桥夜泊诗朗诵.wav"为例，来讲述如何添加混响效果。打开已经录制好的朗诵文件，再仔细试听一下，可以感觉到这个声音虽然已经过了前期的去噪、标准化等处理，但还是显得比较干涩，需要对它进一步进行美化。

1. 房间混响

在"主群组"面板中双击选中整段音频文件，单击【效果】|【混响】菜单命令，可以看到【回旋混响】、【完美混响】、【房间混响】、【简易混响】等多个子菜单，它们都可以实现混响的效果。这里选择【房间混响】命令，则会弹出"房间混响"对话框，如图 2-57 所示。

该对话框里提供了许多预设效果，选择不同的预设效果，在下方会出现一些不同的参数。这些参数可以通过拖动每个参数项下的小三角图标来进行调整，但对于初学者来说，建议直接选择预设里提供的各种效果，通过单击左下角的"播放"按钮来试听，从而决定更喜欢哪个效果。在试听了多个不同的混响效果之后，假如觉得"Great Hall"的效果比较好，则单击【确定】按钮。

2. 完美混响

选择【完美混响】子菜单，在预设下选择"Church"选项，如图 2-58 所示。

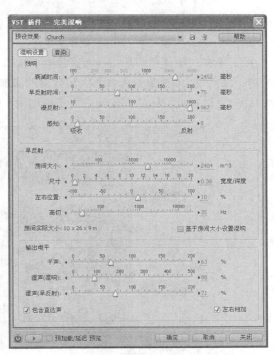

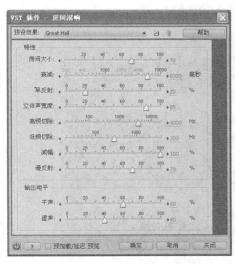

图 2-57　"房间混响"对话框　　　　　　图 2-58　"完美混响"对话框

试听后可能会觉得这个效果还不如刚才"房间混响"中"Great Hall"的效果好，则可选择"Great Hall"作为想要添加的混响效果。

这里特别需要指出的是，在进行音频效果的添加时，反复试听是非常重要的。有些效果之间的差别并不非常明显，需要仔细听才能感觉到。添加混响效果后，可以看到音频文件的波形发生了相应的改变。将处理后的音频文件保存下来，以备后续使用。

2.8.2　淡入淡出效果的添加

淡入淡出效果在音频制作中其应用非常广泛。例如，在听音乐广播时，会注意到在两首歌相交接的地方，经常会出现淡入淡出效果，即前一首歌的声音慢慢消失，后一首歌的声音慢慢出现。

打开"化蝶-钢琴.mp3"，在"主群组"面板中显示的波形如图2-59所示。

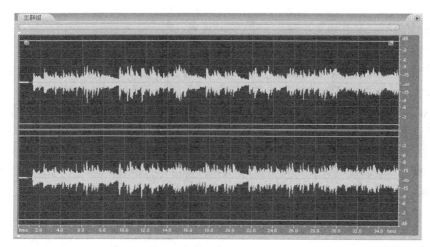

图 2-59　打开"化蝶-钢琴.mp3"文件后的波形

接下来在这段音频的开始和结束位置添加淡入淡出效果。

1. 使用"效果"菜单进行淡入淡出效果的添加

首先通过拖曳鼠标的方式选中需要添加淡入效果的音频片段，如图2-60所示。

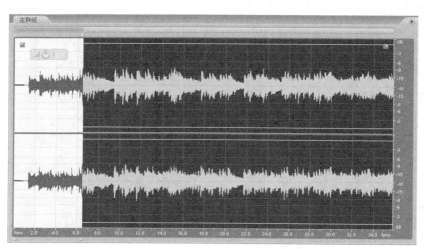

图 2-60　选中需要添加淡入效果的音频段

单击【效果】|【振幅和压限】菜单命令，选择【振幅/淡化】子菜单，会弹出一个"振幅/淡化"对话框。对话框左侧是关于音量参数的设置，对话框的右侧可以看到系统预设的一些效果，如图2-61所示。

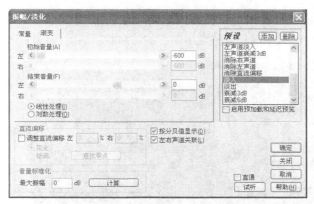

图 2-61　在"振幅/淡化"对话框中设置淡入效果

选中"淡入"选项，单击【试听】按钮试听一下效果，觉得满意就单击【确定】按钮。如图 2-62 所示，可以看到，添加淡入效果后，音频的开始部分呈现出纺锤状，表示音量是逐渐升高的。

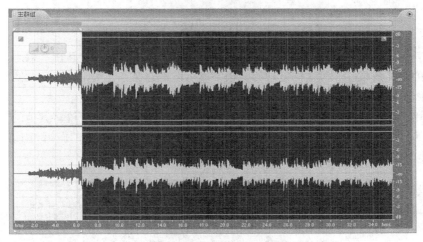

图 2-62　在开始部分添加"淡入"效果之后的波形

然后对音频片段的结束部分添加淡出效果。同样单击【效果】|【振幅和压限】菜单命令，选择【振幅/淡化】子菜单，在预设效果中选择"淡出"选项，如图 2-63 所示。

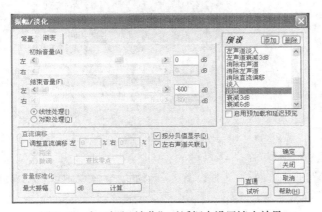

图 2-63　在"振幅/淡化"对话框中设置淡出效果

单击【试听】按钮试听一下效果，觉得满意就单击【确定】按钮。如图 2-64 所示，可以看到，添加淡出效果后，音频的结束部分也呈现出倒着的纺锤状，表示音量逐渐降低。

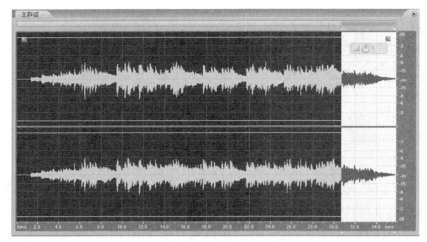

图 2-64　在结尾部分添加"淡出"效果之后的波形

这样，就为这段音乐的开始和结束部分分别添加好了"淡入"和"淡出"效果，可以播放一下感受最终的整体效果。经过这样处理的音频，就可以把它保存下来，以备后续使用。

2. 使用包络曲线进行淡入淡出效果的添加

除了运用【效果】菜单进行淡入淡出的添加外，Audition 还提供了许多其他的方法实现类似的效果，比如包络。选中音频波形的开始部分，单击"效果"面板下的"振幅和压限"，选择"包络"，如图 2-65 所示。

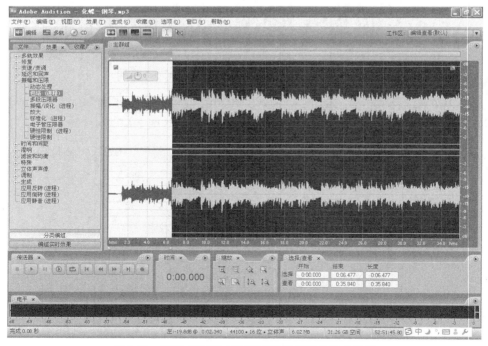

图 2-65　使用"效果"面板设置开始部分的淡入效果

双击后弹出"包络"对话框，如图 2-66 所示。和变调处理类似，这里也出现了一条蓝色的曲线。通过对包络曲线的调整，可以实现对音量大小的调整。当然也可以直接使用系统预设的一些效果，如选择其中的"Smooth Fade in"平滑淡入效果，可以看到包络曲线呈现出音量由低到高的变化效果。

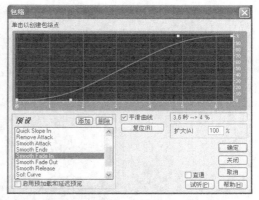

图 2-66　在"包络"对话框中设置淡入效果

试听满意后，单击【确定】按钮即可完成对选中音频片段的淡入效果添加，其波形如图 2-67 所示。

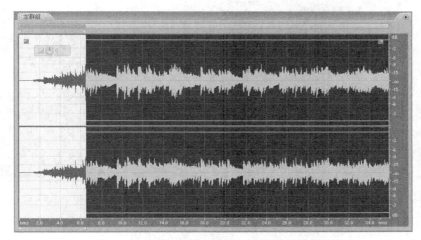

图 2-67　采用包络曲线添加淡入效果之后的波形

同样也可以选择预设里的"Smooth Fade Out"平滑淡出效果，实现对选中音频片段的淡出效果添加。

2.9　如何拼接合成音频

拼接合成音频是在制作音频时经常会遇到的一个问题。当已经完成了录音、音频的效果添加等单个音频素材的处理之后，接下来的任务就是将不同的音频片段合成起来，形成最终的音频作品。下面将以简单的配乐诗朗诵为例，介绍音频合成的基本方法。

1. 导入文件

要完成配乐诗朗诵这个作品，除了录音外，还需要有配乐。配乐的选取也非常重要，最好是能够与录音的内容相吻合。例如，如果录音的内容描述的是非常安静的场景，此时就不适合选取慷慨激昂的音乐作为背景乐。考虑到这首诗是《枫桥夜泊》，因此可从网上下载《枫桥夜泊》的音乐，作为这首诗的背景乐。

首先导入录音文件"枫桥夜泊诗朗诵.wav"和背景音乐"枫桥夜泊音乐.mp3"，试听一下背景音乐，发现音乐比已有的录音文件长出很多。因此，需要从背景音乐当中选取一小段来进行合成。

经过播放试听后，可以将喜欢的音频片段截取下来，去除无关的音频片段。如图 2-68 所示，按【Delete】键，将选中的高亮部分的音频段去除。

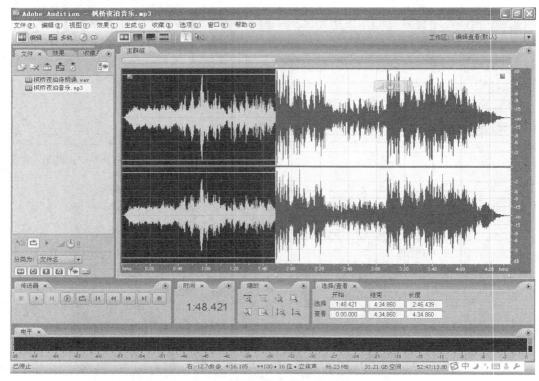

图 2-68　删除不需要的音频片段

注意到剩下的这段背景音乐本身已经含有淡入淡出的效果，整体效果已经比较好，因此在这里不再对背景音乐进行处理。接下来对录音文件进行混响效果的添加，以使得其声音不那么干涩。这个过程和前面介绍过的混响效果处理类似，这里就不再赘述了。

2. 在多轨状态下装配音频素材

当涉及多个音频文件的处理时，往往需要在多轨视图下进行。因此，将处理好的背景音乐和录音文件都插入到多轨中。单击"文件"面板中的背景音乐文件"枫桥夜泊音乐.mp3"，单击"插入进多轨会话"按钮，可将其插入到多轨中。同样将录音文件"枫桥夜泊诗朗诵.wav"也插入到多轨中。单击"多轨视图"按钮 多轨，即可切换到多轨状态。这时可以看到，背景音乐和录音文件已经被插入到多轨中，如图 2-69 所示。

在多轨视图下，在"主群组"面板中双击某个音频文件的波形图，又可以回到单轨的编辑状态。单轨和多轨这两个视图之间经常需要切换使用。

在多轨状态下，如果发现背景乐和录音文件所在的音轨位置不合适，可以通过鼠标右键单击相应的音频片段不放，即可拖曳它到合适的位置。这里，将背景音乐移至音轨 1 的位置，将录音文件移至音轨 2 的位置。按空格键进行播放，可以试听到合成后的效果。

很显然，简单地把两个音频文件放在两个不同的音轨上未必能够达到最好的合成效果，必须通过反复试听来确定录音文件和背景音乐之间最佳的叠放位置。在确定位置时，应注意录音与音乐之间尽可能同步，如图 2-70 所示。

图 2-69 将诗朗诵和音乐文件插入到多轨后的界面

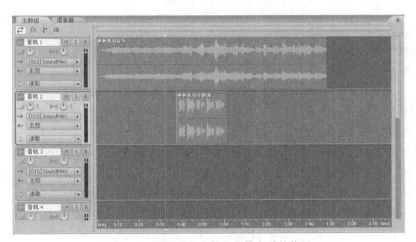

图 2-70 调整录音文件和背景音乐的位置

当确定好最佳的叠放位置之后，再仔细试听一遍，发现效果还是不太好。分析原因发现背景音乐的音量偏高了，似乎将诗朗诵的语音淹没了，这时需要降低背景音乐的音量。在音轨的左侧，可以看到有许多设置按钮，其中有一个关于音量调节的按钮。这里既可以用鼠标拖曳圆形按钮调整音量，也可以直接在圆形按钮右侧的编辑框中输入分贝值来调整音量。需要注意的是，降低音量时，需将分贝值设置为负数，如图 2-71 所示。

经过上述处理之后，再试听一遍，如果对效果比较满意，就可以保存合成的文件了。单击【文件】|【导出】菜单命令，选择

图 2-71 将背景音乐音量降低

【混缩音频】子菜单，则弹出"导出音频混缩"对话框，如图 2-72 所示。

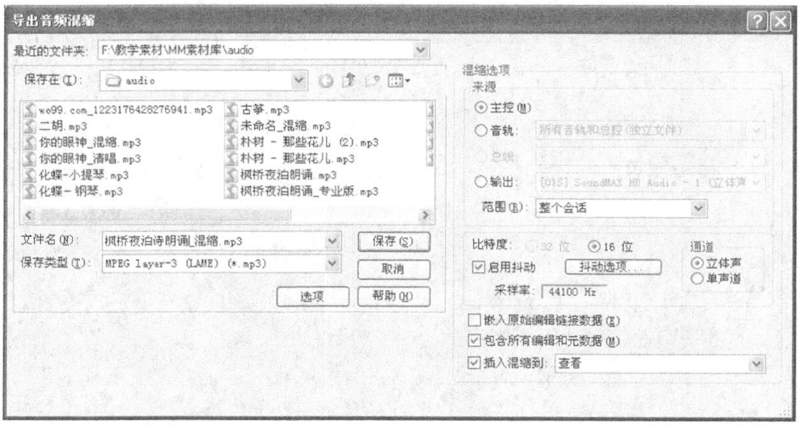

图 2-72　"导出音频混缩"对话框

选择"保存类型"为 mp3 格式，并将文件命名为"枫桥夜泊诗朗诵_混缩.mp3"，单击【保存】按钮，这样得到的文件就是背景和录音混缩在一起的音频，一个简单的配乐诗朗诵就完成了。

习　题

一、单选题

1. 人们在嘈杂的环境中仍可以分辨出朋友的声音，是与声音的（　　）有关。

　　A．音调　　　　　　　B．音强　　　　　　　C．音色　　　　　　　D．音频

2. 通常所说的音频（也即全频带声音），其频率范围为（　　）。

　　A．20Hz～20kHz 之间的声音　　　　　　B．300Hz～3.4kHz

　　C．小于 20Hz 的声音　　　　　　　　　D．大于 20kHz 的声音

3. 以下各类音频，按声音质量由高到低排列，顺序应该是（　　）。

　　①CD ②AM 广播 ③FM 广播 ④电话

　　A．①②③④　　　　　B．④③②①　　　　　C．①③②④　　　　　D．②③①④

4. CD 音质的数字音频，其采样频率为（　　）。

　　A．44.1kHz　　　　　B．22.05kHz　　　　　C．11.025kHz　　　　　D．20kHz

5. 我们通常所说的立体声是指（　　）音频。

　　A．单声道　　　　　　B．双声道　　　　　　C．5.1 声道　　　　　D．6.1 声道

6. 若采样频率为 44.1kHz，量化位数为 16 位，双声道，则 10min 的数字音频的数据量约为（　　）

　　A．53MB　　　　　　B．106MB　　　　　　C．200MB　　　　　　D．38MB

7. 以下文件格式不属于音频格式的是（　　）。

　　A．mid　　　　　　　B．mp3　　　　　　　C．jpg　　　　　　　D．wma

8. 在 Adobe Audition3.0 中文版中，单击（　　）图标可切换到编辑视图。

　　A．　　　　　　　　B．　　　　　　　　C．　　　　　　　　D．

9. 在 Adobe Audition 3.0 中文版中，对音频片段进行缩放可通过（　　）面板实现。

　　A. "收藏夹"面板　　　　　　　　　　B. "传送器"面板

　　C. "文件"面板　　　　　　　　　　　D. "缩放"面板

10. 能够对音频文件的波形进行水平方向缩小的图标是（　　）。

　　A. ![icon]　　　　B. ![icon]　　　　C. ![icon]　　　　D. ![icon]

11. 若要保存音频文件，可以通过（　　）实现。

　　A.【文件】|【打开】菜单　　　　　　B.【文件】|【关闭】菜单

　　C.【文件】|【另存为】菜单　　　　　D.【文件】|【浏览】菜单

12. 在 Adobe Audition 3.0 中文版中，如果要进行录音，需要单击"传送器"面板中的（　　）图标。

　　A. ![icon]　　　　B. ![icon]　　　　C. ![icon]　　　　D. ![icon]

13. 在 Adobe Audition 3.0 中文版中，如果要停止录音，需单击"传送器"面板中的（　　）图标。

　　A. ![icon]　　　　B. ![icon]　　　　C. ![icon]　　　　D. ![icon]

14. 录音时环境噪声可以通过（　　）去除。

　　A.【效果】|【修复】|【降噪器】菜单

　　B.【效果】|【变速/变调】菜单

　　C.【编辑】|【混合粘贴】菜单

　　D.【文件】|【另存为】菜单

15. 以下方法中可以实现音频变调处理的是（　　）。

　　A.【效果】|【混响】菜单　　　　　　B.【效果】|【变速变调】菜单

　　C.【效果】|【延迟和回声】菜单　　　D.【效果】|【振幅和压限】菜单

16. 下面这幅图表示的含义是（　　）。

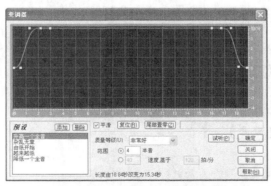

　　A. 升高 2 个半音，开始 2 秒部分音调缓慢升高，结束 2 秒部分音调缓慢降低

　　B. 升高 2 个半音，开始 2 秒部分音调缓慢降低，结束 2 秒部分音调缓慢升高

　　C. 升高 4 个半音，开始 2 秒部分音调缓慢降低，结束 2 秒部分音调缓慢升高

　　D. 升高 4 个半音，开始 2 秒部分音调缓慢升高，结束 2 秒部分音调缓慢降低

17. 若要在下图的基础上实现对整段音频的音调升高 2 个全音，其处理方法是（　　）。

　　A. 将对话框中的"范围"框设为 4，向上拖曳开始和结束部分的控制点，调整曲
　　　　线为一条直线，直线位于 4 半音处

　　B. 将对话框中的"范围"框设为 2，向上拖曳开始和结束部分的控制点，调整曲
　　　　线为一条直线，直线位于 2 半音处

　　C. 将对话框中的"范围"框设为 4，向下拖曳中间部分的控制点，调整曲线为一
　　　　条直线，直线位于 0 半音处

D. 将对话框中的"范围"框设为 2，向下拖曳中间部分的控制点，调整曲线为一条直线，直线位于 0 半音处

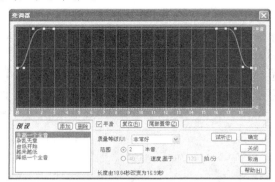

18. 若要保持音频速度，同时音调降低 2 个半音，在下图中的操作方法是（   ）。

    A. 勾选"开启变速"，变速总量设为 100%，"变调"框设为 2
    B. 勾选"开启变速"，变速总量设为 100%，"变调"框设为-2
    C. 勾选"开启变速"，变速总量设为 80%，"变调"框设为 2
    D. 勾选"开启变速"，变速总量设为 80%，"变调"框设为-2

19. 在下图中，如果想保持音调不变，但音频速度加快，其操作方法是（   ）。
    A. 勾选"开启变速"，变速总量设为小于 100% 的值，"音调"框设为 0
    B. 勾选"开启变速"，变速总量设为 100%，"音调"框设为 0
    C. 勾选"开启变速"，变速总量设为大于 100% 的值，"音调"框设为 2
    D. 勾选"开启变速"，变速总量设为小于 100% 的值，"音调"框设为 2

20. 在多轨状态下保存合成音频时，应选择（   ）。
    A.【文件】|【保存】菜单
    B.【编辑】|【副本】菜单
    C.【文件】|【导出】|【混缩另存为】菜单
    D.【剪辑】|【副本】菜单

二、多选题

1. 通常描述声波的重要物理参数有（   ）。
    A. 振幅   B. 频率   C. 相位   D. 音调

2. 声音的主观因素通常包括（   ）。
    A. 音调   B. 频率   C. 音强   D. 音色

3. 人之所以能够判别出声音的方向，是因为声音到达左右耳存在（   ）。
    A. 频率差异   B. 时间差   C. 强度差   D. 音调差异

4. 根据频率范围的不同，可将声音分为 3 类，即（   ）。
    A. 次声   B. 音频   C. 超声   D. 噪声

5. 模拟音频要经过（   ）之后，才能变成数字音频在计算机上进行存储。
    A. 采样   B. 量化   C. 编码   D. 解码

6. 5.1 声道包括：（   ）。
    A. 中央声道   B. 前置主左/主右声道

C. 后置左/右环绕声道　　　　　　　D. 重低音声道

7. 数字音频的数据量与以下技术指标有关的是（　　　）。

    A. 采样频率　　　B. 振幅　　　C. 量化位数　　　D. 声道数

8. mid 文件格式的特点是（　　　）。

    A. 数据量小　　　　　　　　　　　B. 存储指令信息

    C. 编辑灵活　　　　　　　　　　　D. 缺乏重现自然声音的能力

9. 以下（　　　）音频格式采用了流媒体技术，比较适合于低带宽情况下的网络音频应用。

    A. ra　　　　　B. wav　　　　C. ape　　　　D. wma

10. Adobe Audition 能够完成的功能包括（　　　）。

    A. 录音　　　　B. 降噪　　　　C. 混响　　　　D. 淡入淡出

11. 在 Adobe Audition3.0 中文版中，对选中的音频片段进行效果的设置可通过以下（　　　）方式进行。

    A.【效果】菜单　B.“效果”面板　C.“时间”面板　D.“传送器”面板

12. 以下方法中可以打开音频文件的是（　　　）。

    A.【文件】|【打开】菜单　　　　　B.“文件”面板中的【导入文件】按钮

    C. 双击“文件”面板的空白区域　　D.“主群组”面板双击

13. Adobe Audition 3.0 中文版支持导入的文件格式包括（　　　）。

    A. mp3　　　　B. wav　　　　C. wmv　　　　D. mid

14. 若要播放已经导入的音频文件，可采用的方法是（　　　）。

    A. 单击“传送器”面板的 ▶ 按钮　B. 按空格键

    C. 单击“缩放”面板的 按钮　　　D. 单击“传送器”面板的 按钮

15. 以下硬件设备是录音必需的（　　　）。

    A. 耳机　　　　B. 声卡　　　　C. 麦克风　　　D. 音箱

16. 如果无法录制声音，可能的原因是（　　　）。

    A. 没有麦克风　　B. 音量属性设置中的麦克风没有被选中

    C. 声卡故障　　　D. 音箱坏了

17. 录音时以下情况应该避免的有（　　　）。

    A. 安静的环境　　B. 离麦克风很近　C. 录音设备很差　D. 录一段环境音

18. 音调和（　　　）因素有关。

    A. 频率　　　　B. 振幅　　　C. 发声体的结构　D. 声音持续时间长短

19. 使用 Adobe Audition 对音频进行效果添加，可以通过（　　　）方式实现。

    A.【视图】菜单　B.【效果】菜单　C.【编辑】菜单　D.【效果】面板

20. 以下选项中不属于混响效果的是（　　　）。

    A. 音量标准化　B. 淡入淡出　　C. 音调的升高　D. 音速的改变

21. 音频的淡入淡出效果可通过（　　　）方式实现。

    A.【效果】|【延迟和回声】菜单　　　B.【效果】|【振幅和压限】|【包络】菜单

    C.【效果】|【振幅和压限】|【振幅淡化】菜单

    D.“效果”面板中的“振幅和压限”/“包络”

22. 制作诗朗诵作品时需要注意的问题有（　　　）。

    A. 录音效果要好　　　　　　　　　B. 背景音乐应选取合适

C. 背景音乐的音量不宜过高   D. 录音应与背景音乐同步

23. 如图所示，若想降低此段音频的整体音量，应该进行的调整有（   ）。

A. 用鼠标顺时针拖曳音量按钮   B. 用鼠标逆时针拖曳音量按钮

C. 将"音量"设为负值   D. 将"音量"设为正值

三、判断题

1. 声波的振幅体现了声音的强弱。   （   ）

2. 声波的频率体现了声音的方位。   （   ）

3. 一般来说，声音的频率范围越宽，声音的质量就越好。   （   ）

4. 电话的音质比 FM 广播的音质要好。   （   ）

5. 采样频率是指每秒钟的采样次数，以 Hz 为单位。   （   ）

6. 理论上，采样频率越高，数字音频的质量越差。   （   ）

7. 电话质量的语音其采样频率比 CD 音频的采样频率要高。   （   ）

8. 一般量化位数越高，越能细致地反映声音强弱的变化。   （   ）

9. CD 音质是非常好的音质，其音频格式是近似无损的。   （   ）

10. mp3 文件是一种压缩的音频文件格式，它采用了感官编码技术进行压缩编码。（   ）

11. Audition 是一款专业的音频编辑软件，它是 CoolEdit Pro2.1 的更新版和增强版。（   ）

12. 在多轨视图下，可对多个音频文件进行编辑合成处理。   （   ）

13. 使用 Adobe Audition 3.0 中文版可以将某些支持的视频文件中的音频部分剥离出来。（   ）

14. 对音频文件的波形进行水平缩放也可以通过滚动鼠标上的滚轮来实现。 （   ）

15. 选中某段音频的一种方法是用鼠标单击音频文件波形的某个位置后拖曳至结束点，选中的音频部分将呈高亮显示。   （   ）

16. 若想删除一段音频，应当采用的方法是：选中待删除的音频片段，按【Delete】键删除。   （   ）

17. 对于同样采样频率、量化位数和声道数的音频，采用 wav 格式存储比 mp3 格式存储所需要的空间要大许多。   （   ）

18. 利用音量标准化功能，可以完成对录音文件音量大小的调整。   （   ）

19. 录音时环境是否安静没有关系，反正 Audition 具有去噪功能。 （   ）

20. 在音频编辑过程中，往往需要反复试听，才能获得最终想要的效果。 （   ）

21. 混响是由于声波在遇到障碍物后会多次反射与吸收，声源停止发声后，声音还会持续一段时间的一种现象。   （   ）

22. 淡入淡出实际上是对音频的振幅，也就是音量的大小进行缓慢升高或缓慢降低之后获得的效果。   （   ）

23. Adobe Audition 的编辑视图和多轨视图之间在进行音频合成时往往需要经常切换使用。   （   ）

第3章
图像基础与图像处理

　　图像是人们最容易接受的一种信息，长久以来一直是人类传递信息、表达思想的重要方式，故而有"一幅图胜过千言万语"之说。随着数字成像技术的发展以及智能终端的普及，图像成为了人们最容易获取的一种媒体形式。在多媒体技术中，图像经过数字化成为数字图像，可以通过计算机进行各种加工变换和处理，以满足各种不同的应用需求。

　　本章首先介绍图像的基础知识，包括一幅图像是如何以数字化的形式表达并存储的，决定数字图像质量的重要技术参数、在计算机中如何表示颜色，以及常见的图像文件格式的特点。在此基础上，介绍如何通过 Photoshop 软件完成对图像的基本处理，包括变换图像、调整色彩、抠图、修图、绘图、添加文字、合成图像等。

3.1　图像的数字化

3.1.1　什么是图像

　　图像是自然界中的客观景物通过某种系统的映射，使人们产生的视觉感受。图像是一种典型的表示媒体，是人们用来表达这种视觉感受的一种方式。不论是用笔画出来的图画，还是用照相机拍下的图像，抑或是用不同素材拼凑出的图案，都是用不同的方式记录和表示这种视觉感受。根据记录和表示方式的不同，图像的种类很多。

　　我们把在日常生活中真实存在的图像，如明信片、画册、照片、广告海报等，称为物理图像，这类图像最大的特点是在空间上和色彩上连续，直观地说，无论是画面内容的变化还是色彩的过渡都是平滑的。在计算机中存在的图像是数字图像，它们是以数字的形式存在于计算机的存储空间，即用数字对画面内容进行离散的描述。人们所看到的图像内容，是计算机系统对数字内容进行解读并在显示器上显示出来的结果。数字图像与生活中的物理图像，它们的表现形式在视觉效果上基本相同，但它们对信息的记录和表达方式是不同的。而且只要将数字图像放大再放大，就会看到类似于马赛克的一个个小色块，这就不难理解"离散"的含义。

3.1.2　图像的数字化

　　在多媒体技术中研究的图像，一般都是指数字图像。如何将客观世界中一幅空间和色彩连续的物理图像，变成可以在计算机中表示的数字图像呢？一般来说，对连续信号进行离散化处理的常用方法就是采样和量化。

所谓采样，是对空间连续坐标（x，y）的离散化处理；所谓量化，是对每一个采样点颜色的离散化处理。下面通过一个简单的例子来说明数字化的过程。

图 3-1（a）所示为一幅很简单的物理图像，一个背景为白色的灰色桃心图案，怎样用数字来描述它呢？首先，在水平方向和竖直方向每隔一定的距离画一道线（见图 3-1（b）），这样就形成了 8×8 的小方格，可以简单地认为图像就是由这些小方格中的图案组成的，这些小方格就称作采样点。假设简单地用 0 来表示黑色，用 1 表示白色。小方格中有图案，则取值为 1，无图案，则取值为 0。对于边缘只有部分图案的小方格，可以根据图案多还是空白多来确定它的颜色值，这样就得到离散化之后的结果（见图 3-1（c）），可以用矩阵的形式（见图 3-1（d））存储于计算机中。当需要显示图像的内容时，只需要将每个采样点的值"解读"出来即可，如图 3-1（e）所示。但显然，这种表示方式与原图相比有很大的失真。首先，采样得不够密集，采样点太大了。如果将采样频率提高一倍，则得到如图 3-1（f）所示的结果。可以想像，如果采样频率足够大，对图像的描述将越来越精确（见图 3-1（g））。这些采样点，称作数字图像的像素（pixel）。但同时也不难看出，无论如何提高采样的精度，颜色上的差异以及锯齿形的边缘仍然无法改变。这是因为在对每一个采样点取值时，只是简单地量化为两个值：0 和 1，表示黑和白。而实际上，图案的颜色是深灰色的。进一步提高量化的等级数目，例如，把从黑到白的颜色变化划分为 256 个等级，用 0 表示黑色，用 256 表示白色（见图 3-1（h）），则大约值为 122 处的颜色与原图案最接近。对于图案边缘部分，即只有部分灰色图案的采样点，则根据灰色和白色所占的比例，确定它的颜色值，以减少明显的锯齿（见图 3-1（i））。图 3-1（j）所示为中间部分区域的数字化值。

一般来说，在图像的数字化过程中，采样频率越大，量化位数越高，数字图像质量越好。当然，根据奈奎斯特采样理论，采样频率也不是无限制越高越好。

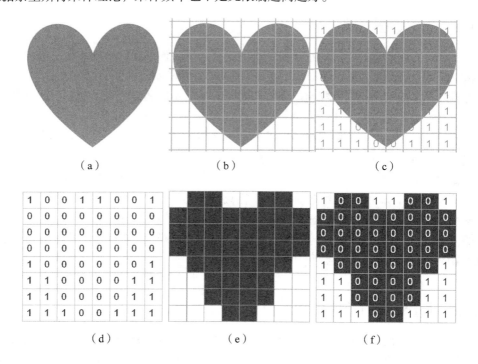

（a）　　　　　　（b）　　　　　　（c）

（d）　　　　　　（e）　　　　　　（f）

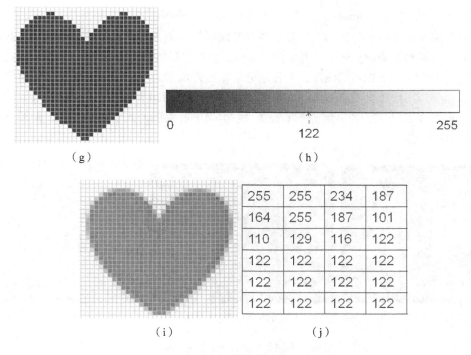

图 3-1　图像的数字化

3.1.3　数字图像的存储与显示

由上述数字化的过程不难理解，数字图像以矩阵的形式存储，矩阵的每一个元素代表了图像中像素点的位置，元素的值代表了该像素点的颜色值。这样的图像称作位图（bitmap），像素则是组成位图的基本单位。而数字图像的显示，则是将存储的图像点阵数据"解读"为颜色值并逐点映射到屏幕上的过程。（在后续章节中，若不加特殊说明，图像均指数字图像。）

3.2　图像的分辨率与深度

决定数字图像的质量有两个重要的技术指标，一个指标是在对图像进行采样时，用多少个点来描述图像，这项指标称作分辨率；另一个指标是在描述每一个点的颜色时，用多少种不同的值来区分，称作颜色深度，简称深度。

3.2.1　图像的分辨率

与数字图像相关的分辨率有 3 种：图像分辨率、显示分辨率和设备分辨率。

图像分辨率以图像在水平和垂直方向上的像素数表示，它直接决定了数字图像的大小。例如，一幅图像的分辨率为 800×600 像素，指水平方向有 800 个像素点，竖直方向有 600 个像素点。有时也会用总像素数来描述一幅图像，如一幅 100 万像素的图像，指它一共有 100 万个像素。对同样大小的一幅原始物理图像，如果数字化后图像分辨率越高，则组成该图的像素点数目越多，看起来就越逼真。反之，图像就显得越粗糙。通常将分辨率超过 1920×1080 像素的图像称作高清图像。

显示分辨率又称作屏幕分辨率，指显示器屏幕能够显示图像的最大显示区，以显示器水平方向和垂直方向的像素数表示。显示分辨率设置得越高，显示器能够显示的图像内容就越多。例如，一幅分辨率为 1024×768 像素的图像，若显示分辨率恰好设置为 1024×768 像素，则屏幕上正好完整地显示出整幅图像（见图 3-2（a））；若显示分辨率设为 800×600 像素，则屏幕上只能显示部分图像（见图 3-2（b））；若显示分辨率设为 1280×1024 像素（见图 3-2（c）），则图像仅占据了显示器屏幕的一部分。

（a）显示分辨率为 1024×768 像素　　（b）显示分辨率为 800×600 像素　　（c）显示分辨率为 1280×1024 像素

图 3-2　不同显示分辨率下的显示效果

无论是图像分辨率还是显示分辨率，都是用像素数来描述的。但一幅图像看上去到底有多大，不仅取决于像素数，还取决于一个像素有多大，这就需要用设备分辨率来描述。

设备分辨率是物理图像采样时的像素密度的度量方法，常用作物理图像与数字图像相互转换时的度量单位，通常用 dpi 或 ppi（dot/pixel per inch，每英寸的点数，1 英寸=25.4mm）表示。例如，一幅分辨率为 720×576 像素的图像，若设备分辨率为 72dpi，则该图像尺寸为长 10 英寸、宽 8 英寸；若设备分辨率为 300dpi，则图像长为 2.4 英寸、宽为 1.92 英寸。

3.2.2　颜色深度

图像深度也称作像素深度或位深度，是指数字图像中记录每个像素点的颜色值所用的二进制位数（bit），它决定彩色图像中可出现的最多颜色数，或者灰度图像中的最大灰度等级数。

黑白图像（见图 3-3（a））的图像深度为 1，表明只用 1 个二进制位来表示像素的颜色值，因此只能表示出两种色彩（2^1），即黑和白。256 级灰度图像（见图 3-3（b））的颜色深度为 8，以 256（2^8）个灰度级的形式表示图像的层次变化。索引 256 色图像（见图 3-3（c））的颜色深度为 8，可任选 256 种颜色供图像使用。若颜色深度为 24 位，则图像可使用的颜色数目达 1677 万多种（2^{24}），足以描述肉眼能够分辨的自然界中的各种颜色，因此通常称为真彩色（见图 3-3（d））。真彩色图像每个像素的颜色值由 3 个字节组成，分别代表 R（红）、G（绿）和 B（蓝）三色值，即由 256 种红、256 种绿、256 种蓝混合而成。

图像最终在屏幕上显示出来是被人眼看到的颜色，不仅取决于图像的颜色深度，还取决于显示器的显示深度。显示深度是显示缓存中记录屏幕上一个像素点的位数，它决定了显示器能够显示的颜色数目。

当显示深度大于或等于图像深度时，屏幕上的颜色能够比较真实地反映图像文件的颜色效果；当显示深度小于图像深度时，显示的颜色会出现失真。例如，如果显示器的显示深度为 1，即亮度显示器，只能显示黑白两种颜色，因此，即使是一幅真彩色图像，显示出来也只是一幅黑白图像，无法得到应有的颜色效果。

（a）　　　　　　　　　　　　　　　（b）

（c）　　　　　　　　　　　　　　　（d）

图 3-3　不同的颜色深度

当前绝大多数显示设备的显示深度都可以达到 24 位或 32 位，即真彩色显示模式。32 位是在 24 位真彩色的基础上，增加了 8 位对透明度的描述，即还可以显示 256 种透明等级。

3.3　图像的色彩空间

在计算机中，数字图像是由以矩阵形式排列的像素组成的，图像文件中记录的是每个像素点的颜色值。那么究竟是如何用数值来表示自然界中如此丰富多彩的颜色呢？各种不同的设备对颜色的表示方式是否相同呢？

3.3.1　颜色

颜色是视觉系统对可见光的感知结果。中学物理的基本知识告诉我们，太阳光（白光）通过三棱镜可以分解成各种不同波长的有色光，当光线照射到物体表面时，不同物体对各种有色光成分的反射和吸收的程度是不同的。通常所说的某个物体的颜色，是指白色光照射到该物体表面上时，该物体会吸收某些波长的光波，同时反射特定波长的光波，反射出的光波使物体呈现特定的色彩。因此物体表现出的颜色，不仅取决于其自身，还与光源、周围环境以及观察者的视觉系统有关。可见，对物体颜色的描述和再现是一件非常复杂的工作。

3.3.2 计算机如何表示颜色——色彩模式

色彩模式指数字世界中表示颜色的方法，即如何描述颜色和对颜色进行分类。在计算机中有很多种描述颜色的方法，即有多种不同的颜色模式，它们的目的都是用有限的数值来尽可能全面地表示自然界无限多种色彩。常用的颜色模式有 3 种：RGB 色彩模式、CMYK 色彩模式和 HSB 色彩模式。

1. RGB 色彩模式

RGB 色彩模式是计算机中最常用的一种色彩模式，所有的显示器都采用这种模式，即所有在屏幕上看到的图像，都采用 RGB 色彩模式显示（见图 3-4）。它是使用加色原理，用红、绿、蓝三原色按照不同的比例叠加来描述所有颜色的，也就是说，通过调整红、绿、蓝三种色光的比例，混合得到各种颜色。

对于 CRT 显示器而言，它是由阴极射线管发出红绿蓝三束光，根据显示要求按不同比例混合生成屏幕上像素点的颜色，液晶显示器是通过红、绿、蓝 3 种滤过片对背光源发出的光进行过滤后按不同比例混合而形成每个晶格的颜色，它们都是对发光体发出的光进行叠加，因此采用加色原理。

在 RGB 色彩模式中，任何一种颜色都被描述成用 R（红）G（绿）B（蓝）三原色混合时的各分量大小。这个大小是用 0～255 的数值表示的。对于单独的 R 或 G 或 B 而言，当数值为 0 的时候，代表这个颜色的光源不发光；如果为 255，则该颜色为最高亮度。这就好像调光台灯一样，数字 0 就等于把灯关了，数字 255 就等于把调光旋钮开到最大，假设有红、绿、蓝 3 盏这样的灯，通过调节 3 盏灯的旋钮，就可以调出不同颜色的光来。例如，纯正的红色，相当于红灯开到最大，而把绿灯和蓝灯都关掉，因此，它的值为（255，0，0）；如果把红灯和绿灯开到最亮，关掉蓝灯，就得到黄色（255，255，0）。RGB 色彩模式中一共可以表示出 2^{24}（约 1678 万）种颜色，这就是 RGB 色彩空间。所谓色彩空间，是指在给定的色彩模式下所能够表达的所有颜色的集合。

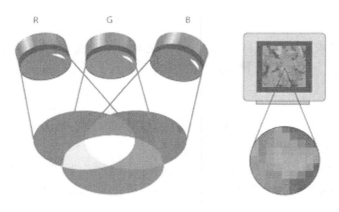

图 3-4　RGB 色彩模式

2. CMYK 色彩模式

根据生活常识，红光和绿光混合在一起是黄光，但红颜料和绿颜料混合在一起肯定不会是黄色。这是因为颜料不是发光体，它们的颜色是在光源照射下，某些波长的光被吸收，而其他波长的光被反射到人眼中呈现出的颜色。因此在油墨印刷中不能采用 RGB 色彩模式，而应采用基于减色原理的 CMYK 色彩模式（见图 3-5）。和 RGB 类似，CMY 是 3 种印刷油墨名称的首字母：即青（Cray）、洋红（Magenta）、黄（Yellow），K 取的是黑色（BlacK）最后一个字母，之所以不取首字母，是为了避免与蓝色（Blue）混淆。理论上通过 CMY 三基色混合就可以生成各种颜色。

但是由于工艺问题，不可能生产出完全纯色的油墨来，如果把这三基色混在一起，并不能得到完全的黑色，还需要加入黑色来调和。

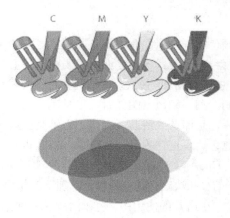

图 3-5　CMYK 色彩模式

　　在进行打印、印刷和冲印时，都是采用 CMYK 模式表示颜色的。在 CMYK 模式中，任何一种颜色都被描述成 C、M、Y、K 这 4 种油墨混合时的分量大小，这个大小用百分比表示，表明混合时的油墨浓度，数值越大表示浓度越高。采用这种方式能够表示的所有颜色，就构成了 CMYK 的色彩空间。

　　CMYK 色彩空间的颜色数比 RGB 色彩空间中的颜色数少（见图 3-6），但两者各有部分色彩是互相独立的（即不可转换）。由此不难理解为什么在显示器上看到的图像，与打印出来的图像，颜色会有明显的差异。显示器使用 RGB 色彩空间，打印机使用 CMYK 色彩空间，从一个色彩空间到另一个色彩空间的颜色转换不正确或缺少这一转换，就会导致颜色不一致。因此在制作图像时，如果是为了打印或印刷，就必须使用 CMYK 模式，才可确保印刷品颜色与设计时一致。

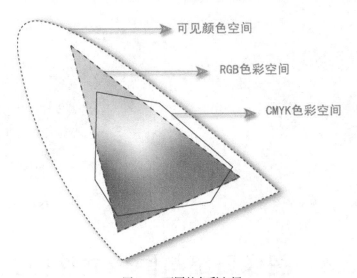

图 3-6　不同的色彩空间

　　即使两台设备使用相同的色彩模式生成颜色，它们的色彩空间也各不相同。这是因为无论 CMYK 模式还是 RGB 模式，都是与设备相关的色彩模式，即最终生成的颜色取决于设备，换言之，取决于它们的几种基色。例如，不同的喷黑打印机，C、M、Y、K 这 4 个墨盒的颜色不可能完全相同，因此打印出的效果肯定不同；不同的显示器，它们的发光部件肯定不可能完全相同，因此在显示同一种颜色时也会存在色差。

3. HSB 色彩模式

计算机中有很多种表示颜色的方法，即有很多色彩模式。RGB 色彩模式和 CMYK 色彩模式是最基本的两种，无论采用哪种色彩模式，最终如果需要在屏幕上显示，必然会转换成 RGB 模式，如果需要打印，必然要转换成 CMYK 模式。但这两种色彩模式都比较抽象，不符合人们对色彩的习惯性描述。例如，我们看到一幅风景图像时，很难说清楚天空的 RGB 值是多少，而是首先意识到天空是蓝色的，然后才是深蓝或浅蓝。因此，大脑对色彩的直觉感知，首先是色相，即红橙黄绿青蓝紫中的哪种颜色，然后是它的深浅和明暗。HSB 色彩就是由此而来，它是适合于人眼的一种色彩模式，用色相（Hue）、饱和度（Saturation）和明度（Brightness）表示色彩。

色相，又称作色度，由光的波长决定，是一种颜色区别于其他颜色的因素。在 0～360°的标准色轮上，色相是按位置计量的。在通常的使用中，色相由颜色名称标识，如红（0°或 360°）、黄（60°）、绿（120°）、青（180°）、蓝（240°）、洋红（300°）等（见图 3-7）。

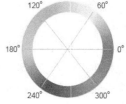

图 3-7　色相

饱和度指光的纯度或强度，即色相中彩色成分所占的比例，具体表现为颜色的浓淡程度，用色相中灰色成分所占的比例来表示。在如图 3-8 所示的标准色轮上，沿半径方向从中心到边缘，饱和度从 0%变化为 100%，即从最淡变到最浓。

明度表示颜色的相对明暗程度，是人对色彩明暗程度的心理感觉，通常用从 0（黑）到 100%（白）的百分比来度量。

HSB 色彩空间如图 3-9 所示。

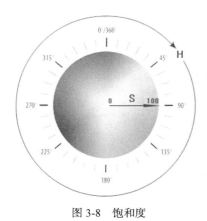

图 3-8　饱和度　　　　　　　　　　图 3-9　HSB 色彩空间

3.4　图像压缩与图像文件格式

人们平时接触到的数字图像，大多是以图像文件的形式存在，常见的有.bmp 文件、.jpg 文件等。不同的文件类型，代表了对数字图像进行存储时采用不同的压缩编码方式。

3.4.1　图像压缩

1. 图像的数据量

数字图像以矩阵的形式存储，矩阵的每一个元素代表了图像中像素点的位置，元素的值代表了该像素点的颜色值。由此可以知道，图像包含多少个像素点，用于存储图像的矩阵就包含了多少个元素。每个像素点的颜色值需要用几位二进制数来描述，矩阵中每个元素就需要占用相应的存储空间。

一幅数字图像的数据量可以按照式（2-1）计算

$$图像数据量（Byte）=图像的总像素 \times 图像深度（bit）/8 \qquad （2-1）$$

$$图像的总像素 = 水平方向分辨率 \times 垂直方向分辨率$$

一幅 1024×768 的真彩色图像的数据量大约为 $1024 \times 768 \times 24/8 \approx 2.36$ MB，1000 万像素的数码相机拍摄的一张照片，若不压缩的话数据量约为 $10\ 000\ 000 \times 24/8 \approx 30$ MB。由此可见，图像的数据量是非常惊人的，不便于存储也不便于传输，因此在大多数情况下，需要对原始的图像数据进行压缩。

2. 为什么可以压缩图像数据

所谓图像压缩，是指在不改变图像内容和不影响视觉效果的前提下，减少图像的数据量。

图 3-10 中两幅图像都是 300×200 像素的真彩色图像，它们的数据量是完全相同的。但可以明显感觉到，左边的图像所包含的信息量远远小于右边的图像，甚至可以简单描述为一个黑色矩形。但是作为数字图像，它仍然被表示成 6 万个元素的矩阵，尽管这 6 万个元素是完全相同的，但是仍然需要 18 万个字节的存储空间。这就是典型的信息冗余。而对于右边的图，即使它包含着丰富的信息，但对于某些局部，如山体部分，其颜色值也是非常接近的，因此也存在着不同程度的信息冗余。

图 3-10　图像的信息量比较

另一方面，人眼对图像的觉察能力是有限的。在 RGB 色彩模式中，提供了 1670 万种颜色，但人眼其实很难分辨出两种相近颜色来。如图 3-11 所示，图中左边的矩形块中只包含一种灰度值，而右边的方块中包含 16 种灰度的渐变，但用肉眼很难发现它们有何不同。因此，即使人为地丢掉图像中某些细节信息，也不会影响到图像的视觉效果。图像自身的信息冗余以及人眼的视觉冗余，使得图像具有很大的压缩潜力。

图 3-11　包含 16 种灰度变化的方块

3. 图像压缩方法

数据的压缩实际上是一个编码过程，即将原始的数据用另一种方式进行编码以减小数据量。

数据的解压缩是数据压缩的逆过程，即将压缩的编码还原为原始数据。因此数据压缩方法也称为编码方法。目前，数据压缩技术已日臻成熟，适应各种应用场合的编码方法不断产生。针对多媒体数据冗余类型的不同，相应地有不同的压缩方法。

图像压缩方法一般按照是否损失了部分信息来分类，即根据解码后数据与原始数据是否完全一致进行分类，通常被分为有损压缩和无损压缩两大类。

无损压缩，即采用可逆编码方法进行压缩，能保证百分之百地恢复原始数据。例如，对于图 3-10（a）所示的图像，原始数据需要 18 万个字节的存储空间，用于记录 6 万个像素的颜色色值（0，0，0），如果换种方式来编码，只记录数据中 0 和 1 出现的次数，对于这种特殊的图像，则只需要记录"18 万"这一个数字，数据被压缩了，并且在解码时，只需要根据这个数字就可以恢复出原始数据来。这就是无损压缩的一个最简单的例子。当然图 3-10（a）是一幅很简单很特殊的图像，对于一般图像来说，无损压缩通常压缩比较低，一般为 2∶1～5∶1。典型的无损压缩方法有 LZW 编码、行程编码、霍夫曼（Huffman）编码等。

有损压缩法，即采用不可逆编码方法实现压缩。采用这类压缩存储下来的图像一定损失了部分信息，还原出的图像较原始图像存在一定的误差，但视觉效果可被接受。有损压缩的压缩比通常比较高，可以达到几十到几百。典型的有损压缩方法是 JEPG 压缩。

4. 如何评价图像压缩方法

图像压缩的方法有很多，在评价并选择适合的压缩方法时需要考虑 3 个关键的指标：压缩比、图像质量、压缩和解压的速度。除此之外还可以考虑压缩算法所需要的软件和硬件配置。

压缩比指压缩过程中输入数据量和输出数据量之比。例如，对于 800×600 分辨率 24 位真彩色图像，其原始数据量为 1440000 字节，采用 JPEG 压缩后，分辨率不变，但数据量为 36246 字节，则压缩比约为 40∶1。一般来说，在图像质量相近的条件下，压缩比越大，压缩算法的性能越好。

第 2 个指标是图像质量，这与压缩的类型有关。无损压缩不会损失原始图像信息，所以不必担心图像的质量。有损压缩则要对原始图像做一些改变，这样压缩前后图像不完全相同。所谓图像质量指压缩后图像内容与压缩前相比是否有损失以及损失的程度，这种评价通常建立在人眼对图像的视觉感观上。一般来说，一个好的压缩算法应该是用肉眼几乎看不出质量变化的。

第 3 个指标是压缩解压速度，可以简单理解为保存和打开压缩文件的时间。显然，这个速度是越快越好。但要想获得更大的压缩比，压缩算法往往会很复杂，也就需要更多的压缩解压时间。对很多压缩算法来说，压缩和解压的速度有可能是不同的，而对某些应用来说，对压缩和解压的速度要求也可能是不同的。例如，对于图片浏览系统，大多数情况下希望解压速度更快一些，以减少观看时的等待时间，而在保存图片时，即使需要一点时间也是能够容忍的。

3.4.2 常见的图像文件格式

图像文件的格式很多，常见的有 BMP 格式、JPEG 格式、GIF 格式、PNG 格式等。不同的格式采用不同的数据编码标准，也具有不同的特点。

1. BMP 格式

BMP 文件格式是 Windows 和 OS/2 的基本位图格式，采用位映射存储，即逐一存储每个像素点的颜色（灰度）值，文件名的后缀为".bmp"。它支持黑白图像、16 色、256 色和 24 位真彩色图像。当位图为 24 位真彩色时，图像数据存储的是每个像素点对应的 RBG 值。当位图为单色、16 色或者 256 色时，图像数据存储的是每个像素在调色板中对应的索引值。它最大的特点是不进行任何压缩，适合保存高精度原始图像，但通常数据量比较大。

2．JPEG 格式

JPEG 是由国际电报电话咨询委员会（CCITT）和国际标准化组织（ISO）联合组成的一个图像专家组。JPEG 格式是最常用的一种图像文件格式，采用 JPEG 压缩算法，文件的后缀为".jpg"。JPEG 压缩是一种适用范围非常广的通用标准，它采取有损压缩，损失的信息大多为不易被人眼察觉的图像颜色信息，因而压缩比高且对图像质量影响不大。此外 JPEG 压缩的压缩比是可调的，可以从几十到 100：1。也就是说，当将一幅图像保存为 JPEG 文件时，可以允许用户选择压缩程度。

近年来又出现了 JPEG2000 压缩标准，压缩率比 JPEG 高约 30%左右，且支持渐进传输，即在网上传输时，可以先传输图像的轮廓，然后逐步传输数据，不断提高图像质量，这样即使网络带宽有限，远程的用户也可以先看到一个模糊的图像，再逐渐变清晰，以缩短用户的心理等待时间。

3．GIF 格式

GIF 是 CompuServe 公司于 1987 年开发的图像文件格式，文件名后缀为".gif"。它采用无损压缩，压缩比大约 2：1 左右。GIF 格式最大的缺点是最多只能处理 256 色的彩色图像，不支持真彩色，而且文件大小不能超过 64MB。其最大的优点是可以包含透明区域和多帧动画，因此，在网页制作中使用得非常多。

4．TIFF 格式

TIFF 是 Aldus 和 Microsoft 公司为扫描仪和桌上出版系统研制开发的一种通用图像文件格式，文件后缀为".tif"或".tiff"。TIFF 格式支持从单色到真彩色各种颜色的图像，适合于所有图像应用领域。它支持无损压缩和有损压缩两种形式，压缩方法有多种，文件复杂，格式灵。非压缩的 TIF 文件独立于软硬件，具有良好的兼容性。TIFF 格式可以看作是工业界的标准格式。

5．PNG 格式

PNG 格式是一种新兴的网络图像格式，其文件后缀名为".png"。它采用无损压缩，但具有较高的压缩比（其文件大小大约比 GIF 格式小 30%）。它汲取了 GIF 和 JPG 二者的优点，存储形式丰富，兼有 GIF 和 JPG 的色彩模式，支持 24 位真彩色图像，同时支持 256 级透明效果，即它可以支持从完全不透明到完全透明的 256 个等级变化，这是 GIF 格式无法比拟的。但是 PNG 格式不支持动画效果。另一方面，它支持渐近传输，只需下载 1/64 的图像信息就可以显示出低分辨率的预览图像，有利于图像的网络传输。

6．PSD 格式

PSD 格式是著名的 Adobe 公司图像处理软件 Photoshop 的专用格式，文件后缀名为".psd"，它是唯一支持全部图像色彩模式的格式。此外可以保存 Photoshop 的各种图层、通道、蒙版等多种设计内容，但占用磁盘空间大。作为 Photoshop 软件的专用格式，其通用性比较差。

3.5　认识 Photoshop

Photoshop 是美国 Adobe 公司推出的一款专业图像处理软件，主要用于图像处理与设计，集图像创作、编辑、修改、特效、合成及高品质分色输出等功能于一体，在平面设计领域，如图像处理、插图及版面设计、平面广告设计、计算机艺术设计等方面有着绝对的优势，占据着大量的市场份额。

到目前为止，Photoshop 已发布了多个版本，当前最高版本是 Photoshop CS6。版本越高，功能越强大，同时对硬盘容量、内存大小及 CPU 速度等软硬件环境的配置要求也更高。对于入门学习和一般应用来说，并不需要一味追求高版本。本书以较经典的 Photoshop CS3 版本为例进行学习。

3.5.1 Photoshop CS3 的操作界面

启动 Photoshop，单击【文件】|【打开】菜单命令，选择打开任意一个图像文件，其工作界面如图 3-12 所示。

图 3-12 Photoshop CS3 的工作界面

（1）标题栏。标题栏位于界面的顶端，左侧为软件名称，右侧与大多数 Windows 应用软件类似，包括"最小化"按钮、"最大化"按钮和"关闭"按钮。

（2）菜单栏。菜单栏中包含了 Photoshop 的所有操作和设置命令，从左到右依次为【文件】、【编辑】、【图像】、【图层】、【选择】、【滤镜】、【分析】、【视图】、【窗口】和【帮助】10个菜单项，单击每个菜单项都会弹出相应的下拉菜单，显示更多的菜单命令，有时还会有二级菜单。

（3）工具箱。工具箱位于界面左侧，它集合了在图像处理过程中最常使用的一系列工具。当鼠标指针悬停在某个工具按钮上面时，会出现简短的说明。工具箱顶部有个折叠按钮，单击后可以使工具箱以紧凑形式排列。再次单击按钮可以恢复初始排列。很多工具按钮右下角还有一个小三角符号，如，表明这个位置还有别的工具，按住鼠标左键稍停一下，就会展开工具列表。一般来说，放置在一起的，都是功能相近或相关的工具，如图 3-13 所示。

（4）工具属性条。工具属性条位于菜单下方，它是专门对当前所选取的工具进行设置的，因此会随着所选工具的不同而改变。大多数工具都有自己的工具属性，当选择不同的工具时，这里显示的就是该工具的所有属性，这对于工具的使用来说是非常方便的。

（5）控制面板。界面的右侧是若干个控制面板（见图 3-14），Photoshop 提供了 20 多个控制面板，默认情况下直接显示 3 组面板，每组又以标签页的形式提供 3 个最常用的面板。

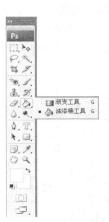

图 3-13　紧凑排列的工具箱及工具组　　　　　　　图 3-14　面板

最上面一组包括"导航器"面板、"直方图"面板和"信息"面板，主要用于观察图像工作状态以及获取图像的基本信息。

中间一组和颜色设置有关，包括"颜色"面板、"色板"面板和"样式"面板。

最下面一组，包括"图层"面板、"通道"面板和"路径"面板，主要用于执行编辑以及控制操作等。

3 组默认面板的左侧有一列面板图标，单击可以打开相应的面板，如单击图标 可打开"历史记录"面板。左上方有一扩展按钮 ，单击后可以展开所有图标对应的扩展面板，单击 按钮，可折叠成图标的形式。所有面板都是可浮动的，可以根据需要拖动到适合的位置，自由组合。

每组面板的首选面板名字旁边有个小叉，如 导航器 × ，单击后就会关闭该面板。

有时在编辑过程中图像比较大，感觉工作空间不够大，也可以单击右上角的折叠按钮 把所有面板折叠起来，等操作完毕再单击 按钮将其展开。

当刚开始学习使用这个软件时，常常会发生有些面板被误关闭后找不到的情况。如果想找回关闭的面板，可以单击【窗口】菜单，其菜单项中列出了所有面板（见图 3-15），前面打勾表明已出现在界面中。可以单击选择显示或者关闭想要的面板。

如果把面板位置调乱了，可以单击【窗口】|【工作区】|【默认工作区】

图 3-15　窗口菜单

菜单命令，恢复到初始状态。

（6）工作窗口。工作窗口位于界面中间，是进行图像处理的主要场所。每一个打开的图像文件均位于一个独立的窗口中，窗口的标题栏中有图像名、图像类型等基本信息，还有一个百分比的数值，是指当前窗口显示原图的比例，最右侧是"最小化"按钮■、"最大化"按钮■和"关闭"按钮■，用于最小化、最大化和关闭该图像文件。

3.5.2　观察图像

Photoshop 允许同时开启多个工作窗口，即可以同时打开多个文件。

如果所打开的图像分辨率比较高，工作窗口标题栏中显示为 25%（见图 3-12），表明当前看到的是原图缩小为 25% 的样子。在导航面板（见图 3-16）的下方，左侧显示观察比例，右侧为"缩小查看"按钮■和"放大查看"按钮■以及"缩放"滑块━━○━━。连续单击"放大查看"按钮■，或者向右拖动滑块，直到观察比例为 100%，以原始尺寸查看图像。但由于图像比较大，已经超出了工作窗口的显示范围，需要滚动鼠标才能看全。

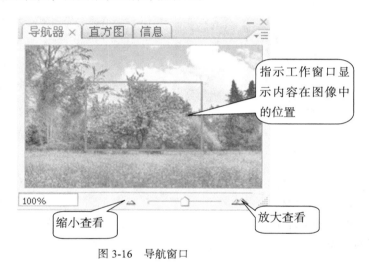

图 3-16　导航窗口

在进行图像处理时，经常需要对局部细节进行微调，往往要把图像放大，当图像很大时，就有可能找到不想要编辑的小区域。这时导航面板就非常有用，红色的方框代表工作窗口中显示内容在图像中的位置，拖动它就很容易定位到目标区域。

3.6　如何"变换图像"

在处理图像时，特别是用数码相机或手机拍摄的照片时，最常见的问题就是图像太大了或太小了、图像方向不对、长宽比例不合要求、打印出来尺寸不对等，所有这些问题都是针对整幅图像而言的，需要对整幅图像进行变换，相应的处理功能在 Photoshop 的【图像】菜单中。

3.6.1　如何改变图像大小

首先来学习如何调整图像大小。打开"高清风景.jpg"文件，如图 3-17 所示。这幅图像的分

辨率比较高，为 5800×4000 像素，当前显示的是原图缩小为 12.5%的样子。注意，这里说的缩小，仅仅是缩小查看，并没有真正改变图像自身的大小。如果想真正改变图像大小，即图像的分辨率，可选择【图像】|【图像大小】菜单命令，弹出"图像大小"对话框，如图 3-18 所示。

图 3-17　打开"高清风景.jpg"

图 3-18　"图像大小"对话框

对话框中上面一栏是像素大小，下面一栏是文档大小，像素大小对应于图像分辨率，它定义了数字图像的大小；文档大小对应设备分辨率，它定义物理图像大小。也就是说，这幅数字图像横向 5800 个像素，纵向 4000 个像素，它自身定义的设备分辨率为 300dpi，物理尺寸是宽 49.11厘米，高 33.87 厘米。

1. 改变数字图像大小

如果想把这幅图像变小，也就是减少像素数，可以直接修改"像素大小"栏中的宽度和高度值。如果发现这一栏是不可编辑的，只要勾选 ☑重定图像像素(I)，就可以直接输入值来改变图像的像素数了。如果希望保持图像的长宽比，需要勾选"约束比例"复选框。例如，在"像素大小"栏中的"宽度"输入框中输入1600像素，它的高度会自动变成了1103像素，保证图像的长宽比不变，单击【确定】按钮，可以看到图像变小了。

除此之处，还可以通过设置缩放比例改变图像大小。例如，现在还想把当前图像再缩小一半，可以同样使用【图像】|【图像大小】菜单命令，弹出"图像大小"对话框，此时宽度和高度的单位均为"像素"，单击"像素"右侧的下拉按钮，选择"百分比"，此时在"宽度"输入框输入50，表明要将宽度变换成原图的50%，若勾选"约束比例"复选框，"高度"也会自动变为50%，单击【确定】按钮，图像的长宽均缩小为原来的一半。此时，如果单击【菜单】|【存储】菜单命令把它保存下来，这幅图像的分辨率就变成800×552像素了，图像的质量也下降了。

2. 改变物理尺寸

在某些应用中，并不想改变图像的分辨率，只是希望改变它的物理尺寸，希望打印出的图像尺寸小一些。例如，打开"花枝.jpg"文件，单击【图像】|【图像大小】菜单命令，如图3-19所示。从弹出的"图像大小"对话框中可以看到，它的分辨率是400×400像素，但物理尺寸居然有14″厘米，这是因为它的设备分辨率只有72像素/英寸，这样打印出来的效果会很差。

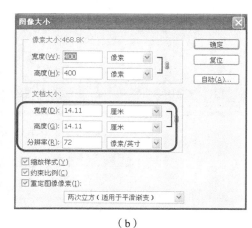

（a）　　　　　　　　　　（b）

图3-19　改变图像物理尺寸

可以根据需要精确地控制它的物理尺寸或者定义它的设备分辨率。例如，修改"文档大小"栏中的宽度值为"3厘米"，高度按比例自动变成了3厘米。注意，这里要取消勾选"重定图像像素"复选框，就不会改变图像分辨率，即图像依然是400×400像素，只是设备分辨率变大了（变为338.667像素/英寸），可以理解为能够以更高的质量打印。单击【确定】按钮，图像看上去没有发生任何变化，但如果打印此图像，就会发现打印出的图案尺寸为3厘米。

也可以改变设备分辨率间接地控制其物理尺寸。例如，取消勾选"重定图像像素"复选框，修改"分辨率"为300像素/英寸，图像的宽度和高度均变为3.39厘米。

在"文档大小"栏中宽度和长度的单位有多种选择，单击下拉按钮可以根据需要选择厘米、英寸、百分比等不同的单位类型。

通过上述操作，就可以很灵活地控制改变数字图像的大小以及物理图像的大小。

3.6.2　如何扩大图像范围

在【图像】菜单中还一项命令叫【画布大小】，也是用来调整图像大小的。下面先来试一下改

变画布大小是什么效果。打开图像"北门.jpg",选择【图像】|【画布大小】菜单命令,弹出"画布大小"对话框,如图 3-20 所示。可以看到,这幅图像的宽度为 6.1 厘米,高度为 4.06 厘米。现在将宽度改为 9 厘米,单击【确定】按钮。观察工作窗口就会发现,图像变宽了,但原先图像的内容部分没有发生变化,只是在两边各多了一条空白区域,即画布变宽了,如图 3-21 所示。

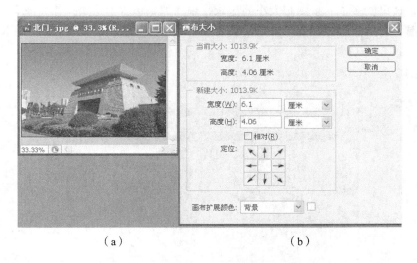

　　　　　　　　（a）　　　　　　　　　　　　　　　　　（b）

图 3-20　"画布大小"对话框

图 3-21　改变画布大小

　　可以这样来理解画布:在 Photoshop 中,当打开一幅图像时,它会依附于一张画布上,默认情况下,画布和图像大小完全相同。有时候会希望给这个图像周围添加一些空白区域,以便后续可以制作边框、添加一些装饰花边、文字说明等,这时,要改变的就不是图像大小,而是增大画布。

1. 改变画布大小

　　在"画布大小"对话框中,"当前大小"栏用于显示当前图像的宽度和高度,"新建大小"栏用于重新设置画布的"宽度"、"高度"值和单位。"定位"区用于设置调整后的画面位置,居中的白色方块是原画布在新画布的位置,默认情况是居中,即以原画布为中心向四周延伸。可以通过鼠标单击改变定位,如,单击左箭头,白色方块会位于左中,即新增加的画布位于当前画面的右侧。

　　当然,如果减小画布大小,必然导致画面内容被剪裁掉,因为小画布上只能放下部分图像。例如,在上幅图中,若将宽度设为 3 厘米,单击【确定】按钮后,会弹出如图 3-22 所示

图 3-22　减小画布的警告对话框

的警告对话框。

2. 使用历史记录面板恢复误操作

在图像处理过程中，经常会发生一些误操作，或者对处理效果不满意，想退回到之前的某个状态，可以使用"历史记录"面板（见图 3-23）。这个面板里记录了所有的操作，如刚才改变了画布大小，这里就多了一条图布大小的记录，现在如果想取消这个操作，或者多个操作，只要单击想回退到的操作步骤，就可以退回去。这是一个非常实用的面板，提供了对误操作的恢复功能。

图 3-23　历史记录面板

3.6.3　如何旋转图像

在打开一张照片时，由于拍摄时相机的方向和角度不同，经常会遇到图 3-24（a）所示的情况。如何对整幅图像进行旋转呢？单击【图像】|【旋转画布】菜单命令，根据这幅图像的特点，选择【90 度（顺时针）】命令，即可将图像顺时针旋转 90 度，如图 3-24（b）所示。

【图像】|【旋转画布】子菜单项中有若干个子命令，如图 3-25 所示。可以根据需要选择不同的旋转命令效果如图 3-26 所示。

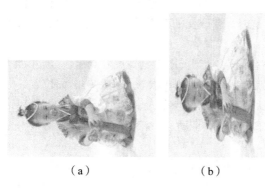

（a）　　　　　　　　（b）

图 3-24 旋转图像

图 3-25　【旋转画布】命令

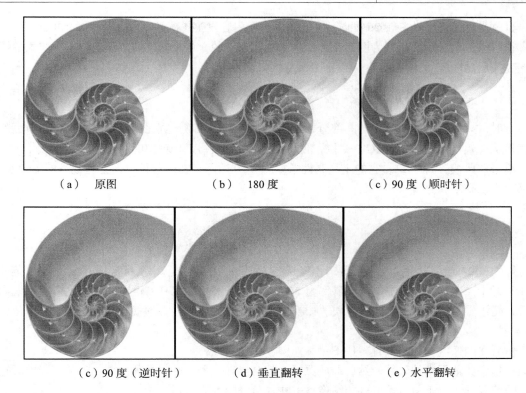

（a）　原图　　　　　　　　（b）　180 度　　　　　　　（c）90 度（顺时针）

（c）90 度（逆时针）　　　　（d）垂直翻转　　　　　　（e）水平翻转

图 3-26　【旋转画布】命令效果

　　单击【任意角度】命令，会弹出"旋转画布"对话框（见图 3-27），可根据需要设置旋转角度和方向，达到自由旋转图像的目的。

图 3-27　"旋转画布"对话框

注意

　　自由旋转往往伴随着图像区域的扩大，如将角度设置为逆时针旋转 25 度，单击【确定】按钮后，得到的效果如图 3-28 所示。

图 3-28　逆时针旋转 25 度的效果

也就是说当逆时针旋转 25 度时，不仅图像自身内容发生了旋转，而且整个画布扩大了，即增加了很多空白区域。这是因为图像是以矩阵的形式存储的，当旋转之后，只能以一个更大的矩阵存储变换后的内容。

3.6.4 如何剪裁图像

有时候只需要截取图像中的一部分，或者需要按照标准的长宽比截取部分图像，最典型的例子就是从一幅日常照片中截取出一寸标准照，这就需要用到工具箱中的"剪裁工具" 。

单击"剪裁工具" ，它的工具属性条如图 3-29 所示，在这里可以设置剪裁后的图像尺寸，包括宽度、高度和分辨率。

图 3-29　剪裁工具的工具属性条

以图 3-24（b）为例，若要截取小孩上半身做成一寸标准照。由于标准一寸照片宽 1 英寸，长 1.5 英寸，标准打印冲洗设备分辨率为 300dpi，因此需要在工具属性条的"宽度"文本框中输入"1 英寸"，"高度"文本框中输入"1.5 英寸"，在"分辨率"文本框中输入"300"，单位为像素/英寸。

然后在图像中合适的位置，按下鼠标左键，拖动鼠标，框选住想要剪裁下来的区域，然后释放鼠标，就会出现一个虚线的剪裁框，位于剪裁框以外的图像覆盖在灰色蒙版下，表明是在执行剪裁操作后丢弃的部分（见图 3-30）。如果对框选的位置大小不满意，可以将鼠标指针移至剪裁框内部，指针变为 形状时，按下鼠标左键拖动可调整剪裁框的位置；将鼠标指针放置在剪裁框的 4 个角点上，指针变成斜向双箭头形状 ，按住并拖动鼠标可改变剪裁框的大小。由于已经设置了剪裁高度和宽度，因此无论怎样调整都不会改变剪裁内容的长宽比。在调整满意之后，单击工具属性条右侧的 按钮，或者按【Enter】键，即可完成剪裁，得到符合参数设置要求的一寸照片，其图像分辨率为 300×450 像素。

图 3-30　框选出待剪裁区域

若宽度、高度和分辨率中均无值，表明是在原始图像中按原先设备分辨率裁剪，框选出多大，剪裁下来就是多大。

工具属性栏中的清除按钮，用于清除宽度、高度和分辨率中的值。

单击工具属性栏左侧的 图标，在弹出的下拉列表（见图 3-31）中，有一些常用的标准照片尺寸设置，可实现快速剪裁。例如，若要剪裁出标准横向"4 英寸"照片，可选择 ，如果要改变横向为竖向，可单击工具属性条宽度和高度之间的按钮 ，然后在图像上单击并拖动鼠标框选出需要的内容，执行剪裁后即可得到符合冲印条件的标准"4 英寸"照片。

图 3-31　逆时针旋转 25 度的效果

因此，在冲洗照片之前，用剪裁工具进行处理是非常快捷的。注意，如果原始图像像素数比较低，采用预设参数进行剪裁后会伴随着图像的放大，导致图像变得很粗糙。

3.7　如何"调整色彩"

在进行图像处理时，特别是处理自己拍摄的照片时，经常会遇到一些与颜色有关的问题，如图像发灰、偏暗、偏亮，或者偏色。所有这些问题都属于图像的色彩问题，Photoshop 在【图像】菜单中的【调整】子菜单中提供了一系列的命令（见图 3-32）来解决这些问题。

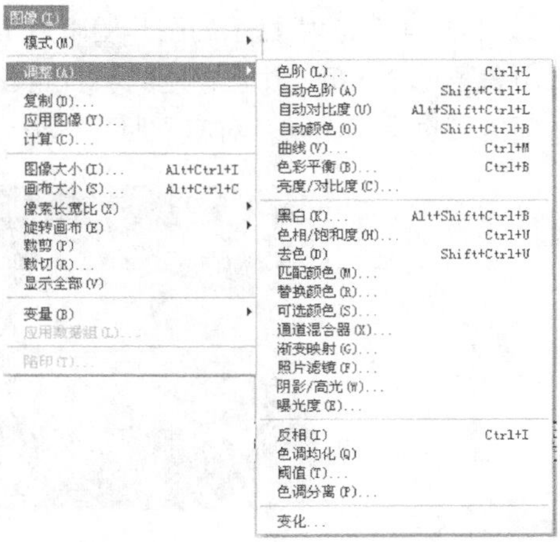

在使用 Photoshop 调整图像色彩之前，首先要知道待处理图像的症结所在，这就需要用到一个非常重要的工具——直方图。在 Photoshop 中提供了直方图面板，可以帮助我们发现图像色彩方面的问题。

图 3-32　【图像】|【调整】菜单命令

3.7.1　利用直方图发现色彩问题

所谓直方图，就是用图形来表示图像中的每个亮度级别的像素数量，实际上就是整个图像中关于像素亮度值分布的统计图。图 3-33（a）所示为一幅色彩效果很好的图像，图 3-33（b）所示为它的直方图，横轴从左到右表示亮度值从 0（最暗）变化到 255（最亮），纵坐标表示图像中每种亮度值的像素数。在观察直方图时，并不需要关注具体的亮度值和具体像素数值，而是应关注整体分布情况，即直方图的整体形状。这幅图色彩效果比较好，它的直方图首先覆盖了整个亮度区间，自然形成了暗调（阴影）区域，中间调区域和高光区域，每个区域分布也比较正常和均匀。

(a)　　　　　　　　　　　　　(b)

图 3-33　图像及其直方图

下面通过对比一组照片，学习如何从直方图中发现图像的色彩问题所在。

图 3-34（a）中的照片由于曝光不足而偏暗，对应的直方图表现为大量像素集中于最左侧的暗调区域，右端相当一部分区域没有任何像素，即在这幅图片里几乎没有高光的像素存在，整体表现为偏暗。

图 3-34（b）则恰恰相反，大量的像素集中于右侧，左侧相当一部分区域没有任何像素，即照片中缺少阴影，整体表现为偏亮。

图 3-34（c）的直方图中，全部像素都集中于中间区域，既没有高光的像素，也没有阴影的像素，整个图片看上去灰蒙蒙的，对比度过小。

图 3-34（d）的直方图中，尽管像素覆盖了整个区间，但两个端点都集中了大量的像素，中间部分过于均匀，表现为明暗反差太大，缺少中间细节。

图 3-34（e）中显示的图片明暗适当，对比度也比较好。观察其直方图可以看出，其像素分布覆盖了整个区间，并且在左侧和右侧各形成了一个山峰，对应于照片中树木阴影和明亮的天空，中间区域也有小山峰，对应于照片中适当的明暗变化。

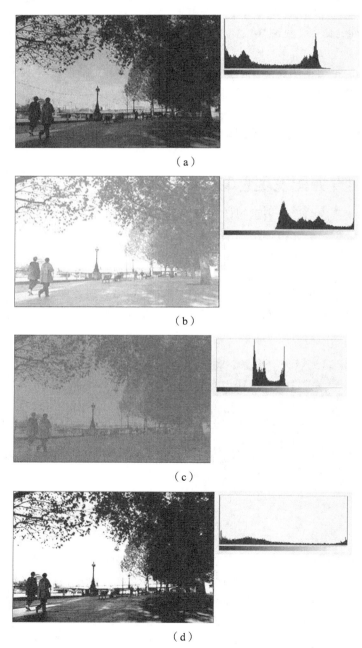

（a）

（b）

（c）

（d）

图 3-34　从直方图中发现图像的色彩问题

（e）

图 3-34　从直方图中发现图像的色彩问题（续）

3.7.2　如何调整明暗

用 Photoshop 打开"灰图.bmp"文件，如图 3-35（a）所示，观察直方图面板（见图 3-35（b）），其亮度值聚集在中间区域，既无高光也无阴影，简单地说，就是暗处不够暗，亮处不够亮，整体当然灰蒙蒙的。

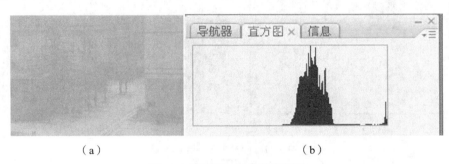

（a）　　　　　　　　　　　　　　　（b）

图 3-35　"灰图.jpg"及其直方图

1. 使用【色阶】命令调整

Photoshop 中的【色阶】命令可以改变图像的明暗程度，是照片处理使用最频繁的命令之一。单击【图像】|【调整】|【色阶】菜单命令，弹出"色阶"对话框如图 3-36 所示。

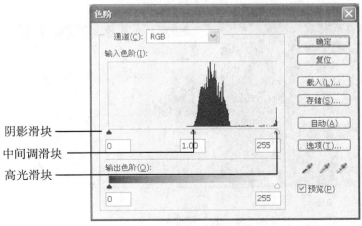

图 3-36　"色阶"对话框

对话框中间部分为该图像的直方图，与直方图面板中的显示一致。直方图下方有 3 个滑块，最左边的黑色滑块，用于调整图像中阴影的强度，向右拖动会使图像中低于其值的像素变为黑色；最右边的白色滑块，用于调整图像高光的强度，向左拖动会使图像中高于其值的像素变成白色。中间灰色的滑块用于调整图像中间调的强度。可以简单地理解为，黑色滑块定义了最暗的值，白色滑块定义了最亮的值，灰色滑块定义了中间亮度的值。

对于当前这幅图像而言，直方图左部没有像素，其图像中最暗的像素已接近于横轴的中间位置，向右拖动黑色滑动，告诉 Photoshop 本图中最暗的像素值是多少，再向左拖动白色滑块，告诉 Photoshop 图像中最亮的像素值（见图 3-37（a）），在调整的同时，Photoshop 会自动将图像中最暗的像素和最亮的像素映射为纯黑（0）和纯白（255），并按比例重新分布中间的像素，可以观察到图像的变化（见图 3-37（b）），单击【确定】按钮后执行调整。

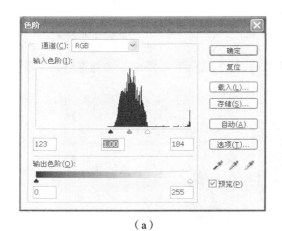

（a）　　　　　　　　　　　　　　　　　（b）

图 3-37　调整"色阶"及效果

再学习一个例子。打开"森林.jpg"文件，选择【图像】|【调整】|【色阶】菜单命令，观察其直方图。这幅图像的问题在于缺少高光，而且整体偏暗（见图 3-38）。拖动白色滑块向左移，提高照片的曝光程度，即让该亮的地方更亮一些。由于图像暗调区域的像素较多，再将灰色滑块适当地向左拖动，增加暗调区域的细节，提高图像整体亮度。单击【确定】按钮后，图像的效果如图 3-39 所示。

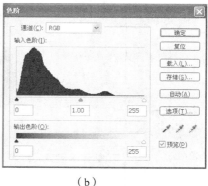

（a）　　　　　　　　　　　　　　　　　（b）

图 3-38　"森林.jpg"及直方图

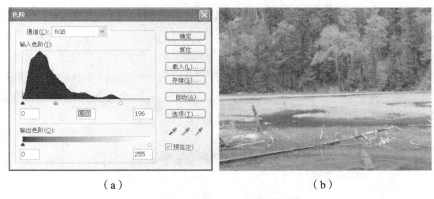

（a）　　　　　　　　　　　　　（b）

图 3-39　调整 "色阶" 及效果

可以看出，色阶命令主要是对图像中暗调、中间调和高光参数的调整，改善图像的对比度和整体明暗程度，是一种相对均匀的调整方法。

在【图像】|【调整】子菜单中，还有一个【自动色阶】命令，也是通过调整色阶改善明暗程度，只是不需要用户设置参数，由系统自动完成调整。

2. 使用【曲线】命令调整

有时图像的明暗问题可能比较复杂，需要对多个不同的色调值进行不同程度的调整。例如，图 3-40（a）所示的照片（女孩.jpg），观察直方图（见图 3-40（b）），像素分布覆盖了整个亮度区间，山峰出现在右端，即高光区域的像素比较多，这是因为图中女孩衣服和部分背景都是比较亮，左侧也有一个小山峰，应该聚集着头发和部分面部区域的像素。但观察图像，会发现女孩的面部过黑，衣服又已经足够亮了，所以只需要局部调整亮度，这就需要用到另一个调整命令【曲线】，它可以对图像的色彩亮度和对比度进行综合调整，与【色阶】命令不同的是，它可以在从阴影到高光的色调范围内对多个不同的点进行调整。选择【图像】|【调整】|【曲线】菜单命令，弹出 "曲线" 对话框，如图 3-41 所示。

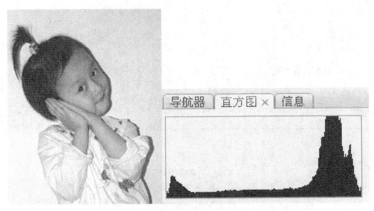

图 3-40　"女孩.jpg" 及直方图

"曲线" 对话框的中间部分，以直方图为底图，横轴表示原来图像的亮度值，即输入值，竖轴表示处理后的亮度值，即输出值。初始状态下，曲线为一条 45° 角的直线，左下部分代表暗调区域，右上代表高光区域，中间为中间调区域。可根据需要在曲线上单击以添加一个或多个控制点，按住并拖动鼠标以调整明暗程度，向上拖是变亮，向下拖是变暗。根据这幅图的特点，在调整时希望比较暗的面部变亮，而比较亮的衣服和背景不需要增加亮度。可以分别在阴影、中间调和高光区域设置控制点，向上拖第一个点以提亮面部，调整后两个点保持曲线的上半段基本不变（见图 3-42（a）），可以边观察边调整，必要时可以再添加控制点，多余的控制点可以按【Delete】键删除。可反复调整直到满意为止，图像效果如图 3-42（b）所示。

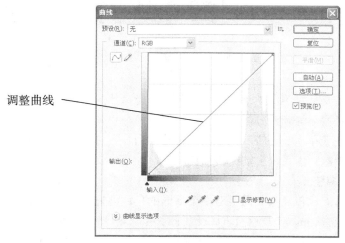

调整曲线

图 3-41　"曲线"对话框

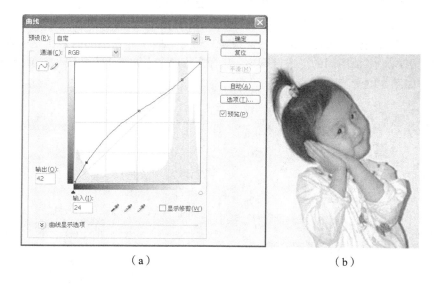

（a）　　　　　　　　　　　　　　　　　（b）

图 3-42　调整曲线及效果

3.7.3　如何"校色"

处理偏色是照片处理中经常遇到的问题，Photoshop 的【图像】|【调整】菜单中提供了一系列的调色命令，本小节重点学习使用【色彩平衡】命令对图像校色。

打开"仪器.jpg"文件，先观察它的直方图（见图 3-43），大部分像素集中在中间区域，形成一个山峰，最右侧也有一个山峰，这是因为有大量的背景像素。整体来说，这幅图的明暗效果还可以，但是有严重的偏色，看上去不够金黄。单击【图像】|【调整】|【色彩平衡】菜单命令，弹出"色彩平衡"对话框，如图 3-44 所示。

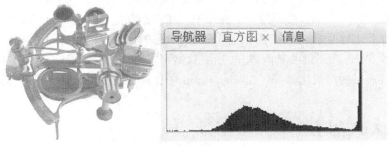

图 3-43　"仪器.jpg"及直方图

"色彩平衡"栏，用于增加或减少指定色调范围内的各颜色分量值，每一个滑块的两端是两种互补的颜色，如最上面的滑块，向右移动是在图像中增加红色分量，减少青色分量，向左移动是减少红色分量，增加青色分量。

"色调平衡"栏可以选择要调整的色调范围，默认选择的是"中间调"。如果勾选了"保持明度"复选框，可以防止图像的亮度值随颜色的更改而改变。

图 3-44　"色彩平衡"对话框

对于这幅图像，希望图中仪器的颜色更加金黄一些，因此需要调整得偏红一些，偏黄一些，即将最上面和最下面的滑块分别向右和向左移动，观察图像，整体颜色变成金黄色。如果有必要，还可以对阴影部分和高光部分进行类似的处理，最终效果如图 3-45 所示。

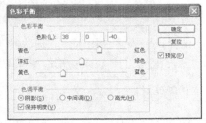
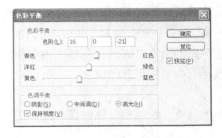
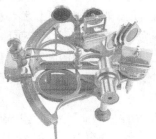

图 3-45　色彩平衡处理及效果

3.8 如何"抠图"

抠图是图像处理中一个非常重要的需求。例如，拍摄照片时，人像拍得不错，但背景很杂乱，这就需要将人像"抠"下来，放到另一个背景中；在制作宣传画时，可能需要把收集的若干张图片中，有用的部分内容分别"抠"下来，再添加到自己的作品中；还有的时候，可能会希望只改变图像中的某些部分，而不影响其他部分。所有这些需求都基于对图像的一个基本处理——抠图。抠图是一种比较通俗的口语化称呼，在 Photoshop 中比较专业的说法是，选择感兴趣的区域建立选区。

3.8.1 认识选区

所谓选区，简单地说就是用户选择的部分图像区域。例如，图 3-46 中有两个柠檬，其中虚线包围的区域，就是用 Photoshop 建立的选区。在 Photoshop 中，选区的主要作用是分离图像的一个或多个部分，以及在对选中的部分进行操作时保证不会影响其余部分。

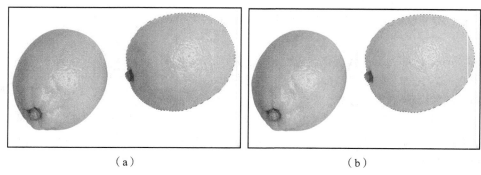

（a）   （b）

图 3-46   选区及对选区的操作结果

Photoshop 中提供了很多种用于建立选区的工具，包括矩形选框工具、椭圆选框工具、魔棒工具、快速选择工具、套索工具、多边形套索工具、磁性套索工具等。

3.8.2 了解图层

在进行图像处理的过程中，往往涉及很多的图像素材，这些素材通常放置在不同的图层上，以便分别处理，同时也便于改变它们的位置和遮挡关系。图层是 Photoshop 处理图像的基础，可以简单地将图层理解为透明的玻璃纸，最下面一层是背景，上面的若干张玻璃纸上绘有不同图案，当所有玻璃纸叠放在一起时，上面的图案会盖住下面的图案，而没有图案的透明部分会透出下面的图案。因此可以对任何一个图层单独进行处理，不会影响到其他图层，也可以很方便地看到处理之后的效果。

打开"荷花.psd"文件，".psd"文件是 Photoshop 的工程文件，能够保留处理过程的中间状态和信息，包括图层。观察工作窗口（见图 3-48（a）），这是一幅完整的图像，绿色背景上有两朵荷花。

图 3-47　图层的概念

（a）　　　　　　　　　　　　　　（b）

图 3-48　"荷花.psd"及"图层"面板

观察"图层"面板，可以看到，这个文件里有 3 个图层，最下面是背景，上面两层可以看作是两张透明玻璃纸，分别画着一朵红荷花和一朵白荷花。这 3 层叠加在一起就是图 3-48（a）的效果。其中，以蓝色条显示的图层为当前图层，可以根据需要单击相应的图层使之成为当前图层。

图层的顺序决定了它们之间的遮挡关系，上面图层中不透明的部分会盖住下面的图层。在图 3-48（b）中，图层 2 的红荷花盖住了图层 1 中白荷花的一部分，在"图层"面板中，单击选择图层 1，按住鼠标左键拖动到图层 2 的上面，图层 1 的白荷花就会盖住图层 2 的红荷花，如图 3-49 所示。

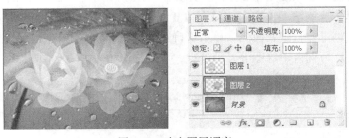

图 3-49　改变图层顺序

每个图层左侧有一个眼睛图标 ，用来控制显示或者隐藏该图层。出现该图标时，表示该图层内容可见，单击此图标，图标消失并隐藏该图层的内容。如图 3-50（b）所示，背景图层被隐藏了，显示效果如图 3-50 所示。图中灰白格表示透明区域。图层 1 在上，图层 2 在下，因此是不透明的白荷花部分遮住了红荷花的一部分。

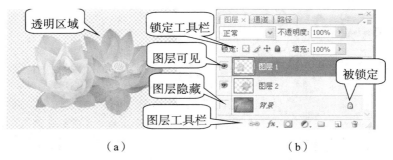

图 3-50　图层操作

图层就是 PS 处理过程中的一个重要产物，一旦有了多个图层，在存储图像中，Photoshop 会自动保存成 PSD 格式。如果手工选择保存成 JPG 文件，图层将被合并在一起，原先的图层信息将丢失。因此在处理图像的过程中，应保存成 PSD 文件，只有完成整个作品以后，再另存为其他文件格式输出。

背景图层的右侧有一个锁图标🔒，表明该图层是被锁定的。Photoshop 提供了多种锁定方式，在图层面板的锁定工具栏 锁定: □ ◢ ✛ 🔒 中的工具，可以完全或部分锁定图层以保护其内容。当图层被完全锁定时，锁图标是实心的；当图层被部分锁定时，锁图标是空心的。当图层被锁定时，锁定工具栏中的相应图标处于按下状态，再次单击可以解锁（背景图层除外）。

- "锁定透明度"图标□：保护透明区域不被修改，即只能编辑修改不透明区域。
- "锁定图像"图标 ◢ ：防止使用绘画工具修改图层。
- "锁定位置"图标 ✛ ：防止图层的像素被移动。
- "完全锁定"图标 🔒 ：完全锁定图层，既不能移动也不能修改。

图层最大的优点是互不干扰，可以独立控制。在对图层进行操作之前，首先要正确地选择待处理的图层，所有操作只对当前图层有效。

另一方面，当需要对某个图层进行编辑修改或者绘画时，为了避免破坏原始素材，往往需要建立当前图层的副本，或者新建一个图层。在"图层"面板的最下方，有一系列图层工具，可以对图层进行管理和维护。

- "新建图层"图标 ▫ ：单击后会当前图层上面建一个透明的新图层。
- "删除图层"图标 🗑 ：单击后会删除当前图层。

还可以通过复制当前图层建立新图层。选择当前图层（如图层 1），用鼠标右键单击，在弹出的快捷菜单中选择【复制图层】命令，弹出"复制图层"对话框（见图 3-51），默认的名字是被复制图层的副本，也可自行重新命名，单击【确定】按钮，就多了与图层 1 完全重叠在一起的新图层。在新图层上进行调色、绘图等各种处理，可保护原始素材不受影响。

图 3-51　"复制图层"对话框

为了更好地区分图层，可以给它们起一个容易分辨的名字。双击图层名称，在出现的文本框中键入新的名字。

3.8.3　如何创建选区

1. 创建规则的矩形或椭圆选区

打开"人物.jpg"图像，为了有助于查看效果，再打开一个背景图片（背景 2.jpg），在工具箱中"矩形选框工具组"按钮上单击鼠标左键，稍保持一会，弹出一组工具列表如图 3-52 所示。

图 3-52　矩形选框工具组

- "矩形选框工具"：用于建立一个矩形选区（配合使用【Shift】键可建立方形选区）。
- "椭圆选框工具" ○：建立一个椭圆形选区（配合使用【Shift】键可建立圆形选区）。
- "单行选框工具" ⇌ 或"单列选框工具"：将选区边框定义为宽度为 1 个像素的行或列。

（1）使用矩形选框工具。

选择"矩形选框工具"，将鼠标移到图像中，光标变成＋形状，按住鼠标左键拖动至合适的位置，屏幕上出现了一个矩形选区（见图 3-53）。如果鼠标再次进入这个区域，光标变成带一方框的空心箭头形状，此时按住鼠标左键拖动可以移动选框，进一步调整到合适的位置。

图 3-53　矩形选区

如果在创建选区的拖动过程中按住【Shift】键，就可以画出正方形的选区。

若要选取整个图像，除了用"矩形选框工具"框选出整个图面外，还可以使用【选择】菜单中的【全部】命令，它的快捷键是【Ctrl+A】。

如果想取消一个已经创建的选区，可以使用【选择】菜单中的【取消选择】命令，快捷键为【Ctrl+D】

下面把选区图像放在另一个背景中来观察抠图的效果。

创建好选区后，使用【编辑】菜单中【复制】命令，或者直接使用快捷键【Ctrl+C】，然后单击背景图窗口，切换到背景图片的工作窗口中，选择【编辑】|【粘贴】菜单命令，或者使用快捷键【Ctrl+V】。观察"图层"面板，可以看到粘贴过来的选区自动建立了一个新图层。使用工具箱中的"移动工具" ，按住鼠标左键拖动，调整新图层的位置，得到如图 3-54 所示的效果。

图 3-54　将选区图像复制到新背景中

（2）羽化。

观察图 3-54，抠出图像的边缘是非常清晰的，有时为了与背景更好地融合在一起，希望边缘能够柔和一些，这可以通过设置工具的羽化参数来实现。

所谓羽化，顾名思义，就是让选区的边缘像羽毛一样有些朦胧感。选择选区工具之后，在工具属性栏（见图 3-55）中设置羽化参数，为了看出效果，这里设置成 20 像素，即在选区边缘附近 20 个像素宽度的区域中做羽化处理，然后按住并拖动鼠标创建一个矩形选区，这时会发现，选区变成了圆角矩形。

图 3-55　选区工具属性栏（部分截图）

为了观察羽化效果，再将此次抠图的结果放在新背景中。单击工具箱中"移动工具" ，当鼠标进入选区时，光标变成了带小剪刀的黑色箭头形状 ，按住鼠标左键把选区图像直接拖到新背景中，其作用和使用复制粘贴命令是完全一样的。比较一下，羽化后抠出的图像边缘有一个半透明的过渡效果如图 3-56 所示。

（a）羽化 20 像素的矩形选区

（b）羽化效果

图 3-56　羽化 20 像素的矩形选区及效果

羽化参数对大多数选区工具都是适用的。羽化参数设置得越大，羽化效果越明显。

（3）使用椭圆选框工具。

"椭圆选框工具" 和"矩形选框工具" 非常类似。单击工具箱中的"椭圆选框工具" ，光标变成＋形状，在图像窗口按住鼠标左键拖动至合适的位置，屏幕上出现了一个椭圆形选区。如果在拖动的过程中按住【Shift】键，就可以画出圆形的选区。

"拖动选区"和"拖动选框"是完成不同的两个操作。当在工具箱中选择了移动工具时，这时光标为一个带剪刀的实心箭头 ，用鼠标可以拖动选区图像，在不同窗口间拖动可完成复制选区，在同一窗口中拖动会移动选区部分的图像。

　　"拖动选框"是在选择了某个选区工具，并且在"新建选区"的状态下，这时光标为一个带方框的空心剪头 ，用鼠标拖动可改变选框的位置，不会影响图像的内容。

2. 创建不规则形状选区

　　套索工具组主要用来绘制不规则的选区，组中有 3 个工具，如图 3-57 所示。

图 3-57　套索工具组

　　（1）创建自由形状选区（套索工具）。

　　"套索工具" 用于绘制不规则的自由选区。选中后，光标变成 形状，在图像中按住鼠标左键不放，任意拖动成想要的形状，释放鼠标左键后自动封闭成一个闭合的自由形状选区，如图 3-58（a）所示。

　　（2）创建多边形选区（多边形套索工具）。

　　"多边形套索工具" 用于绘制由直线段构成的多边形选区。选中后，光标变成 形状，在图像中合适的位置单击鼠标确定起点，然后移动鼠标位置并依次单击确定多边形的各个顶点，如果发现绘制错误，可以使用键盘上【Delete】键或【Backspace】键，每按一次，就取消最近一次绘制的顶点，在画完最后一个点后，双击鼠标左键，则自动封闭成多边形区域，如图 3-58（b）所示。

（a）自由选区　　　　　　　　　　　　（b）多边形选区

图 3-58　使用套索工具组创建的选区

　　（3）沿图像边缘创建选区（磁性套索工具）。

　　在进行抠图时，很多时候是希望将图中某个对象抠下来，即沿着对象的边缘创建只包含该对象的选区。这需要用到套索工具组中的"磁性套索工具" 。磁性套索工具是一个智能化的选择工具，特别适合于选择具有强烈边缘对比效果的图像。

　　选择使用该工具后，光标变成 形状，将鼠标移到要选取的物体边缘，单击设置起始点，沿待选取对象的边缘移动鼠标，这时候就会感觉到该对象好像有磁性一样，套索会自动吸附过去，自动产生多个关键点，称作锚点，如图 3-59（a）所示。

　　如果在某处没有吸附到真正的边缘点上，即产生了错误的锚点，可以使用键盘上【Delete】

键或【Backspace】键取消，每按一次，就删除最近一次产生的锚点。在边缘对比不明显的地方，可能无法自动生成正确的锚点，可以通过单击鼠标左键手工添加锚点，强制套索吸附到这个点上。等到了起点位置附近，光标变成 形状时，单击可闭合形成选区。也可以双击鼠标左键自动连接最后一个锚点与第一个锚点，闭合形成选区（见图3-59（b））。单击工具箱中的"移动工具" ，将选区图像拖放置背景图中，效果如图3-59（c）所示。

（a） （b） （c）

图 3-59　使用磁性套索工具

3. 选择颜色相近的图像区域创建选区（魔棒工具）

如果待选取的图像部分颜色相同或相近，可以使用"魔棒工具" 快速建立选区。例如，打开"小鸭1.jpg"，这幅图像背景颜色单一，适合于使用魔棒工具选取。

在工具箱中单击选择"魔棒工具" ，将鼠标移到背景上选一个位置，单击鼠标建立选区。可以看到，这个选区包含了与单击位置处的像素颜色接近的所有区域，然后在【选择】菜单中执行【反选】命令（或直接使用快捷键【Ctrl+Shift+I】）反转选区，就可以选中小鸭。

（a）使用魔棒工具选中背景　　　（b）执行反选操作选中小鸭

图 3-60　使用魔棒工具创建选区

在魔棒工具的工具属性栏（见图3-61）中有几个重要的参数，只有设置得恰到好处，才能充分发挥魔棒的作用。

调整边缘...

图 3-61　"磁性套索"工具属性栏

- 容差：用来设置工具选择的颜色范围，即只有和鼠标单击处的颜色差异在这个值范围内的像素才会被选中。加大容差值，可以选中更多的像素。例如，打开"小鸭 2.jpg"文件，它的背景是渐变色。设置容差参数为 10，在背景处单击，只能选中部分像素（见图 3-62（a））。按【Ctrl+D】组合键取消选择，将容差值设置为 32，在背景处单击，可以选中全部背景。

（a）容差为 10　　　　　　　　　　　　　（b）容差为 32

图 3-62　使用"魔棒"创建选区

- 消除锯齿：这是大多数选区工具都有的一个参数，勾选上后会使得选区比较平滑。
- 连续：当处于勾选状态时，只选择颜色连接的区域。取消勾选时，会在整个图像中寻找与鼠标单击处颜色相近的区域。例如，在上个例子中，如果取消勾选"复选框"，再使用魔棒工具选择背景，则会发现，不仅背景全选中了，连小鸭子的眼白也被选中了，因为眼白处的颜色与背景相近。

4. 快速绘制选区（快速选择工具）

用快速选择工具可调整圆形笔尖快速绘制选区。

打开"荷花.jpg"文件，单击工具箱中的"快速选择工具" ，在工具属性栏（见图 3-63）上单击画笔下拉按钮，弹出画笔预设器，根据要选择区域的特点拖动调整画笔的直径。

将鼠标移到图像中，在花瓣上单击鼠标，然后继续在附近单击，逐渐扩大选区，直到选中所有的花瓣。也可以直接单击并拖动鼠标移动直到选中所有花瓣（见图 3-64）。

图 3-63　快速选择工具属性栏　　　　　　　图 3-64　使用快速选择工具创建选区

注意在选取的过程中，可以根据实际情况调整笔尖大小，当要选择较细小的区域时，按左方括号键【［】，减小笔尖；当要快速选择大片的区域，按右方括号键【］】，加大笔尖。

如果发生了误选，可以单击工具属性栏中的"从选区减去"按钮，单击多余的部分，即可从选区中去掉，若要继续扩大选区，则需要单击工具属性栏中的"添加到选区"按钮，继续快速选择操作。

3.8.4 如何综合运用多个选区工具创建复杂选区

在实际应用中，往往会遇到一些更复杂的案例，很难单纯使用一种选区工具一次完成选区的绘制，需要综合运用几种选区工具并对它们的选择结果进行合并、排除、相交等操作，这就是选区运算。

在任何一种选区工具的工具属性栏中，都有一组选区运算按钮，如图 3-65 所示。

图 3-65 选区工具属性栏中的
"选区运算"按钮组

- "新选区"按钮：在初次使用选区工具时，默认选中的是"新选区"按钮。在此状态下，使用任何一种选区工具，都可以在图像上创建一个新选区。如果图像中已经有选区了，再使用选区工具时会自动取消掉老选区，建立新选区。在前面的例子中，所有操作实际上都是处于选中"新选区"的状态下完成的。

- "添加到选区"按钮：单击该按钮，新绘制的选区将合并到已有选区中。例如，打开"齿轮.jpg"文件，如图 3-66（a）所示。现在如果要把齿轮"抠"出来，先使用"魔棒工具"，在背景某一位置处单击创建一个选区，由于渐变背景颜色差异大，所以只能选中部分区域，再单击"工具属性栏"中的"添加到选区"按钮，注意这时鼠标指针就变成了一个带加号的魔棒，如图 3-66（b）所示。

继续使用魔棒在刚才未选中的区域中单击，选区扩大了（见图 3-66（c）），也就是说新建的选区和老选区合并了，继续使用魔棒，选区不断扩大，直到选择了全部。这时再使用【选择】菜单中的【反向】命令，就可以选中齿轮了。

（a）原图　　　（b）使用魔棒新建选区　　　（c）添加到选区

图 3-66 添加到选区

- "从选区中减去"按钮：单击该按钮，将从当前选区后减去新绘制的选区。以"齿轮.jpg"图像为例，使用"磁性套索工具"，沿齿轮的边缘建立选区（见图 3-67（b））。现在还需要抠掉中间的圆形区域，选择"魔棒工具"，单击工具属性栏中的"从选区中减去"按钮，注意这时鼠标指针旁出现减号，然后在齿轮中心的圆形区域中任一位置单击，即可减去用魔棒工具绘制的中间这一部分圆形选区。

（a）使用磁性套索建立选区 　　（b）减去魔棒建立的选区

图 3-67 从选区减掉

- "与选区交叉" ⬜ 按钮：单击该按钮，将选出新绘制选区与当前选区的公共部分。例如，打开"人物.jpg"图像，选择"椭圆选框工具" ◯，在人物工作窗口中画一个圆形选区，调整一下选框的位置。注意，切换到新选区状态下才可以拖动调整选框的位置。再选择"矩形选框工具" ▢，单击"与选区交叉"按钮，光标旁出现了"×"，再拖动鼠标绘制一个矩形选框（见图 3-68（a）），释放鼠标后就生成了前面的圆形选区与后面的矩形选区交叉后的结果，如图 3-68（b）所示。

按下"与选区交叉"按钮后绘制的矩形选区

先绘制的圆形选区

（a）绘制过程　　　　　　　　　　　　　　　　（b）最终结果

图 3-68 与交区交叉

灵活利用各种选区工具和选区运算有助于按需要制作出理想的选区。

3.8.5 如何修改编辑选区

在创建选区时经常会碰到没画好需要修改的情况，这在使用矩形选框和椭圆选框工具时尤为明显。例如，使用椭圆选框工具画一个椭圆选区，画完了发现这个选区不尽如意，有点太大了，而且太圆了。能不能对画出的这个"框"进行修改，就要用到选择菜单的变换选区命令。

1. 调整选区形状大小

单击【选择】菜单中的【变换选区】命令，会发现在当前选区的边框上出现了一个外接的矩形的定界框（见图 3-69），正中心有一个圆形标志叫作参考点，边上有 8 个方形的控制点。

当鼠标进入定界框中指针变成黑色箭头 ▶ 形状时，可以按住鼠标左键拖动以改变选区的位置；

当把鼠标放在左右两条边上时，指针会变成水平双箭头 ↔，按下鼠标左键并左右拖动，可以改变选框水平宽度。

当把鼠标放在上下两条边上时，光标会变成竖直双箭头 ↕，按下鼠标左键上下拖动，可以改变选框的竖直高度。

当把鼠标放在 4 个角上时，光标变成斜向双箭头 ⤢，按下鼠标左键沿斜向拖动，可以同时沿横向和纵向两个方向改变大小。

当把鼠标放在 4 条边靠外一点的位置时，光标变成了弧形的箭头 ↻，表明此时可旋转，按下鼠标左键朝想要的方向滑动鼠标，即可绕着参考点旋转。默认的参考点位于选区中心，可通过鼠标拖动改变参考点的位置，产生不同的旋转效果。

图 3-69　变换选区定界框

当然也可以在工具属性栏（见图 3-70）中直接准确地设置参数来调整选框，其效果和用鼠标拖动是一致的。其中，参数 X 和 Y 表示参考点的坐标，以像素为单位，坐标原点位于图像的左上角；参数 W 和 H 表示宽和高，即可以在这里设置宽和高缩放的百分比，中间有个小链条的标识 ▩，按下后可保持长宽比不变；△ 是旋转角度参数，顺时针为正值，逆时针转为负值，刚才是用鼠标控制逆时针旋转选框，所以这个值是负的；H 和 V 是斜切参数，即水平和竖直方向的倾斜参数。

图 3-70　变换选区工具属性栏

调整好所有的参数后，在工具属性栏右侧有两个按钮，⊘ 是取消变换按钮，单击后会放弃刚才的变换操作，✓ 是执行变换按钮，单击后会执行刚才的操作，当然也可以直接在选区中双击鼠标左键，同样可以执行变换。

2. 调整选区边缘

创建选区时还经常会碰到一个问题，好不容易创建了选区，拖到背景中时才发现，边缘过于清晰，有明显的白边，有办法补救吗？Photoshop 从 CS3 版本开始提供了一个非常强大有用的"调整边缘"命令，用于美化和修饰选区的边缘。

单击任何一个选区工具，在工具属性栏中都有一个"调整边缘"的按钮，在【选择】菜单中也有一个【调整边缘】命令，单击任何一个都可以弹出"调整边缘"对话框，如图 3-71 所示。这个对话框设计得比较人性化，当鼠标移到任何一个设置参数上时，下方的说明条中都会给出对该参数的简单说明，以供参考。

在弹出对话框的同时，图像窗口中选区以外的部分都变成了白色，这是"调整边缘"提供的预览功能，以方便用户查看调整后的边缘的效果。对话框的下部提供了 5 种预览效果按钮，可以按需要和个人喜好选择某种方式查看，

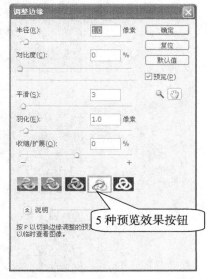

图 3-71　"调整边缘"对话框

如果选区图像颜色较浅通常采用黑底方式预览，颜色较深通常采用白底方式预览，这样相对容易看清楚边缘的细节。

- 半径：决定选区边界周围的区域大小。加大半径可以起到柔化边缘的效果，当勾画衣物、毛发的边缘时可适当加大这个参数。这个"柔化"效果和"羽化"效果类似，但与羽化不同的是，柔化效果是内敛的，也就是说柔化时是向内进行的，不会增加边缘以外的部分；而羽化是向外的。

- 对比度：锐化选区边缘并去除模糊的不自然感。加大对比度参数可以使边缘显得更硬。

- 平滑：使选区边缘更光滑。

- 羽化：在选区及其周围像素之间创建柔和的边缘过渡效果。加大羽化参数值，边缘向外过渡的距离越宽，看上去越柔和。

- 收缩/扩展：设置成正值时使选框向外扩展一点，设置成负值时向里收缩一点，可以移去不需要的背景色。

完成设置后单击【确定】按钮，即完成对选区边缘的美化和调整。

3.8.6　变换选区图像内容

在使用选区时经常会需要改变选区图像的大小。例如，打开"菊花.jpg"和"绿叶.jpg"文件。现在想制作一幅在绿叶上有几朵小菊花的图片作为 PPT 的背景图。首先在菊花窗口建立菊花选区，按下快捷键【Ctrl+C】复制选区图像，单击切换到绿叶的窗口中，按下快捷键【Ctrl+V】粘贴，会发现这朵菊花太大了（见图 3-72），需要缩小。可以使用【编辑】菜单中的【自由变换】命令和【变换】命令组对选区内的图像以及图层进行缩放、旋转等变换操作。

选中菊花所在图层，单击【编辑】|【自由变换】菜单命令，在菊花周围出现了一个外接的矩形控制框，上面有 8 个控制点（见图 3-73）。自由变换的操作和变换选区操作非常类似，工具属性栏也非常类似（见图 3-74）。

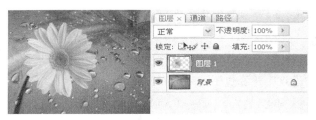

图 3-72 菊花图层与背景图层

控制框

控制点

图 3-73 "自由变换"操作

图 3-74 "自由变换"命令的工具属性栏

当把鼠标放在左右两条边框上时，光标会变成水平双箭头 ↔，按下鼠标左键并左右拖动，可以对选区图像进行水平缩放。

当把鼠标放在上下两条边上时，光标会变成竖直双箭头 ↕，按下鼠标左键上下拖动，可以对选区图像进行纵向缩放。

当把鼠标放在 4 个角上时，光标变成斜向双箭头 ↗，按下鼠标左键沿斜向拖动，可以同时沿横向和纵向两个方向缩放。

当把鼠标放在 4 条边靠外一点的位置时，光标变成了弧形的箭头 ↰，表明此时可旋转，按下鼠标左键朝想要的方向滑动鼠标，即可绕着参考点旋转选区图像。

完成所有的设置与调整后，单击工具属性栏中的 ✓ 图标执行变换，若单击 ⊘ 图标则取消变换。

除了【自由变换】命令外，在【编辑】菜单中，单击【变换】命令，会看到在变换子菜单里有一系列丰富的单一变换命令，与【自由变换】命令的操作类似，它们都是通过拖动控制框上的控制点来使图像产生各种变换效果的。

【变换】子菜单中各个命令的作用如下。

【缩放】命令：拖动定界框上的 8 个控制点放大或缩小图像。

【旋转】命令：鼠标移到框外，当光标变为弯曲的双向箭头时拖动鼠标旋转图像。

【斜切】命令：拖动的控制点，沿水平方向或竖直方向斜切对象（见图 3-75（a））。

【扭曲】命令：鼠标拖动控制点产生扭曲的效果（见 3-75（b））。

【透视】命令：鼠标拖动控制点产生远小近大的透视效果（见图 3-75（c））。

【变形】命令：选择该命令后，图像中出现网格，在网格内拖动鼠标会使图像产生相应的局部变形（见图 3-75（d））；也可以单击工具属性栏中的 ，选择预设的一种变形效果。

以上命令的工具属性栏与自由变换命令类似，完成所有的设置与调整后，单击工具属性栏的 ✔ 图标执行变换，若单击 ◎ 图标则取消变换。

【编辑】|【变换】子菜单中还有一组快速命令，可直接作用于图层或选区，包括：

【旋转 180 度】命令：使图像旋转 180 度；

【旋转 90 度（顺时针）】命令：使图像顺时针旋转 90 度；

【旋转 90 度（逆时针）】命令：使图像逆时针旋转 90 度；

【水平翻转】命令：将图像翻转为水平镜像；

【垂直翻转】命令：将图像翻转为垂直镜像。

（a）斜切　　　　　　　　　　　　　　（b）扭曲

（c）透视　　　　　　　　　　　　　　（d）变形

图 3-75 几种变换效果

注意

到目前为止一共介绍了 3 种变换，请注意区分。

- 对整幅图像的变换：使用【图像】菜单中的【图像大小】、【画布大小】和【旋转画布】命令，会影响到所有图层。
- 对选区范围的变换：【选择】菜单中的【变换选区】命令，它实质上是对用选区工具绘制的选框进行缩放旋转等变换的，不会影响图像的内容。
- 对选区图像或图层内容的变换：【编辑】菜单中的【自由变换】和【变换】子菜单中的一系命令，会影响当前图层或当前选区中的图像内容。

3.9　如何"修图"

修图，就是去除图像中的多余的杂点、斑点、印记等，调整局部色彩和色调，这是用 Photoshop 进行图像处理的一个非常基本的功能。本节主要介绍用于修饰的"仿制图章工具" 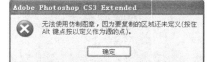、"修复画笔工具" 、"污点修复画笔工具" 、"修补工具" 和"红眼工具" 。

3.9.1　仿制图像

仿制图章工具可以轻松地完成对图像中指定区域的复制。打开"西湖.jpg"文件，湖面上有一片荷叶，只有一朵盛开的莲花，现在想多仿制几朵莲花。所谓仿制，就是照着样子画。在工具箱中，单击仿制图章工具 ，把鼠标移到工作窗口中，可以看到光标是圆形的 ，这时如果直接单击，就会弹出一个警告对话框（见图 3-76），提醒操作者必须先定义源，即定义要仿制的对象在哪里。在这幅图中，源就是这朵盛开的荷花。

要想准确地仿制，必须先调整画笔的大小，使之与仿制的对象相匹配。把鼠标移到这朵盛开的莲花上，比较估计一下这个圆形光标和荷花的大小是否匹配，如果不适合，可以在工具属性栏（见图 3-77）中设置画笔的形状和大小。

图 3-76　警告对话框

图 3-77　仿制图章工具属性栏

单击工具属性栏中"画笔"旁边的小三角按钮，打开画笔预设器（见图 3-78），这里有很多种预先定义好的画笔形状以及画笔大小，有关画笔的使用，在后面学习如何绘图时还会详细介绍。在仿制图像时建议使用柔角画笔，单击选择预先定义好的 27 像素画笔，比较一下画笔和要仿制部位图像的大小是否匹配，如果不合适还可以拖动"主直径"滑块调整画笔直径。

选好画笔后，将鼠标移到图像工作窗口中，按住【Alt】键，光标变成了两个同心圆的形状 ，移动光标到荷花上，单击鼠标左键取样，即定义好仿制源的位置。

然后在目标位置处，就是想画荷花的地方，单击鼠标左键并按住在小范围拖动，注意这时画面上出现了两个光标（见图 3-79），十字形的光标位于刚指定的源的位置（即荷花上），圆形的光标位于要绘制的位置，鼠标移动的过程中，两个光标是同步的，在圆

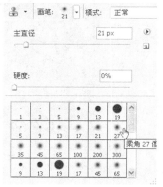

图 3-78　画笔预设器

形光标处仿制出了十字形光标处的图案，小心地观察处理，仿制出源图像并且保持和目标区域周围的画面协调。松开鼠标左键，就完成一次仿制。如果效果不理想，还可以继续补充绘制。

在处理过程中，也可以使用快捷键随时调整画笔的大小。按下【 [】键可以调小画笔，按下【] 】键可以调大画笔。

在工具属性栏中，有一个"对齐"复选框，默认是选中状态，表明在操作过程中一次仅复制一个源图像。如果未勾选，每单击一次鼠标左键就会重新开始复制一次源图像，多次单击后就会在目标处出现多个相同的源图像。

（a）原图　　　　（b）仿制过程

图 3-79　仿制操作过程

3.9.2　修复图像

对于有缺陷的图像，可以使用工具箱中修复工具组中的工具来修饰。修复工具组包括污点修复画笔工具、修复画笔工具、修补工具和红眼工具。

1. 修复画笔工具

"修复画笔工具" 主要用于去除图像中的污点划痕和其他不理想的部分，是美化皮肤的一个重要工具。它和仿制图章工具非常类似，需要定义源，在源区域取样，利用源区域修复目标区域。只是在修复过程中，仿制图章工具完全是用源来代替目标区域，而修复画笔是将源图像融合在目标区域中。

图 3-80　修复工具组

打开"眼睛.jpg"文件，发现眼角有很多皱纹，下面使用修复画笔工具去除皱纹。

在工具箱中选择"修复画笔工具" ，工具属性栏如图 3-81 所示。

图 3-81　修复画笔工具的属性栏

在工具属性栏中单击"画笔"旁的下拉按钮，拖动主直径滑块到大约 80 左右，使得光标大小、皱纹区域和光滑皮肤区域感觉上比较匹配（见图 3-82（a））。在要修复的目标区域附近找一块没皱纹的皮肤，按下【Alt】键，光标变成了两个同心圆的形状，单击鼠标左键定义源。然后在目标区域处，即有皱纹的地方，单击并拖动鼠标进行修复。这时画面上出现了两个光标（见图 3-82（b）），十字形的光标位于刚指定的源的位置，圆形的光标位于要绘制的位置，在鼠标移动的过程中，两个光标是同步移动的。在释放鼠标的同时，源图像和目标图像进行了融合。

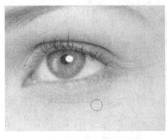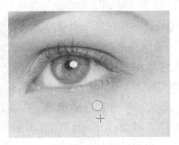

（a）原图及画笔大小　　　　（b）修复过程

图 3-82　修复操作过程

可以多次单击并拖动鼠标修复直到满意为止。在处理的过程中，应该根据实际情况，不断调整画笔大小以及重新定义源位置，可使用快捷键【[】或【]】增大画笔。

由于修复画笔工具是将原图像融合在目标图像中，所以修复过的部位过渡非常自然，几乎看不出修复的痕迹。

2. 污点修复画笔工具

对于图像中的小斑点、污点可以使用污点修复画笔工具快速去除。

打开"外国小孩.jpg"文件，可以看到小孩额头上有一些黑斑。在工具箱中选择"污点修复画笔工具" ✐，单击工具属性栏中"画笔"旁边的小三角按钮，打开画笔预设器，选择或拖动"主直径"滑块调整画笔大小，可以一边调整，一边将鼠标移到图像窗口中，比较画笔与斑点的大小，使得画笔能够完全盖住并且比黑斑稍大一点（见图 3-83（a）），再次单击"画笔"旁边的小三角按钮收回画笔预设器，将鼠标移到黑斑上单击，即可完成修复。依次处理每一个黑斑，完成对整个图像的污点修复。由于黑斑的大小不同，在处理过程中可以使用快捷键【[】或【]】随时调整画笔的大小。

（a） 调整画笔大小　　　　　　　　　　（b） 处理结果

图 3-83 污点修复画笔工具操作过程

污点修复工具和修复画笔的原理类似，是用图像中的好样本和待修复区域融合后达到修复的目的，但是它不需要指定样本（即源图像），而是自动在污点附近采样和匹配，所以使用起来更加快捷，但是一般修复的区域不宜过大。

3. 修补工具

修补工具也是用来修复图像的，但它和前面两种修复工具略有不同，需要先用选区勾画出待修复区域，然后用其他区域的像素来修复选区中的图像。

打开"海底.jpg"文件，现在把靠左下的这条鱼去掉，即用周围海洋的画面修补这条鱼的区域。

首先要定义待修补的区域，即建立修补区域的选区，在工具箱中单击选择"修补工具" ⬭，然后直接在这条鱼周围，按下并拖动鼠标左键绘制出一个选区，使它完全包围住这条鱼（见图 3-84（a））。注意，也可以先使用任何一种选区工具建立选区，然后再使用修补工具。例如，可以使用椭圆选框工具，绘制一个椭圆选区包住这条鱼，也可以通过选区的运算来添加、减去选区。要建立的待修补区域的选区，最好能稍大一点，能完全覆盖住要修补的内容。

建立好修补选区后，确保当前选中的是修补工具，其光标形状为 ⬭，此时再次将鼠标移到选区内，光标变成 形状，单击并拖动选区，在拖动过程中，在周围寻找一块最合适的目标区域（在拖动过程中，待修补区域内会出现目标区域的图像，如图 3-84（b）所示，找到后释放鼠标，就可以用目标区域的图像修补原选区内的图像。按下【Ctrl+D】组合键取消选区，观察一下修补的效果。由于在释放鼠标时，Photoshop 对目标区域的图像和待修补区域的图像做了融合处理，所以几乎看不到修补的痕迹。

（a）定义待修补区域　　　（b）选择目标区域

图 3-84　修补工具的使用

4. 红眼工具

红眼工具用来去除闪光灯拍摄人物照片中产生的红眼。

打开"baby.jpg"文件，可以看到明显的红眼（见图 3-85）。在工具箱中选择"红眼工具" 。在工具属性栏中，单击眼睛中红色的区域即可完成校正。如果校正后觉得瞳孔太黑了或太大了，和小孩的眼睛颜色大小不协调，可以使用"历史"面板回退到校正前，在工具属性条中修改"变暗量"参数和"瞳孔大小"参数，将它们调低一点，再单击来完成校正。

（a）　红眼照片　　　　（b）修复结果

图 3-85　红眼工具的使用

3.10　如何"绘图"

在制作图像作品时，除了加工处理现有的素材外，还经常需要自己制作一些简单的图案，这就需要用到 Photoshop 中的绘图功能。

3.10.1　设置颜色

在设置颜色时，必须了解前景色和背景色这两个概念。前景色是当前绘图工具正在使用的颜色，背景色可以看作是备用颜色。它们都位于工具箱的底部，用一上一下两个叠加的颜色色块给出，上面的表示前景色，下面的表示背景色。默认的前景色是黑色，背景色是白色，用叠加在一起的黑白小色块表示，单击后可以将前景和背景恢复为默认值。右上角有个弧形的小箭头，单击可切换前景和背景色。

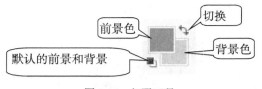

图 3-86　红眼工具

通常把最常用的两种颜色分别设为前景色和背景色。设置颜色的方法有很多种，下面介绍常用的 3 种方法。

1. 通过色块设置颜色

用鼠标单击前景色色块，会弹出"拾色器（前景色）"对话框，只要用鼠标在颜色选择框的任意处单击，就可以选择该颜色，同时可以看到新选择的颜色与当前颜色的对比。

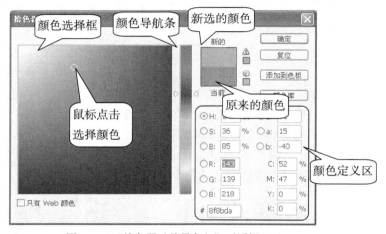

图 3-87　"拾色器（前景色）"对话框

右下角是颜色定义区，显示了新选择颜色的值，这里提供了 HSB 模式、RGB 模式、LAB 模式和 CMYK 模式 4 种表示方法，当然也可以在这里输入数值准确地设置颜色，但这需要对颜色有较深的了解才能知道该如何设置。一般都使用鼠标选择的方式，通常是先在颜色导航条上大致选择想要的颜色，如先选择一种蓝色，然后再在选择框中选择适合的浓淡和明暗程度，即饱和度和明度值。注意，在颜色选择框中，从右到左，代表着饱和度的降低，从上向下代表着亮度在降低，因此，左上角永远是白色，左下角永远为黑色。选择想要的颜色后，单击【确定】按钮，完成设置。

2. 通过吸管采样图像中的颜色

有时需要选取图像中某个部位的颜色，如想设置成图中气球的红色，这时可以使用工具箱中的吸管工具。单击选择"吸管"工具，然后在图像中想要的颜色处单击，就可以取到单击处的颜色值并把它设置为前景色，如果在单击时按住【Alt】键，则自动把此处的颜色设置为背景色。

3. 在色板中选择颜色

在绘画时常希望有一些备选颜色供选择，就像画画时的颜料盘一样，这时可以使用右侧控制面板中的"色板"面板（见图 3-88），这里提供了上百种常用的颜色块供选择，当鼠标进入到色板区域时，会自动变成小吸管的样子，单击色块即可设为前景色，按住【Ctrl】键单击可设为背景色。

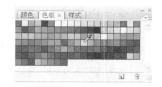

图 3-88　"色板"面板

3.10.2　使用画笔自由绘画

最常用的绘画工具就是画笔，它的绘画效果类似于毛笔，还可以设置特殊的画笔绘制一些特殊的效果。画笔工具是用前景色来绘图的，所以在落笔之前，要先设置好前景色。

在工具箱中单击选择画笔工具，在工具属性栏中设置画笔的形状和大小。

单击"画笔"旁边的下拉箭头，打开画笔预设器（见图 3-89），这里有很多事先设置好的不同大小形状的画笔，可以按需要选择其中的一种，拖动"主直径"滑块调整画笔大小，拖动"硬度"滑块调整画笔硬度。

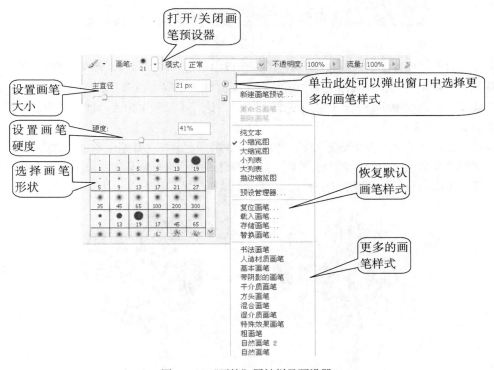

图 3-89　"画笔"属性栏及预设器

在绘画时，一个比较好的习惯是先新建一个图层再进行绘制，以避免破坏原始素材。

一般来说，自由绘制是需要一定的绘画功底才能画好的。如果想画水平或竖直的线，可以在图像窗口中单击确定起点，然后按住【Shift】键，同时在终点处单击即可。

Photoshop 还提供的一些比较漂亮的画笔来修饰图像，如设置前景色为嫩绿色，背景色为深绿色，打开画笔预设器，拖动滚动条，选择位置比较靠后的小草画笔，按【[】或【]】键调整画笔大小，就可以画出成片的小草了。小草画笔是一种比较特殊的画笔，在绘制过程中会自动改变画笔形状的大小和方向，根据前景色和背景色产生变化的颜色效果，类似的画笔还有很多。

如果还想要更多的画笔形状，可以单击画笔预设器右侧的小三角扩展按钮，在弹出菜单中选择更多的预设样式，甚至可以自己定义画笔。

在工具属性栏中，使用不同的混合模式，也可以画出各种不同的效果。

3.10.3 填充整片区域

除了用画笔直接绘画外，有时还需要填充整片区域，这就需要用工具箱中的"油漆桶工具" 和"渐变工具" ，它们在同一个工具组中。

1. 油漆桶工具

油漆桶工具可以在图像中用前景色或图案填充指定区域，它一般是和选区配合使用的，用于填充整个选区。它有两种填充方式，即颜色填充和图案填充，可以在工具属性栏中设置。

图 3-90　填充工具属性栏

例如，打开"图标.jpg"文件，把绿色图标改成深蓝色，将白色背景改为木质效果。

首先在工具箱中选择"魔棒工具" ，在工具属性栏中取消勾选"连续的"复选框，在图像白色区域单击，选中整个背景，单击【选择】菜单，执行【反向】命令，即可选中绿色图标部分如图 3-91（a）所示。

在"色板"面板中，单击深蓝色块，将它设置成前景色，在工具箱中单击"油漆桶工具" ，将工具属性栏中的填充属性设置为前景色，然后在选区中任意位置单击，即可用深蓝色填充全部选区。按下【Ctrl+D】组合键取消选区，观察一下填充效果，如图 3-91（b）所示。

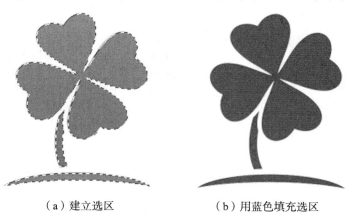

（a）建立选区　　　　　　　　　　（b）用蓝色填充选区

图 3-91　填充颜色

　在填充时，由于填充区域是不连续的，因此应确保工具属性栏中的"连续的"复选框处于取消勾选的状态，否则，只能填充与鼠标单击处连续的区域。

下面再通过填充图案绘制背景。在工具箱中选择"魔棒"工具，在图像的白色区域单击，选中整个背景，在工具箱中单击"油漆桶工具" ，单击工具属性栏中 下拉框，选择"图案"，然后单击图案下拉框按钮 ，打开图案预设器窗口（见图 3-92），这里有一些预先定义好的图案，选择木质纹理图案，在选区的任意位置单击，即可用所选的图案填充全部选区。同样，由于选区不连续，应确保工具属性栏中的"连续的"复选框处于取消勾选的状态。填充效果如图 3-93 所示。

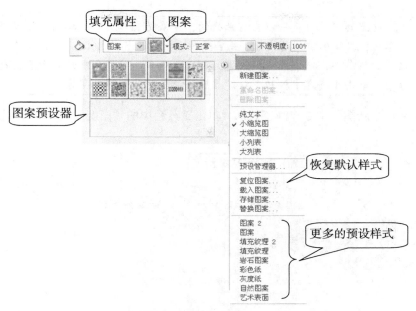

图 3-92　选择图案

很多时候可能会觉得预设的图案不够用，可以单击图案预设器右侧的小三角扩展按钮，选择更多的预设样式。也可以用矩形选框工具选择一块图像，在【编辑】菜单中使用【定义图案】命令自己定义图案，自定义的图案将出现在工具属性栏的图案下拉框中。

2. 渐变工具

在制作图像作品时，经常需要做出一种渐变的效果，这就需要用到工具箱中的"渐变工具"来填充指定区域。渐变，简单地讲，就是两种或两种以上颜色之间的逐渐过渡效果。

图 3-93　填充图案

下面新建一幅图像制作 PPT 的渐变背景。单击【文件】菜单，选择【新建】命令，弹出"新建"对话框（见图 3-94），在"名称"文本框中图像的名字，如命名为"PPT 背景 1"，然后设置新建文件的分辨率参数。作为 PPT 的背景图，将其宽度设为 800 像素，高度设为 600 像素，因为仅用于在显示器上观看，因此设备分辨率取每英寸 72 像素。

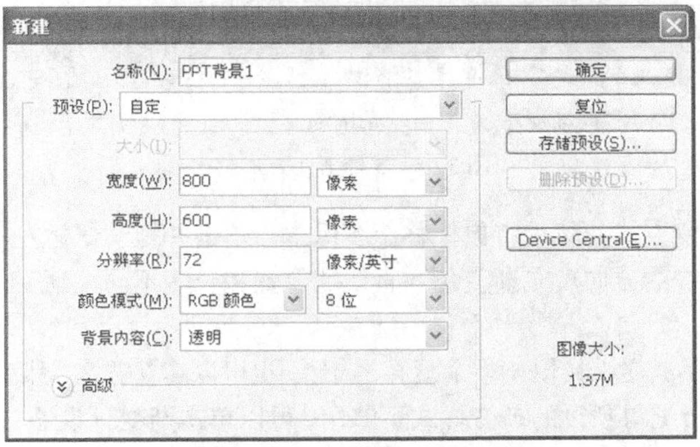

图 3-94　"新建"对话框

这里的单位都是可以自行选择的，如果是制作需要印刷的宣传海报，可使用厘米作为单位，以精确控制其尺寸，并且分辨率至少设置为 300DPI。由于要制作的是用于屏幕显示的彩色图，所以颜色模式选为 RGB 模式。背景色默认为白色，也可以设置为透明背景，单击【确定】按钮，就建立了一幅透明背景的新图像。

下面在这个新图像中制作渐变效果。单击工具箱中的"渐变工具" 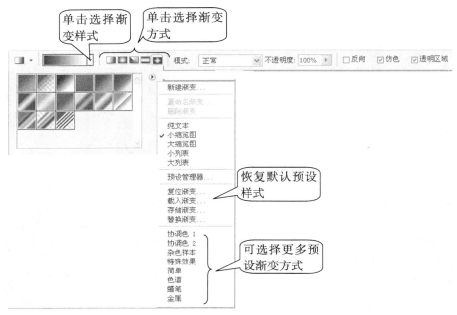，其工具属性栏如图 3-95 所示。

图 3-95　"渐变工具"属性栏

单击工具属性栏中 的下拉按钮，从预设的渐变样本中选择一种样式（如红黄渐变），然后再选择渐变方式。Photoshop 提供了 5 种渐变方式，即线性渐变、径向渐变、角度渐变、对称渐变和菱形渐变，其效果对比如图 3-96 所示。

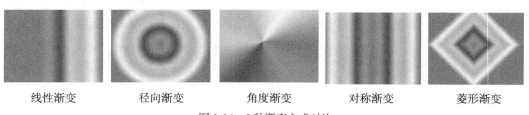

线性渐变　　　径向渐变　　　角度渐变　　　对称渐变　　　菱形渐变

图 3-96　5 种渐变方式对比

这里选择径向渐变方式，然后将鼠标移至图像中，单击并拖动鼠标左键拉出一条直线，释放鼠标后，即可沿着直线的方向填充渐变色。直线的位置和长短不同，渐变的外观也会随之变化，如图 3-97 所示。

这个例子中是使用渐变工具填充整个画面，当然，也可以建立选区，然后用渐变效果填充选区。

很多时候，可能会觉得预设的渐变样式不够用，可以单击渐变预设器右侧的小三角扩展按钮，选择更多的预设样式。

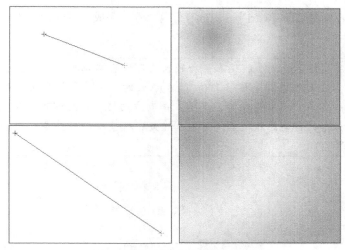

图 3-97　控制径向渐变填充效果

3.11　如何"添加文字"

文字在宣传海报等平面设计中是必不可少的，它不仅可以传达信息，而且能起到美化版面、强化主题的作用。

Photoshop 中用于输入文字的工具，都位于工具箱中的文字工具组中，包括横排文字工具、直排文字工具、横排文字蒙版工具和直排文字蒙版工具 4 种，如图 3-98 所示。

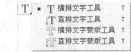

图 3-98　文字工具

3.11.1　添加文字

使用"横排文字工具" T 可添加横向文字，使用"直排文字工具" IT 可添加纵向文字。其操作基本类似，本小节以横排文字工具为例介绍如何添加文字。

1. 输入文字

在工具箱中单击"横排文字工具" T，在图像上合适位置，按下鼠标左键并向右下角拖动，绘制文字定界框，此时画面中会呈现闪烁的文本输入光标。

在文字工具属性栏（见图 3-99）中可对输入文字的属性进行设置：

图 3-99　文字工具属性栏

设置字体为黑体，字号 T 为 18 点，颜色为红色，这里可以根据闪烁光标的大小来估计字号是否合适。对齐方式采用默认值，即左对齐，然后在定界框中输入文字"多媒体设计与制作"后按回车键，在第二行输入"2014 年 9 月 1 日"（见图 3-100 （a）），输入完毕后，单击工具属性栏

右侧的 ✓ 按钮，或者同时按下【Ctrl】+【Enter】组合键，完成文字的输入（若要放弃当前输入内容，则单击 ◎ 按钮）。

 如果定界框宽度太小，输入一行较长文字时会自动换行（见图 3-100（b）），如果高度太小，会显示不全（见图 3-100（c））。此时，可将鼠标移至定界框边线中间控制点处，待光标变成 ↕ 或 ↔ 形状时，水平或垂直方向拖动鼠标即可横向或纵向扩大定界框，或者将鼠标指针移至定界框右下角控制点处，待鼠标指针变成 ↖ 形状时，斜向拖动鼠标可扩大定界框。

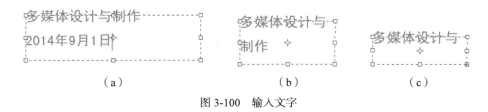

（a）　　　　　　　　　　（b）　　　　　　　　　　（c）

图 3-100　输入文字

这时"图层"面板中出现了一个新的文字图层（见图 3-101），并且是直接用文字的内容命名的。

 这种图层和前面学习过的图像图层不同，它是基于矢量文字的，不能进行基于像素的各种处理和操作，如填充选区、调整颜色等，而只能通过文字工具进行编辑处理。

2. 编辑文字内容

如果想再次编辑文字，首先需要选中其所在的文字图层，然后在工具箱中选择"横排文字工具" T，将光标移到文字区域，单击鼠标设置插入点，这时画面上显示出文字定界框，可以在闪烁的光标处插入文字或删除文字，也可以单击并拖动鼠标选取多个文字（按下【Ctrl+A】组合键可选中全部文字），通过工具属性栏上的按钮改变字体、大小、颜色、对齐方式等属性。

图 3-101　文字图层

例如，单击工具属性栏中的"变形"按钮 ℤ，弹出"文字变形"对话框（见图 3-102），可对选中的文字进行变形。在"样式"下拉框中有很多定义好的变形样式供选择，如果选择"无"，则取消已有的变形效果。在这个例子中选择"扇形"变形，调整滑块设置变形参数，观察变形效果满意后单击【确定】按钮，产生变形如图 3-103 所示。在完成全部编辑后，单击工具属性栏右侧的 ✓ 按钮，或者按下【Ctrl】键+回车键，确认并应用编辑。

图 3-102　文字变形对话框

图 3-103　文字变形效果

也可以单击工具属性栏中的 按钮，弹出"字符"面板（见图 3-104），详细设置字符属性和段落属性，这对于大段文字的排版是非常有用的。其中各种设置和操作与文字处理软件中的排版类似，这里就不再详细介绍了。

图 3-104　"文字"面板

3. 改变文字位置方向

在完成对文字内容的编辑后，如果对所添加文字的位置或方向不满意，可调整定界框。

在工具箱中选择"横排文字工具" T ，将鼠标移到文字区域，单击鼠标进入文字编辑状态（出现定界框），当鼠标远离定界框时，光标变成 形状时，可以单击拖动改变文字的位置。

将鼠标移动到定界框控制点的外侧，光标变成 形状时，按下鼠标左键拖动可旋转文字定界框，框中的文字会随之发生整体旋转，如图 3-105（a）所示。

　　旋转只能改变放置文字的方向，不能改变字本身。例如，即使旋转 90 度（见图 3-105（b）），也不能使得横排文字变成竖排文字。若要改变文字方向，则应单击工具属性栏中的 按钮，再调整定界框大小，即可达到如图 3-105（c）所示的效果。

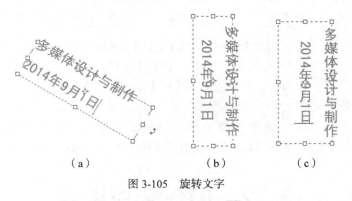

　　（a）　　　　　　　　（b）　　　　　　（c）

图 3-105　旋转文字

在完成对大小位置的调整后，单击工具属性栏右侧的 按钮，或者按下【Ctrl+Enter】组合键，确认并应用编辑。

3.11.2　添加文字选区

"横排文字蒙版工具" 和"直排文字蒙版工具" 用于创建文字选区，可以配合其他工具制作更出彩的文字效果。它们的操作基本类似，本小节以直排文字蒙版工具为例进行介绍。

选择"直排文字蒙版工具 "，在图像上的合适位置，按下鼠标左键并向右下角拖动，绘制文字定界框，这时画面上好像蒙了一层红玻璃纸，可以简单看作是用一张红纸蒙住了整个图布。在光标闪烁处输入两行文字，"上善若水"和"厚德载物"，可以看到，输入的文字是白色的，在蒙版中，白色表明是镂空的地方，就好像是在刚才的红纸上刻出了这 8 个字，将来的填充颜色、用画笔涂抹等操作，就只会落在这些镂空的地方，这就是所谓的"蒙版"效果。

按下【Ctrl+A】组合键全选所有文字，在工具属性栏中选择字体为华文琥珀，调整字号为 40 号，让鼠标稍微远离定界框，当光标变成黑色箭头 时，按下鼠标左键拖动调整文字框的位置。

这里所有操作和前面介绍的横排文字工具完全类似，只是不能设置颜色。完成编辑后，按【Ctrl+Enter】组合键确认。

这时画面上多了一个选区，而且选区的形状恰好就是刚才输入的文字的样子（见图3-107（a）），即文字蒙版。

（a）文字选区　　　　　（b）渐变填充效果　　　　（c）最终效果

图3-106　文字蒙板　　　　　　　　　图3-107　文字选区及效果

文字蒙版工具仅仅用来创建选区，它本身不会创建新的文字图层，也不会自动保存选区，创建好的文字选区也不能再编辑修改。如果这时仍然像前面使用横排文字工具一样，选择文字蒙版工具后在这里单击，也无法再次进入到原先文字定界框中，而是又重新建立了新的文字蒙版，输入文字确定后，会取消原先的选区，建立新选区。

既然它是一个选区，那么前面学习过的有关选区的操作对于这种选区同样适用。例如，如果想移动这个选区，可以选择任何一种选区工具，在新建选区的状态下，将鼠标移入选区并按住拖动；如果想对这个选区进行缩放，可以使用【选择】菜单中的【变换选区】命令。

现在对它进行填充处理。为了不破坏当前图层，可以新建一个图层，然后选择渐变工具，在工具属性栏中，选择"蓝色、红色、黄色"的渐变样式，设置线性渐变方式，单击并拖动鼠标完成渐变填充效果如图3-107（b）所示。按下【Ctrl+D】组合键取消选区，最终的文字效果如图3-107（c）所示。

3.12　如何合成图像

前面在学习各种处理工具和处理方法时，为了保护原始素材、保存中间结果，经常建议要新建图层或者复制图层之后再进行操作；Photoshop的很多命令和工具也会自动创建新的图层。其结果就是在使用Photoshop处理图像的过程中，通常会产生很多图层。Photoshop在保存文件时默认使用PSD格式，它保留了所有图层信息，图层越多，文件就越大，占用的内存空间也越大，不便操作，因此在处理过程中需要对图层进行适当的合并。而处理图像的最终目标，是得到一幅符合要求的完整图像，故而图像处理的最后步骤就是合并图层，合成图像。

3.12.1　合并图层

所谓合并图层，就是将两个或多个图层变成一层。

Photoshop在【图层】菜单中提供了3种合并命令，选中某个图层后用鼠标右键单击，在弹出的快捷菜单中也可以找到这3种命令。

- 向下合并图层：将当前图层与它下面的第一个图层进行合并。
- 合并可见图层：将当前所有可见图层合并成一个图层。
- 拼合图像：将所有可见图层合并，并且丢弃隐藏图层，即合成一幅完整的图像。

打开"卡片.psd"，这个文件中有 8 个图层，其中一个是不可见图层（即图层 1）。单击该图层左边的小方框，使其内容可见（即再现眼睛图标），这时可以看到该图层的内容是一个横向排列的毛笔字"努力"，再次单击恢复隐藏。

图 3-108　卡片.psd

现在将图层"努"和图层"力"合并，选中图层"力"，单击鼠标右键，在弹出的快捷菜单中选择"向下合并"命令，即可完成这两个图层的合并。

继续在图层面板中单击鼠标右键，选择【合并可见图层】命令，结果除了隐藏的图层 1 以外，所有其他图层都合并成一个图层了。使用"历史记录"面板回退到上一步（即未合并状态），在"图层"面板中用鼠标右键单击并选择【拼合图像】命令，会发现所有图层合并成了一个图层，而隐藏图层被丢弃了。

这里要特别注意的是，一旦合并了图层，并选择执行【文件】|【保存】命令，然后关闭这个文件，再次打开时，就只有一个图层了，是不能再恢复成独立的图层的。因此在合并图层之前，一定要确保被合并的图层中没有需要单独保存的重要信息。

3.12.2　添加效果（合成实例）

合并命令可以完成图像的合成，但往往视觉效果不佳。通常在合成图像之前，会在图层上添加一定的图层样式，使得各图层上的图像呈现出不同的艺术效果。下面通过一个完整的例子来讲述一幅作品的制作过程。

1. 素材收集整理

（1）制作渐变背景。

单击【文件】|【新建】菜单命令，弹出"新建对话框"，如图 3-109 所示，在"名称"文本框输入"PPT 背景 2"，设置"宽度"为 800 像素，"高度"为 600 像素，"分辨率"为 72 像素/英寸，"颜色模式"为 RGB 模式，"背景内容"为透明，单击【确定】按钮，就建立了一幅透明背景的新图像。

双击"图层"面板中该图层的名字，将其命名为"背景"。选择工具箱中的"渐变"工具，单击工具属性栏中的下拉按钮，在弹出的预设渐变样式中选择"橙色、黄色、橙色"样式（见图 3-110），单击工具属性栏中的按钮，设置线性渐变方式。然后将鼠标移动到工作窗口中，按住鼠标左键，从左上角拖动鼠标向右下角画一条直线，完成渐变背景的制作，如图 3-111 所示。

图 3-109　新建"PPT 背景 2"

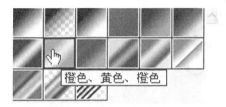

图 3-110　选择渐变样式

图 3-111　绘制渐变背景

（2）制作添加"主楼"图层。

打开"主楼.jpg"文件，在工具箱中选择"套索"工具 ，在工具属性栏中设置"羽化"参数为 50，在图像中自由绘制一个能够完全包围主楼的选区（见图 3-112（a）），在工具箱中选择"移动"工具 ，将鼠标再次移至选区内，按下鼠标左键并拖动选区图案到"PPT 背景 2"的工作窗口中释放鼠标，添加了一个图层，在"图层"面板中，双击新增加的图层名字，将其更名为"主楼"。观察效果，用鼠标拖动调整主楼的位置，如果大小不合适，则使用【编辑】|【变换】命令调整。效果如图 3-112（b）所示。

（a）

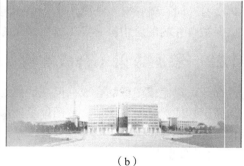

（b）

图 3-112　制作添加主楼图层

（3）添加徽标图层。

打开"LOGO.jpg"（见图 3-113（a）），基于这幅图制作一个圆形的徽标。

单击工具箱中的"椭圆选框工具"，按住 Shift 键，拖动鼠标左键在图像的中央绘制一个能包含中心图案的正圆选区，释放鼠标。如果选区的位置不合适，可再次拖动鼠标调整位置（见图 3-113（b））。

单击工具箱中的"移动"工具 ，鼠标再次移至选区内，按下并拖动左键将选区图案移到"PPT 背景 2"的工作窗口中释放鼠标，观察图层面板，又添加了一个图层，双击新增加

的图层名字，将其更名为"徽标"。这个徽标图案非常大，需要使用【编辑】|【变换】|【缩放】命令调整大小，再使用鼠标拖动校徽至左上角（见图 3-113（c））。由于该徽标与背景色颜色接近，可使用【图像】|【调整】|【曲线】工具改变明暗程度。曲线设置见（见图 3-113（d）），效果见（见图 3-113（e））。

（4）添加文字图层。

选择"PPT 背景 2"工作窗口，单击"图层面板"下部的"新建图层"图标 ，新建一个透明图层。在工具箱中选择"横排文字工具" T，将鼠标移至工作窗口，单击并拖动鼠标左键绘制文本定界框，在工具属性栏中设置"字体"为华文琥珀，"字号"为 36，颜色为黄色，从键盘输入文字"相聚——发现之旅"，单击工具属性栏中的确定按钮。如果位置不合适，可使用移动工具调整。

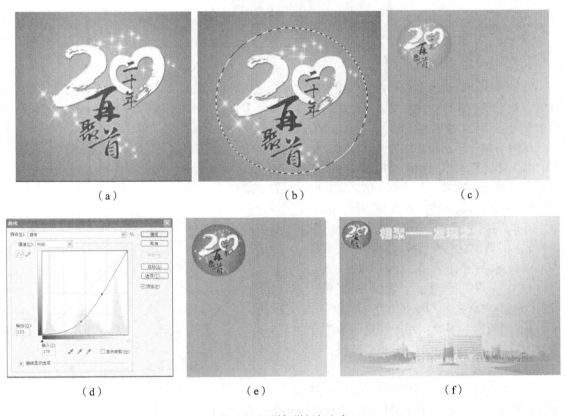

（a）　　　　　　　　　　　（b）　　　　　　　　　　　（c）

（d）　　　　　　　　　　　（e）　　　　　　　　　　　（f）

图 3-113　添加徽标与文字

完成基本素材的整理制作后的效果，如图 3-113（f）所示，整体效果显得很单一，文字不突出，而且拼凑的感觉很明显。下面简单添加一些图层样式来增强效果。

2. 添加图层样式

单击【图层】|【图层样式】菜单命令（见图 3-114），在子菜单中包含了投影、外发光、内发光、斜面、浮雕等 10 多种图层样式命令，单击任何一个命令都可以弹出"图层样式"对话框。

另一种比较简便快捷的方法是在要添加样式的图层上，如"徽标"图层，双击除名字以外的部位，即可打开"图层样式"对话框，如图 3-115 所示，左侧的样式栏中列出了所有样式，右侧为参数设置区。单击复选框可应用当前设置，单击样式名称（变为蓝色以示选中）可在右侧参数设置区显示其参数选项。

图 3-114 【图层样式】命令

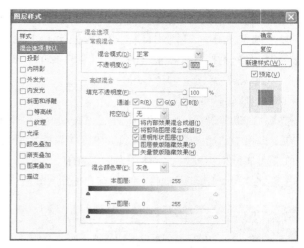

图 3-115 "图层样式"对话框

每一种样子的设置参数都很多，建议初学者先使用默认参数，然后再逐渐试着设置一些常用参数，注意观察参数变化后对效果的影响，多思考、多总结，随着对图层样式越来越熟悉，再去对照学习各个参数的内涵和作用，尝试改变高级参数，制作更复杂的效果。

下面简单介绍比较常用的几种样式。

（1）"投影"样式。用于模拟物体被光照射后产生的投影效果，主要用来增强图像的立体感，生成的投影效果沿图像边缘向外扩展。例如，双击"徽标"图层，在弹出的"图层样式"对话框左栏中选择"投影"，在右栏中可以设置各种投影参数，如图 3-116 所示。

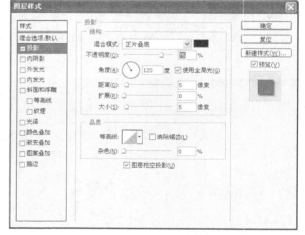

图 3-116 设置"投影"样式参数

● "不透明度"参数：设置阴影的透明程度，0%为完全透明，100%为完全不透明。

● "角度"参数：用于调整阴影的方向，可直接拖动圆盘上的指针进行调整，也可直接输入角度值。

● "距离"参数：用于调整阴影距离图像边缘的远近，可以拖动滑块调整，也可以直接输入值。值越高，投影对象离得越远。

● "大小"参数：用于调整阴影的模糊范围，可以拖动滑块调整，也可以直接输入值。值越大，模糊的范围越大。

● "扩展"参数：用于调整阴影的扩展范围，可以拖动滑块调整，也可以直接输入值。其效果与大小参数相关，是相对于大小参数的扩展比例。

以上参数都可以边观察边调整，直到满意为止，单击【确定】按钮，添加阴影效果。同样也可以为文字图层添加阴影效果，如图 3-117 所示。

（2）"内阴影"样式。指沿图像边缘向内产生投影效果，投影覆盖在图像上，方向正好与投影样式相反。其参数设置与投影类似。

（3）"外发光"样式和"内发光"样式。用于设置沿图像边缘向

图 3-117 投影效果

外或者向内的发光效果，它们的参数设置非常类似，外发光样式的参数设置如图 3-118 所示。

　　选择 ⊙ □，设置光的颜色为单一颜色。单击色块□，可以在弹出的拾色器对话框中选择想要的颜色。

　　选择 ⊙ ▭ ▾ ，设置光的颜色为渐变颜色。单击下拉按钮▾，可以在弹出的"渐变拾色器"窗口中选择预设的渐变样式，也可以单击 ▭ ，编辑渐变样式。

- "扩展"参数用于设置发光范围的大小。
- "大小"参数用于设置光晕范围的大小。

　　（4）"斜面和浮雕"样式。用于增加图像边缘的明暗度，使图像更有立体感，并为图像添加一些材质效果。

　　例如，选择文字图层后双击，在弹出的"图层样式"对话框中选择"斜面和浮雕"样式，其参数设置如图 3-119 所示。

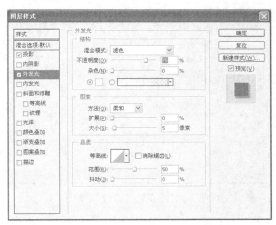
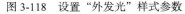

图 3-118　设置"外发光"样式参数

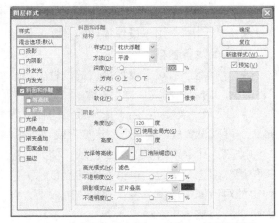

图 3-119　设置"斜面和浮雕"样式的参数

　　"样式"下拉框中提供了 5 种不同的浮雕样式供选择。选择"内斜面"或"外斜面"，可在图层内容的内侧或外侧边缘创建斜面效果；选择"浮雕"或"枕状浮雕"，可模拟生成相对于下面图层的浮雕效果，"描边浮雕"仅限于应用了描边样式的边界。建议依次选择各种样式观察一下文字效果如图 3-120 所示。

- "深度"参数：用于调整浮雕的突起程度，值越大立体感越强。
- "方向"参数：用于设置斜面和浮雕的方向向上还是向下。
- "大小"参数：用于设置斜面和浮雕的范围，值越大，范围越广。
- "软化"参数：用于设置边缘的柔和程度，值越高，效果越柔和。

（a）外斜面　　　　　　　　　　　　　　（b）内斜面

图 3-120　"斜面和浮雕"样式效果

（c）浮雕　　　　　　　　　　　　（d）枕状浮雕

图 3-120　"斜面和浮雕"样式效果（续）

（5）"描边"样式。勾选"描边"样式可以在当前图层上描画对象的轮廓，其参数设置如图 3-121 所示。

- "大小"：用于设置描边的宽度，值越大，描边的线条越粗。
- "位置"：用于设置描边的位置，包括"外部"、"内部"和"居中"3 种。
- "填充类型"：用于选择采用何种方式描边，可以设置成"颜色"、"渐变"或"图案"3 种类型，其效果如图 3-122 所示。例如，选择使用"颜色"描边，单击下面的颜色色块，弹出的对话框中选择黑色，观察描边效果，将大小参数调整为 2。

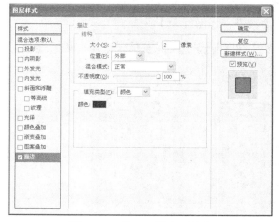

图 3-121　设置"描边"样式

（a）颜色填充　　　　　　（b）渐变填充　　　　　　（c）图案填充

图 3-122　"描边"样式应用效果

（6）"光泽"、"颜色叠加"、"渐变叠加"和"图案叠加"样式。"光泽"样式可以创建光滑光泽的内部阴影；"颜色叠加"、"渐变叠加"和"图案叠加"样式用于在图层上叠加指定的颜色、渐变效果和图案。

在所有样式的设置界面中都有一个参数叫作混合模式，在其他很多工具的设置中也经常能看到混合模式下拉框。混合模式，简单地说，就是不同图层的像素之间进行混合的方法，这是 Photoshop 一个非常重要的功能，通过设置不同的混合模式，可以产生不同的混合效果。例如，如果选择"正片叠底"的混合模式，则图层合并后最终显示的颜色是各图层中同一位置像素中最暗的颜色。作为初学者，建议暂时先将所有的混合模式设置正常，等对 Photoshop 有了一定了解之后，再去了解和学习不同混合模式的含义和使用。

各种图层样式可以叠加，即可以在图层样式对话框中，同时勾选多种样式，如图 3-123（a）所示，对文字图层应用了阴影、斜面和浮雕、描边 3 种样式，文字效果如图 3-123（b）所示。

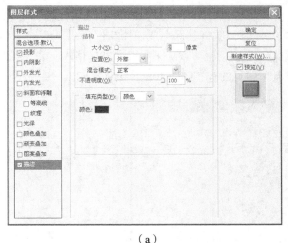

（a）　　　　　　　　　　　　　（b）

图 3-123　选择并应用多种样式

观察图层面板，由于添加了样式，在这个文字图层和徽标图层名字的右侧出现了一个图层样式图标 *fx*，单击右边的小三角箭头，可以打开或关闭样式列表。当前文字图层的样式列表中有 3 种样式，单击各个样式前面的眼睛 👁，可以关闭样式效果，再次单击恢复样式效果。单击"效果"前的眼睛，则关闭所有样式。如果不需要某种样式了，如，想删除描边效果，只需将它拖到下方的垃圾桶图标即可删除。

除了添加图层样式以外，还可以通过改变图层的透明度来产生更好的合成效果。例如，在图层面板中单击选择"主楼"图层，将"不透明度"设为 50%，使图像出现隔着玻璃一样的朦胧效果，能够更好地和背景融合在一起。最后，感觉整个效果满意了，选择拼合图像，完成图层的合并与图像的合成，整体效果如图 3-125 所示。

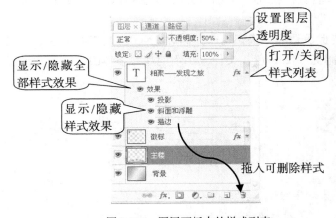

图 3-124　图层面板中的样式列表　　　　　　图 3-125　最终制作效果

3.12.3　保存图像

在使用 Photoshop 的过程中，无论是打开一个已有文件进行处理，还是新建一个文件，在使用【文件】菜单的【存储为】命令时，通常都是保存成 PSD 格式的文件。PSD 是 Photoshop 的专用文件格式，可以记录处理过程中的一些详细信息，包括图层、通道、蒙版、文字以及对环境的一些配置信息，因此数据量通常比较大，且通用性差，但是便于使用 Photoshop 继续处理。

如果完成了全部的处理过程，需要输出最终结果时，应将其保存成通用文件格式。

单击【文件】|【存储为】菜单文件，弹出"存储为"对话框。默认保存的是 PSD 格式，单击格式下拉框，可以选择保存为其他格式（见图 3-126），比较常见的有 BMP、JPEG、PNG、GIF、TIFF 等。

图 3-126　"存储为"对话框

需要注意的是，存储为 JPG 等常规图像文件格式时，会自动执行拼合图像命令，然后再保存成相应的格式。

如果图像中存在着透明区域，需要保留透明效果，建议存储为 PNG 格式或 GIF 格式，但是注意 GIF 格式有很多局限性，如只能支持 256 色、文件大小不能超过 64MB、不支持半透明等。

习　　题

一、单选题

1. 通过采样和量化可将物理图像变为数字图像，其中采样和量化可以理解为（　　）。

  A. 每隔一定的时间取一个采样点，并对该点大小进行离散化处理

  B. 在空间上每隔一定距离取一个采样点，并对其颜色值进行离散化处理

  C. 每隔一定的时间取一个采样点，并对其颜色值进行离散化处理

  D. 在空间上每隔一定距离取一个采样点，并对该点大小进行离散化处理

2. 数字图像的最小单位是（　　）。

  A. 颜色　　　　　　B. 图块　　　　　　C. 英寸　　　　　　D. 像素

3. 同样一幅图像，在显示器 a 和显示器 b 中按原始尺寸的显示效果如下，由此可以说明（　　）。

显示器 a   显示器 b

    A. 显示器 a 的屏幕尺寸比显示器 b 大

    B. 显示器 a 的屏幕尺寸比显示器 b 小

    C. 显示器 a 的分辨率比显示器 b 高

    D. 显示器 a 的分辨率比显示器 b 低

4. 标准打印设备的分辨率为 300dpi，现有一张 800×600 像素的数字图像，不经任何处理直接打印出的图像尺寸为（　　　）。

    A. 长宽大约 2.7 英寸×2 英寸　　　　B. 长宽大约 800 毫米×600 毫米

    C. 取决于打印纸的大小　　　　　　　D. 无法确定

5. 数字图像的颜色深度指（　　　）。

    A. 颜色的深浅程度

    B. 一幅数字图像中出现的颜色的种类数

    C. 记录每个像素颜色值所需要的位数

    D. 拍摄图像时的取景深度

6. 对物理图像进行量化时，量化位数为 8，得到的是（　　　）。

    A. 8 色数字图像　　B. 16 色数字图像　C. 256 色数字图像　D. 真彩色图像

7. 一幅图像的颜色深度为 1，则该图像为（　　　）。

    A. 黑白图像　　　　B. 灰度图像　　　　C. 彩色图像　　　　D. 无法确定

8. 显示器的显示深度（　　　）。

    A. 指显示器的外观尺寸

    B. 决定了显示器能够显示的颜色种类

    C. 取决于图像的颜色深度

    D. 决定了图像的颜色尝试

9. 计算机显示器使用的是（　　　）色彩模式。

    A. RGB 模式　　　　B. HSB 模式　　　　C. CMYK 模式　　　D. LAB 模式

10. 油墨印刷使用的是（　　　）色彩模式。

    A. RGB 模式　　　　B. HSB 模式　　　　C. CMYK 模式　　　D. LAB 模式

11. 一幅图像用彩色打印机打印出的颜色与屏幕上显示的颜色看上去有些不同，是因为（　　　）。

    A. 彩色打印机质量不好

    B. 打印分辨率不够高

    C. 打印机和显示器采用的色彩模式不同

    D. 纯粹是人的心理作用

12. 同一幅图像在两台显示器会存在色差，是因为（　　　）。

    A. 两台显示器采用的色彩模式不同

    B. 两台显示器的色彩空间不同

    C. 两台显示器显示原理不同

    D. 纯粹是人的心理作用

13. HSB 色彩模式是指（　　　）。

    A. 色相、饱和度、明度　　　　　　　B. 对比度、色差、亮度

    C. 红、绿、蓝三基色　　　　　　　　D. 对比度、亮度、色差

14. 适合于人眼观察的是（　　　）色彩模式。

    A. RGB 模式　　　B. HSB 模式　　　C. CMYK 模式　　　D. 黑白模式

15. 采用 HSB 模式表示颜色时，如果 B（明度）的值为 0，则该颜色为（　　　）。

    A. 白色　　　　　B. 黑色　　　　　C. 取决于色相值　D. 无法判断

16. 一幅 800×600 像素的真彩色图像，其原始数据量为（　　　）字节。

    A. 480000　　　　B. 1440000　　　C. 3840000　　　D. 11520000

17. Photoshop 中，工具箱中有的按钮下有小三角箭头，如　，有的则没有，如　，它们的区别是（　　　）。

    A. 前者表明该工具有工具属性，后者表明没有工具属性

    B. 前者表明该位置是一组工具，后者表明该位置只有一个工具

    C. 前者表明该工具是一个重要工具，后者表明是一般工具

    D. 只是图标不同，本身没有什么特别的含义

18. 在 Photoshop 的界面中，如果对浮动控制面板、工具箱、属性栏进行了移动并关闭了部分面板，快速让它们恢复到初始状态的方法是（　　　）。

    A. 重新启动 Photoshop

    B. 选择【窗口】|【工作区】|【默认工作区】菜单命令

    C. 选择【视图】|【屏幕模式】|【标准屏幕模式】菜单命令

    D. 重新打开图像文件

19. 请用 Photoshop 打开一幅图像，然后在导航器面板中单击下图中蓝色方框所标示的按钮，其结果是（　　　）。

    A. 放大显示　　　B. 缩小显示

    C. 全屏显示　　　D. 调整窗口大小

20. 找回被关闭的面板的方法是（　　　）。

    A. 重新启动 Photoshop

    B. 重新打开图像文件

    C. 用【文件】菜单中的【打开】命令打开

    D. 在【窗口】菜单中，找到该面板的名称并单击使其处于勾选状态

21. 用 Photoshop 打开一幅图像，然后选择【图像】/【画布大小】命令，按下图所示进行参数设置，其处理结果为（　　　）。

    A. 图像变大了，原有内容不变，在上方多了一条 4 厘米空白区域

    B. 图像变大了，原有内容不变，在下方多了一条 4 厘米空白区域

    C. 图像变大了，原有内容不变，在左方多了一条 4 厘米空白区域

D. 图像变大了，原有内容不变，在右方多了一条 4 厘米空白区域

E. 图像变大了，原有内容不变，在四周各多了 2 厘米空白区域

22. 用 Photoshop 打开一幅图像，然后选择【图像】|【画布大小】菜单命令，打开下图所示的对话框，将宽度和高度参数减小一半，其结果为（　　　　）。

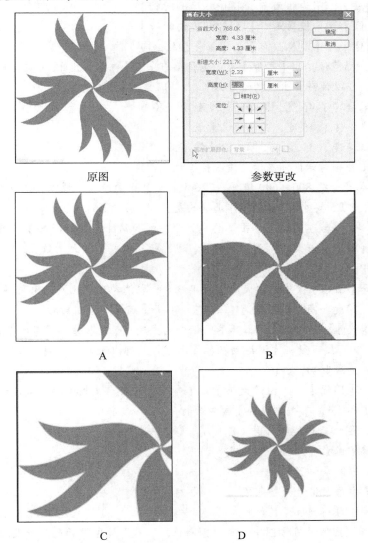

原图　　　　　　　　　　　　　　参数更改

A　　　　　　　　　　　　　　　　B

C　　　　　　　　　　　　　　　　D

23. 如果想使用 Photoshop 将下面的图像转正，应用使用的命令是（　　　　）。

　　A.【图像】|【旋转画布】|【180 度】
　　B.【图像】|【旋转画布】|【90 度顺时针】
　　C.【图像】|【旋转画布】|【90 度逆时针】
　　D.【图像】|【旋转画布】|【垂直翻转画布】

24. 如果对一幅图像使用【图像】|【旋转画布】|【任意角度】，并在弹出的对话框中输入 15 度（逆时针），可以预料会出现的结果为（　　　　）。
　　A. 图像旋转了 45 度，图像的像素数变大了
　　B. 图像旋转了 45 度，图像的像素数变小了
　　C. 图像旋转了 45 度，图像的像素数不变
　　D. 弹出警告对话框，显示"输入值有误"。

25. 假设某人有一幅 800×600 像素、72dpi 的全身正面照片，现需要截取面部区域打印成 1 寸标准照（1 英寸×1.5 英寸），以下操作正确的是（　　　　）。
　　A. 选择"裁剪"工具，单击工具属性栏中的"清除"按钮，按下鼠标左键拖动，在屏幕上画一大约 1 英寸宽的框，观察标尺调整选框大小位置，双击完成剪切，打印。
　　B. 选择【图像】|【图像大小】菜单命令，取消勾选"比例约束"，修改"文档大小"宽度和高度参数值为 1 和 1.5，单击【确定】按钮后打印
　　C. 选择"剪切"工具，将工具属性栏中的宽度、长度和分辨率参数分别设置为 1.5 和 300，按下鼠标左键拖动在屏幕上选择胸部以上部分，调整选框位置和大小，双击完成剪切，打印
　　D. 选择【图像】|【图像大小】菜单命令，修改"文档大小"宽度和高度参数值为 1 和 1.5，单击【确定】按钮后打印

26. 根据直方图，我们能够知道（　　　　）。
　　A. 图像中像素亮度值分布情况
　　B. 图像中像素位置的分布情况
　　C. 图像中每个像素的颜色值
　　D. 图像中每一列像素的数目

27. 从以下 4 幅图像的直方图中，可以判断出（　　　　）幅图像的色彩效果相对好一些。

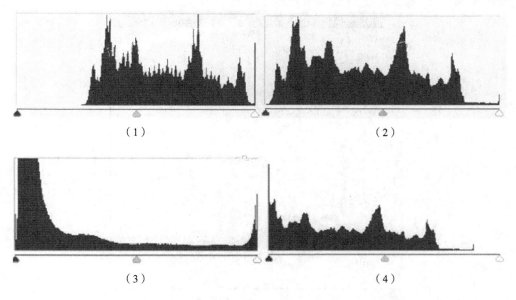

（1）　　　　　　　　　　　　　　　（2）

（3）　　　　　　　　　　　　　　　（4）

A.（1）　　　　　B.（2）　　　　　C.（3）　　　　　D.（4）

28. 在使用【色阶】命令调整图像色彩时，输入色阶参数有 3 个，从左到右依次是（　　　）。

　　A. 阴影、中间调、高光　　　　　　　B. 高光、中间调、阴影

　　C. 黑色、灰色、白色　　　　　　　　D. 白色、灰色、黑色

29. 在使用【色阶】命令调整图像色彩时，将输入色阶的小滑块向右拖，会使得（　　　）。

　　A. 图像变亮

　　B. 图像变暗

　　C. 既可能变暗也可能变亮，取决于图像内容

　　D. 不确定，要看拖动的是阴影输入色阶参数的滑块还是高光输入色阶参数的滑块

30. 使用【色阶】命令调整图像色彩时，对于以下情况提高图像的对比度的方法是（　　　）。

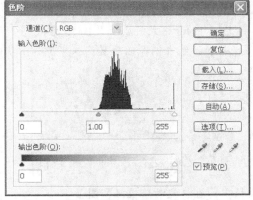

　　A. 将最左边的滑块向右拖，将最右边的滑块向左拖

　　B. 将中间的滑块向左拖

　　C. 将中间的滑块向右拖

　　D. 将最左边的滑块拖到最右边

31. 使用【曲线】命令时，向曲线向上拖，如图所示，会使得图像（　　　）。

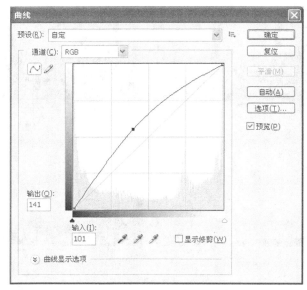

  A. 发生变形   B. 整体变亮

  C. 整体变暗   D. 不确定，取决于图像内容

32. 有一幅图像，整体颜色偏红，其调整方法是（　　　）。

  A. 使用色阶命令   B. 使用曲线命令   C. 使用色彩平衡命令   D. 使用魔棒工具

33. 下面有关选区的描述，正确的是（　　　）。

  A. 选区就是指 Photoshop 界面中右侧的控制面板

  B. 选区就是指图像的工作区域

  C. 选区就是用户选择的图像区域

  D. 选区的形状一定是长方形的

34. 在 Photoshop 中，单击某个图层左侧的眼睛图标，使其消失，表明该图层（　　　）。

  A. 被删除   B. 被显示   C. 被隐藏   D. 被复制

35. 在用 Photshop 处理图像的过程中，如果需要保存图层等信息，则应将其保存为（　　　）。

  A. JPEG 格式   B. PNG 格式   C. BMP 格式   D. PSD 格式

36. 如下图所示，如果想移动校徽在图像的位置，以下操作正确的是（　　　）。

  A. 在"图层"面板中，直接拖动"校徽"图层

  B. 单击选择工具箱中的"移动"工具，在"图层"面板中，拖动"校徽"图层

  C. 单击选择工具箱中的"移动"工具，在图像工作窗口中，直接拖动校徽

  D. 先点击选择"校徽"图层，再单击选择工具箱中的"移动"工具，在图像工作
   窗口中，直接拖动校徽

37. 如下图所示，若要复制背景图层，以下操作正确的是（　　　）。

  A. 选择执行【编辑】菜单中的【复制】命令，再执行【粘贴】命令

  B. 点击"图层"面板中下方的 ⬜ 图标

  C. 用鼠标右键单击"背景"图层，选择【复制图层】命令

  D. 选择执行【文件】菜单中的【存储为】命令

38. 要想在图像中创建一个正方形的选区，可以（　　）。

  A. 选择"矩形选框工具"，在图像窗口中按住【Shift】键拖动

  B. 选择"矩形选框工具"，在图像窗口中按住【Ctrl】键拖动

  C. 选择"矩形选框工具"，在图像窗口中按住【Alt】键拖动

  D. 选择"矩形选框工具"，在图像窗口中拖动

39. 要想在图像中创建一个六边形的选区，可以使用（　　）。

  A. 矩形选框工具　　B. 磁性套索工具　　C. 魔棒工具　　　　D. 多边形套索工具

40. 下列工具中可以选择连续的相似颜色的区域的是（　　）。

  A. 矩形选框工具　　　　　　　　　B. 椭圆选框工具

  C. 魔棒工具　　　　　　　　　　　D. 磁性套索工具

41. 在使用魔棒工具时，如果减少容差参数，会（　　）。

  A. 选择更多的像素　　　　　　　　B. 选择更少的像素

  C. 选择多个图层中的像素　　　　　D. 选择不连续区域的像素

42. 使用"椭圆选框工具"创建好选区后，如果对其位置不满意，需要移动选框，则应（　　）。

  A. 直接用鼠标单击并拖动

  B. 选择使用工具箱中的移动工具，然后将鼠标移动到选区中，按住拖动

  C. 使用键盘上的↑↓←→4个键控制移动

  D. 重新绘制选区

43. 复制选区的快捷键是（　　）。

  A.【Ctrl+A】　　　　B.【Ctrl+C】　　　　C.【Ctrl+V】　　　　D.【Ctrl+D】

44. 如果已经创建好了一个选区，工具属性栏中选区运算按钮为 ⬚⬚⬚⬚ ，如果再使用"矩形选框工具"在图像窗口的创建选区，则会（　　）。

  A. 新选区与老选区合并　　　　　　B. 从老选区中减去新选区

  C. 只剩下两个选区的公共部分　　　D. 新创建一个矩形选区

45. 如图所示，如果需要选择图中的两个柠檬，若已用"磁性套索工具"选择了右边的，在工具属性栏中应该按下（　　）按钮再继续使用"磁性套索工具"选择。

A. 　　B.　　C.　　D.

46. 以下操作可以创建如下图所示的选区的是（　　　）。

A. 单击"矩形选框工具"，按下【Shift】键拖动鼠标绘制一个正方形选区，单击工具属性栏中的"从选区减去"按钮，选择"椭圆选框工具"，在现有选区中按下【Shift】键拖动鼠标绘制一个正圆形选区

B. 单击"矩形选框工具"，按下【Shift】键拖动鼠标绘制一个正方形选区，选择"椭圆选框工具"，单击工具属性栏中的"从选区减去"按钮，在现有选区中按下【Shift】键拖动鼠标绘制一个正圆形选区

C. 单击"矩形选框工具"，按下【Shift】键拖动鼠标绘制一个正方形选区，单击工具属性栏中的"添加到选区"按钮，选择"椭圆选框工具"，在现有选区中按下【Shift】键拖动鼠标绘制一个正圆形选区

D. 单击"矩形选框工具"，按下【Shift】键拖动鼠标绘制一个正方形选区，选择"椭圆选框工具"，单击工具属性栏中的"添加到选区"按钮，在现有选区中按下【Shift】键拖动鼠标绘制一个正圆形选区

47. 创建好一个选区后，想把它的范围缩小一些，应该使用的命令是（　　　）。

A.【编辑】|【变换】|【缩放】　　　　B.【图像】|【图像大小】
C.【图像】|【画布大小】　　　　　　D.【选择】|【变换选区】

48. 针对下面左边的图像，执行以下（　　　）命令会得到右边的结果（建议在实际操作后回答）。

A.【编辑】|【变换】|【旋转】　　　　B.【编辑】|【变换】|【水平翻转】
C.【选择】|【变换选区】|　　　　　　D.【图像】|【旋转画布】|【水平翻转】

49. 使用"仿制图章工具"必须先在图像中取样，即定义作为源的点，具体操作是（　）

A. 用鼠标在源处单击
B. 按下【Ctrl】键，同时用鼠标在源处单击
C. 按下【Alt】键，同时用鼠标在源处单击
D. 按下【Shift】键，同时用鼠标在源处单击

50. 在 Photoshop 中使用"仿制图章工具"复制图像时，每一次释放鼠标左键后再单击鼠标左键时，都将从原取样点重新开始复制，而非继续复制，即会复制出多个源采样点处图像，其原因是（　　　）。

A．此工具的"对齐的"复选框未被选中

B．此工具的"对齐的"复选框被选中

C．操作的方法不正确

D．源点定义错误

51．使用"修复画笔工具"修复图像中一块破损的区域，首先应（　　　）。

A．用鼠标在破损的区域中单击以定义修复点

B．用鼠标在破损的区域附近颜色接近的地方单击，以定义用来修复图像的源点

C．按下【Alt】键，同时用鼠标在破损的区域处单击，以定义修复点

D．按下【Alt】键，同时用鼠标在破损的区域附近颜色接近的地方单击，以定义用来修复图像的源点

52．在使用"修复画笔工具"进行修复的过程中，按以下（　　　）键可以减小画笔大小。

A．+　　　　　　　　B．－　　　　　　　　C．[　　　　　　　　D．]

53．如果想将图像中某个地方的颜色取为前景色，则应（　　　）。

A．使用鼠标该位置处单击　　　　　　B．使用"吸管工具"在该位置处单击

C．在"色板"面板中选择相近的色志　　D．将鼠标移至该位置处，双击前景色色块

54．使用"色板"面板时，按下（　　　）键后单击鼠标可以将选中的色块设置为背景色。

A．Alt　　　　　　　B．Ctrl　　　　　　　C．Shift　　　　　　　D．Fn

55．"画笔工具"是使用（　　　）来绘画的。

A．前景色　　　　　　B．背景色　　　　　　C．黑色　　　　　　D．白色

56．如果想用"画笔工具"画一条直线，则应（　　　）。

A．在图像窗口中单击确定起点，然后按住【Alt】键，同时在终点处单击即可

B．在图像窗口中单击确定起点，然后按住【Shift】键，同时在终点处单击即可

C．在绘制过程中小心控制拖动鼠标，减少抖动

D．没有办法

57．若要制作一幅 0.5m×0.5m 的彩色宣传画，在使用【文件】菜单中的【新建】命令新建一个图像文件时，其参数设置为（　　　）。

A．将宽度和高度设为 50 像素，分辨率设为 72 像素/英寸，颜色模式设为 CMYK 模式

B．将宽度和高度设为 50 厘米，分辨率设为 72 像素/厘米，颜色模式设为 CMYK 模式

C．将宽度和高度设为 50 厘米，分辨率设为 300 像素/英寸，颜色模式设为 CMYK 模式

D．将宽度和高度设为 50 厘米，分辨率设为 300 像素/英寸，颜色模式设为灰度模式

58．要想在图像中输入几行文字，需要使用（　　　）。

A．横排文字工具　　　　　　　　　　　B．直排文字工具

C．横排文字蒙版工具　　　　　　　　　D．直排文字蒙版工具

59．要想编辑在图像中已输入的一段直排文字，应该（　　　）。

A．直接在文字处单击鼠标左键

B．直接在文字处双击鼠标左键

C．选择直排文字工具并在文字处单击鼠标左键

D．选择直排文字工具并在图像任意位置处单击鼠标左键

60．若在背景图层上使用文字蒙版工具创建文字选区，若只想改变选区的大小，可以（　　　）。

A．再次使用文字蒙版工具在文字处单击，出现文字定界框后，改变定界框的大小

B. 再次使用文字蒙版工具在文字处单击，出现文字定界框后，在工具属性栏中改变字体大小

C. 使用【选择】菜单中【变换选区】命令

D. 使用【编辑】菜单中的【自由变换】命令

二、多选题

1. 数字图像以矩阵的形式存储，矩阵中每个元素的值（　　　　）。

　　A. 只能是 0 或者 1　　　　　　　　　　B. 代表了对应像素点的颜色值

　　C. 代表了对应像素点的位置　　　　　　D. 代表了对应像素点的重要程度

2. 下列关于 dpi 的叙述正确的是（　　　　）。

　　A. 每英寸的位数　　　　　　　　　　　B. 描述分辨率的单位

　　C. dpi 越高，图像质量越低　　　　　　　D. 每英寸像素点数

3. 投影仪的分辨率设为 1024×768 像素，计算机显示器的分辨率也设为 1024×768 像素，同一幅图像在投影屏幕上看和在计算机上看尺寸差异非常大，这说明（　　　　）。

　　A. 图像显示出来的尺寸仅仅取决于屏幕的尺寸

　　B. 投影仪与显示器的设备分辨率不同

　　C. 仅知道显示分辨率不能判断图像的物理尺寸

　　D. 投影仪的工作原理与显示器的工作原理不同

4. 图像压缩的评价指标有（　　　　）。

　　A. 压缩比　　　　　B. 图像质量　　　　C. 压缩和解压速度　　　D. 压缩算法

5. 以下文件格式中采用无损压缩的有（　　　　）。

　　A. bmp　　　　　　B. jpg　　　　　　　C. gif

　　D. tif　　　　　　　E. png

6. 能够表现透明效果的图像文件格式有（　　　　）。

　　A. bmp　　　　　　B. jpg　　　　　　　C. gif

　　D. tif　　　　　　　E. png

7. 能够表现动画效果的图像文件格式有（　　　　）。

　　A. bmp　　　　　　B jpg　　　　　　　C. gif

　　D. tif　　　　　　　E. png

8. 在默认工作区布局中，按以下（　　　　）方法可以打开"历史记录"面板并且使打开后的效果如下图所示。请按照以下选项中的步骤实际操作后回答。

　　A. 在菜单中选择【窗口】|【历史工具】命令

　　B. 单击面板按钮

　　C. 单击图中红框所标的按钮

D. 单击面板按钮

9. 用 Photoshop 打开一幅 1024×768 像素的图像（如荷花.jpg），要将它缩小一半（即变成 512×384 像素）并保存，其步骤为（　　）。请实际操作后回答。

A. 选择【图像】|【图像大小】命令，确保"重定图像像素"和"约束比例"复选框处于选中状态，在"像素大小"的宽度单位下拉框中选择像素，然后在宽度参数栏中输入 512，单击【确定】按钮后保存

B. 选择【图像】|【图像大小】命令，确保"重定图像像素"和"约束比例"复选框处于选中状态，在"像素大小"的宽度单位下拉框中选择百分比，然后在宽度参数文本框中输入 50，单击【确定】按钮后保存

C. 选择【图像】|【图像大小】命令，确保"重定图像像素"和"约束比例"复选框处于未选中状态，在"像素大小"的宽度参数栏中输入 512，单击【确定】按钮后保存

D. 选择【图像】|【图像大小】命令，确保"重定图像像素"处于选中状态，"约束比例"复选框处于未选中状态，在"像素大小"的宽度单位下拉框中选择像素，在"像素大小"的宽度参数栏中输入 384，在高度参数栏中输入 512，单击【确定】按钮后保存

10. 用 Photoshop 打开一幅图像（如荷花.jpg），选择【图像】|【图像大小】命令，弹出对话框如下图所示，现在想在不改变图像大小（1024×768 像素）的情况下，让它的打印出来的大小正好为 4 英寸×3 英寸。以下操作正确的有（　　）。

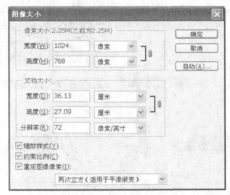

A. 先在"文档大小"的单位下拉框中选择英寸，然后直接将"文档大小"中的宽度参数修改为 4 英寸，高度参数自动变为 3 英寸，单击【确定】按钮

B. 取消勾选"重定图像像素"，在"文档大小"的单位下拉框中选择英寸，然后直接将"文档大小"中的宽度参数修改为 4 英寸，高度参数自动变为 3 英寸，单击【确定】按钮

C. 取消勾选"重定图像像素"，先在"文档大小"的单位下拉框中选择英寸，然后将"文档大小"中的分辨率改为 256，则高度和宽度自动变为 4 英寸和 3 英寸

D. 取消勾选"约束比例"和"重定图像像素"，然后直接将"文档大小"中的宽度参数修改为 4，高度值修改为 3，单击【确定】按钮

11. 打开一幅 1024×768 的图像，选择"裁剪"工具，工具属性栏设置如下图所示，执行后的结果为（　　）。

A. 得到的图像分辨率为 1200 像素×1800 像素

B. 得到的图像打印出的尺寸为 4 英寸×6 英寸

C. 得到的图像分辨率仍然为 1024×768 像素，但打印出的尺寸为 4 英寸×6 英寸

D. 得到的图像宽高比变成了 4:6，因此图像明显变形了

E. 得到的图像宽高比变成了 4:6，因此图像中肯定有一部分内容被剪掉了

12. 有关图像直方图的说明，正确的是（　　　　）。

A. 横轴表示图像的水平方向坐标，纵轴表示图像的垂直方向坐标

B. 横轴表示亮度值的变化区间，纵轴表示图像中像素的数目

C. 横轴最小值为 0，最大值为 255，表示从黑（最暗）到白（最亮）的 256 个等级

D. 横轴最小值为 0，最大值为图像的水平分辨率。

13. 下面这幅曝光过度图像（直方图见右侧），其调整方法为（　　　　）。（建议实际操作后回答）

A. 使用色阶命令，按图 1 所示调整

B. 使用色阶命令，按图 2 所示调整

C. 使用曲线命令，按图 3 所示调整

D. 使用曲线命令，按图 4 所示调整

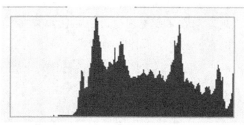

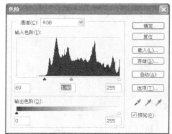

图 1 　　　　　　　　　　　　图 2

图 3 　　　　　　　　　　　　图 4

14. 选区的作用是（　　　）。

　　A. 改变图像大小

　　B. 分离图像的一个或多个部分

　　C. 指定图像窗口的大小

　　D. 将用户的操作限定在选区中，保护其他部分不受影响

15. 下列有关图层的描述，正确的是（　　　）。

　　A. 图层可以看作是透明玻璃纸，叠加在一起就会看到最后的效果

　　B. 上面的图层不透明的部分会盖住下面的图层

　　C. 可通过鼠标拖动调整未锁定图层的顺序

　　D. 背景图层位于最底层，并且位置是被锁定的

16. 以下工具和命令可以创建选区的有（　　　）。

　　A. 套索工具　　　　　　　　　　　　B. 魔棒工具

　　C. 羽化　　　　　　　　　　　　　　D.【选择】菜单中的【全部】命令

17. 要想抠出下图中四片叶子中的某片叶子，即建立某片叶子的选区，可以使用（　　　）。

　　A. 矩形选框工具　　B. 磁性套索工具　　C. 魔棒工具　　　　D. 快速选择工具

18. 快速选择工具用可调整的圆形笔尖快速绘制选区，在使用快速选择工具时，以下说明正确的是（　　　）。

　　A. 通过连续单击可逐渐扩大选区以选取想要的区域

　　B. 单击并拖动鼠标可不断扩大选区以选取想要的区域

　　C. 选择较细小的区域时，按【 [】键减小笔尖

　　D. 当要快速选择大片的区域，按【] 】键加大笔尖

19. 使用磁性套索工具时，如果发现锚点绘制错误，可直接（　　　）。

　　A. 按【Delete】键以删除最近绘制的点

　　B. 按【Backspace】键以删除最近绘制的点

　　C. 用鼠标左键双击以删除最近绘制的点

　　D. 用鼠标右键单击以删除最近绘制的点

20. 利用工具箱中的选区工具创建选区之后，要想取消选区，则应（　　　）。

　　A. 按【Ctrl+D】组合键　　　　　　　B. 按【Backspace】键

　　C. 按【Delete】键　　　　　　　　　D. 使用【选择】菜单中的【取消选择】命令

21. 创建好一个椭圆选区后，想添加羽化效果，其操作方法为（　　　）。

　　A. 使用【选择】菜单中的【调整边缘】命令，调整设置羽化参数

B. 选择椭圆选框工具，在工具属性栏中修改羽化参数

C. 选择椭圆选框工具，在工具属性栏中单击"调整边缘"按钮，调整设置羽化参数

D. 选择魔棒工具，在工具属性栏中单击"调整边缘"按钮，调整设置羽化参数

22. 在使用"调整边缘"命令时，以下说法正确的是（　　）。

    A. 在调整边缘时，既可以使用白底方式预览，也可以使用黑底方式预览

    B. 对使用魔棒工具创建的选区，也可以单击"矩形选框工具"工具属性栏中的"调整边缘"按钮调整其边缘

    C. 可以使用调整边缘命令，调整整幅图像的大小

    D. 对使用"快速选择工具"创建的选区，无法使用调整边缘命令

23. 使用【调整边缘】命令时，（　　）可使选区的边缘变得更柔和。

    A. 加大"半径"参数　　　　　　　　B. 加大"对比度"参数

    C. 加大"羽化"参数　　　　　　　　D. 减小"半径"参数

24. 使用【编辑】菜单中的【自由变换】命令可以改变选区图像的（　　）。

    A. 形状　　　　　　B. 位置　　　　　　C. 大小　　　　　　D. 内容

25. 使用【编辑】|【变换】|【缩放】命令对选区图像进行缩放时，（　　）可保持宽高比不变。（建议实际操作后回答）

    A. 将工具属性栏中"W"和"H"参数的值设为相同

    B. 将工具属性栏中"X"和"Y"参数的值设为相同

    C. 在用鼠标拖动定界框的4个角点进行缩放时按下【Shift】键

    D. 按下工具属性栏中的 🔟 按钮

26. 使用【编辑】|【自由变换】命令，当通过鼠标拖动或者在工具属性栏完成参数的设置后，执行旋转的方法是（　　）。（建议在实际操作后回答）

    A. 单击工具属性栏中的 ✔ 按钮　　　　B. 在图像窗口用双击鼠标左键

    C. 按回车键　　　　　　　　　　　　D. 在图像中选区外的位置单击鼠标左键

27. 有关"污点修复画笔工具"与"修复画笔工具"的描述，正确的是（　　）。

    A. 它们都是用图像中的好样本和待修复区域融合后达到修复的目的

    B. 它们都需要先定义作为好样本的源点

    C. "污点修复画笔工具"必须先绘制待修复区域的选区，而"修复画笔工具"则不需要

    D. "污点修复画笔工具"不需要指定样本，而"修复画笔工具"必须先定义作为样本的源点

28. 在Photoshop中下面有关修补工具 🔾 的描述正确的是（　　）。

    A. 在使用修补工具时，必须先按住【Alt】键来确定取样点

    B. 在使用修补工具时，必须先单击并拖动鼠标创建待修补区域的选区

    C. 在使用修补工具时，可以直接使用任何一种选区工具创建待修补区域选区

    D. 修补工具只能修复圆形区域

29. Photoshop中能够修复图像中污点的工具有（　　）。

    A. 修复画笔工具　　　　　　　　　　B. 污点修复画笔工具

    C. 修补工具　　　　　　　　　　　　D. 画笔工具

30. 以下有关前景色和背景色的描述，正确的是（　　）。

A.　前景色指的是图像中对象的颜色，背景色指图像背景的颜色

B.　前景色指当前使用的颜色，背景色是备用颜色

C.　默认的前景色是黑色，默认的背景色是白色

D.　前景色可以自己定义，背景色是不能修改的

31.　如果想设置自己想要的前景色，则可以（　　　）。

A.　单击前景色色块，在弹出的"拾色器"对话框中设置

B.　使用"吸管工具"，在图像中拾取想要的颜色

C.　使用"色板"面板，选择想要的色块

D.　使用"选区工具"在图像中选择

32.　使用渐变工具时，若要产生不同的填充效果，其方法是（　　　）。

A.　选择不同的前景色

B.　选择不同的渐变样式

C.　在使用鼠标填充时，改变鼠标拖拉的方向和长度

D.　选择不同的渐变方式，如径向渐变、线性渐变等

33.　选择"横排文字工具"创建了文字定界框后，对于在定界框中输入的文字，以下说法正确的是（　　　）。

A.　可以设置任何一个文字的字体、大小和颜色

B.　所有文字必须具有相同的字体、字号和颜色

C.　可以通过回车键，输入多段文字

D.　不同段落可以设置不同的对齐方式

34.　若想改变文字的大小，可以（　　　）。

A.　改变文字定界框的大小

B.　单击文字工具属性栏中的 ▤ 按钮，在弹出的对话框中改变文字的字号

C.　在文字工具属性栏中的 ⊤ 60点 ▾ 下拉框中选择合适的字号

D.　使用【编辑】菜单中【变换】子菜单下的【缩放】命令

35.　下面有关"横排文字工具"和"横排文字蒙版工具"的描述，正确的是（　　　）。

A.　选择后拖动鼠标都可以图像中绘制文字定界框，在定界框中可以输入文字

B.　都可以在工具属性栏中设置文字的字体、字号和颜色

C.　都可以创建新的文字图层

D.　都可以输入多段文字

36.　在使用"横排文字蒙版工具"完成文字的输入后，（　　　）。

A.　在图像中创建了文字选区　　　B.　在图像中创建了一个新的文字图层

C.　无法再次编辑修改文字的内容　　D.　自动保存了文字信息

37.　对于使用"文字蒙版工具"创建的文字选区，可以（　　　）。

A.　使用渐变工具进行填充

B.　使用油漆桶工具进行填充

C.　选择任何一种选区工具，当鼠标进入文字选区后，按鼠标左键拖动可以改变其位置

D.　再次使用"文字蒙版工具"进行编辑

38.　Photoshop 中提供了 3 种合并命令，以下说法正确的是（　　　）。

A.　【向下合并图层】命令，只是合并两个图层

B.【合并可见图层】命令，会合并所有可见图层

C.【拼合图像】命令，将合并包括隐藏图层在内的所有图层

D. 执行了任何一个合并命令后，只要保存了文件，再次打开时，就无法再分离已合并的图层

39. 若对某个图层添加了图层样式，观察"图层"面板，以下说法正确的有（　　　）。

A. 在该图层名字的右侧出现了一个"fx"图标，单击旁边的三角形下拉按钮，可以打开或关闭已添加的样式列表

B. 单击样式列表中样式名前的眼睛图标，可以关闭该样式的效果

C. 单击样式列表中某个样式并拖到图层面板最下方的垃圾桶图标中，可删除该效果

D. 若该图层存在多个样式，则只能同时显示所有效果，或者同时隐藏所有效果

三、判断题

1. 对物理图像进行数字化时，只要采样点足够多，就能得到高质量的数字图像。（　　　）

2. 数字图像可以以矩阵的形式存储，也可以以任意多边形的形式存储，具体采用哪种方式取决于图像的内容。　　　　　　　　　　　　　　　　　　　　　　　　　　（　　　）

3. 数字图像以矩阵的形式存储，矩阵中的元素与图像中的像素一一对应。　（　　　）

4. 标准冲印设备的分辨率为300dpi，100万像素的数码相机拍摄的照片，冲洗成6寸照片（标准6寸照片长宽分别为6英寸和4英寸），能够满足基本要求吗？　　　　（　　　）

5. 真彩色图像是指图像的颜色深度为24位，即该图像由24种颜色组成。　（　　　）

6. 色彩模式指在计算机中表示颜色的方法。　　　　　　　　　　　　　　（　　　）

7. 饱和度描述了色彩的明暗程度，饱和度越高，色彩越亮。　　　　　　　（　　　）

8. 压缩图像就是把图像的尺寸变小。　　　　　　　　　　　　　　　　　（　　　）

9. 图像压缩的目的是在尽可能保持视觉效果不变的前提下尽量减小图像的数据量。（　　　）

10. 图像压缩只能采用无损压缩，否则图像会有一部分显示不出来。　　　（　　　）

11. 一般来说，与无损压缩相比，有损压缩可以达到更高的压缩比。　　　（　　　）

12. jpg图像采用了JEPG压缩算法，它是一种有损压缩，且压缩比可变。　（　　　）

13. gif格式能够支持24位真彩色、带透明效果的图像。　　　　　　　　　（　　　）

14. png格式能够支持带半透明效果的图像。　　　　　　　　　　　　　　（　　　）

15. bmp格式可用于保存高精度原始图像，但通常数据量比较大。　　　　（　　　）

16. 在Photoshop中，当选择了工具箱中的某个个工具后，工具属性栏会自动变成当前工具的属性设置。　　　　　　　　　　　　　　　　　　　　　　　　　　　　　　（　　　）

17. 在Photoshop中，控制面板的位置是不能随意改变的。　　　　　　　（　　　）

18. 在Photoshop中可以打开多个文件，即可以同时存在多个工作窗口。　（　　　）

19. 图像直方图中的"山峰"表示在对应的亮度区间像素目比较多。　　　（　　　）

20. 一幅色彩效果比较好的图像，其直方图中不应该有山峰和山谷出现。　（　　　）

21. 在使用色彩平衡命令时，可以分别对阴影、中间调整和高光进行色彩调整。（　　　）

22. 如果需要新建一个图层，则应使用【文件】菜单中的【新建】命令。　（　　　）

23. 当使用【色阶】命令时，只对当前图层起使用，不会影响其他图层。　（　　　）

24. 执行【新建图层】命令后，将会新建立一个完全透明的图层。　　　　（　　　）

25. 在使用"套索工具"创建好选区后，设置羽化参数为10，则可为选区添加羽化效果。

（　　　）

26. 选择"矩形选框工具"，将羽化参数设置为 12，在图像中拖动鼠标绘制选区，创建的选区为圆角矩形。　　　　　　　　　　　　　　　　　　　　　　（　　　）

27. 设置羽化参数为 10 后再创建选区，选区的边缘出现了柔和的羽化效果。　（　　　）

28. 【添加到选区】、【从选区中减去】等选区运算命令，只能作用于使用同一种选区工具创建的选区。　　　　　　　　　　　　　　　　　　　　　　　　　（　　　）

29. 打开一幅图像，执行【编辑】|【变换】|【缩放】命令，可以改变图像的大小。（　　　）

30. 使用"仿制图章工具"时，会自动新建一个图层，仿制出的新图像就位于这个图层上，不会改变原来的图像。　　　　　　　　　　　　　　　　　　　　　　　　（　　　）

31. 使用"修复画笔工具"修复图像，实际上是用图像中好的样本去修复有缺陷的区域。
　　　　　　　　　　　　　　　　　　　　　　　　　　　　　　　　　　（　　　）

32. "修复画笔工具"与"仿制图章工具"非常类似，其区别是仿制图章工具是完全复制源，而修复画笔工具将源图像与修复处的图像做了融合处理。　　　　　　　（　　　）

33. 前景色和背景色是可以切换的。　　　　　　　　　　　　　　　　　（　　　）

34. 在使用"画笔工具"绘制完图案后，若改变前景色，则刚才绘制的图案的颜色会随之改变。　　　　　　　　　　　　　　　　　　　　　　　　　　　　　　（　　　）

35. 使用"画笔工具"中，画笔的大小可以自行改变，但形状只能是圆形。　（　　　）

36. 使用"油漆桶工具"时，只能用前景色来填充选区。　　　　　　　　（　　　）

37. 可以在文字定界框中选择部分文字制作变形文字，其他文字不受影响。（　　　）

38. 使用"直排文字工具"或"横排文字工具"在图像中输入文字，会自动创建一个文字图层。　　　　　　　　　　　　　　　　　　　　　　　　　　　　　　（　　　）

39. 文字图层与图像图层类似，也可以在文字图层上使用"油漆桶工具"填充颜色。（　　　）

40. 只要将文件存储为 JPG 格式，就会自动合并所有可见图层。　　　　（　　　）

41. 只能对图像图层添加图层样式，不可以对文字图层添加图层样式　　　（　　　）

42. 在对某个图层添加图层样式时，可以同时添加几种不同的样式，如投影、浮雕等。
　　　　　　　　　　　　　　　　　　　　　　　　　　　　　　　　　　（　　　）

第4章
视频基础与制作

视频具有内容丰富、表现力强等特点，在广告、影视、娱乐、宣传等领域有着广泛的应用。本章将介绍视频的一些基础知识，包括什么是视频，视频术语，视频数据量的计算，视频文件格式等。在此基础上，学习如何使用 Premiere 软件进行视频的基本制作，包括认识 Premiere，如何管理视频素材，如何剪辑视频，如何利用时间线编辑素材，如何实现视频切换，如何添加视频特效，添加音频，叠加字幕，预演并导出视频等。最后通过习题对本章内容进行巩固。

4.1　什么是视频

视频，它的英文单词是 video。它与静止图像相对应，泛指随时间变化其内容的一组运动图像，通常伴有与画面动作同步的声音。连续变化的图像每秒钟超过 24 幅画面时，根据人的视觉暂留原理，人眼将无法分辨单幅的静态画面，看上去是平滑连续的视觉效果。这样连续的画面叫作视频。

视频最早起源于电视技术的发展，后来随着网络技术的发展，越来越多的视频以流媒体的形式在网络上进行传输和播放。比较常见的视频信号包括电视、电影、动画视频等。根据信号表示方法不同，视频可分为模拟视频和数字视频两种类型。

4.1.1　模拟视频

模拟视频是一种用于传输图像和声音且随时间连续变化的电信号。其特点是，以模拟电信号的形式来记录数据，依靠模拟调幅的手段在空间传播，使用磁带录像机以模拟信号方式记录在磁带上。例如，有线电视、录像带等。

模拟视频存在以下问题。

（1）易失真、噪声高、质量低。模拟视频信号在放大、处理、传输、存储过程中，难免会引入失真和噪声，而且多种噪声和失真叠加到视频信号后，不易去除，并会随着处理次数和传输距离的增加不断累积，导致图像质量及信噪比的下降。

（2）难处理、难校正。模拟信号难以进行处理和校正，要对其进行压缩编码、加密、校正等处理都不是一件容易的事。

（3）容量小、节目少。模拟视频占用带宽较高，因此具有容量小、节目少的缺点。

4.1.2　数字视频

数字视频是对模拟视频进行数字化的结果，模拟视频需要经过色彩空间转换、光栅扫描转换以及分辨率统一等数字化处理之后才能转变为数字视频，被计算机所编辑和处理。

4.1.3 模拟视频与数字视频的对比

模拟视频与数字视频的对比如表 4-1 所示。

表 4-1　　　　　　　　　　　　　模拟视频与数字视频的对比

数字视频	模拟视频
可以无失真多次复制	每转录一次，就会有累积误差，会出现信号失真
质量好，便于长时间存放	长时间存放后视频质量降低
便于计算机进行非线性编辑与处理	难处理
压缩后带宽小，便于传输	带宽占用高

4.2　视　频　术　语

下面介绍一些常见的视频术语。

4.2.1 帧和帧率

帧（frame）是指视频中的一幅静止画面，相当于电影胶片中的"格"，如图 4-1 所示。这些静止的帧，以一定的速率进行播放，才形成了动态的视频效果。

图 4-1　视频帧示例

帧率（frame rate），也称帧频，指每秒钟播放的帧数，通常用 fps（frame per second）表示。帧率会影响人们观看一段视频流畅程度的感受，低于一定阈值的帧率很容易让人感觉到图像动作的跳跃和闪烁。通常帧率越高，视频效果越流畅，交互感和逼真感也越强。常见的帧率包括 24fps、25fps 和 30fps。帧率越高，对显卡处理能力的要求也越高。显卡处理能力除了跟帧率成正比之外，也和图像的分辨率成正比。这就是为什么在玩游戏时，将分辨率设得越大，画面越不流畅的原因之一。

4.2.2 隔行扫描与逐行扫描

在视频编辑过程中，经常会接触到类似的一些参数，如 1280×720p、1920×1080i、720×480p、720×480i 等。前面的数字表示图像的分辨率，后面的 p 和 i 分别代表逐行扫描和隔行扫描。

1. 逐行扫描

逐行扫描（progressive scanning）是指每张图像都从显示器的左上角开始，一直向右移动到达显示器的右边沿为止，然后向下扫描一行，重复地从左到右进行扫描。这个过程一直持续到整个屏幕被刷新一次为止，如图4-2所示。逐行扫描行的集合称之为帧。

逐行扫描具有图像垂直清晰度高、画面闪烁小、显示效果好等优点，但同时也具有数码率高、行扫描频率高以及硬件实现难度大等缺点。对于近距离观看的计算机显示器而言，通常都采用了逐行扫描的办法，其刷新频率在60Hz以上，以保护我们的眼睛不受到伤害。

2. 隔行扫描

在电视发展的早期，采用了一种称为隔行扫描（interlacing scanning）的技术来减少每张图像所需发送的数据量。这种方式先发送奇数行的数据，然后发送偶数行的数据，因此每次发送的数据量为一张图像数据量的一半。

在隔行扫描方式中，电子束首先扫描奇数行，得到奇数场；接着扫描偶数行，得到偶数场；两个场的画面叠加后得到一帧画面，如图4-3所示。隔行扫描行的集合称为场。

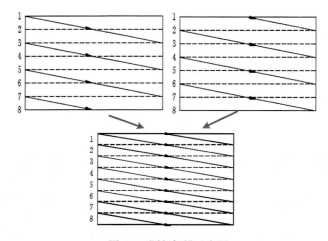

图4-2　逐行扫描示意图　　　　　　图4-3　隔行扫描示意图

在隔行扫描方式中，每个扫描线更新的频率只有同样情况下逐行显示方式的一半。所以，过低的帧率将导致颜色对比显著的边缘发生闪烁。隔行扫描具有节省频带、硬件实现简单的优点；缺点在于图像质量和清晰度相对较低。隔行扫描和逐行扫描的对比效果如图4-4所示，显然，逐行扫描的视觉效果更为清晰，画面质量更高。对于远距离观看的电视，强调的是画面的整体效果，对于图像的细节可不予考虑，因此采用隔行扫描的办法是完全可行的。

（a）隔行扫描　　　（b）逐行扫描

图4-4　隔行扫描与逐行扫描效果对比

4.2.3　场频和行频

场频又称刷新频率，即显示器的垂直扫描频率，指显示器每秒显示的图像次数。这是根据人的视觉特性和电网频率（50Hz或60Hz）确定的，目的是使在屏幕上显示的图像看起来不会让人感觉到在闪烁，以及降低电网频率的干扰。场频越大，图像显示的闪烁越小，画面质量越高。

行频是指每秒钟扫描的行数。若帧频是 29.97Hz，525 行每帧，则行频为：

$$29.97 \times 525 = 15734 \text{ 行/秒}$$

行频影响人眼对一段视频清晰程度的感受。行频越高，图像画面越清晰。

4.2.4　电视制式

电视制式是指电视信号的标准，是用来实现电视图像信号、伴音信号或其他信号传输的方法。根据电视信号的不同，电视制式也不同。例如，对于模拟电视，可分为黑白电视制式和彩色电视制式两种。按扫描参数、电视信号带宽以及射频特性划分，目前世界上在用和不在使用的黑白电视制共有 A、B、C、D、E、G、H、I、K、K1、L、M、N 共 13 种。对于数字电视，尚无统一的国际标准。目前已经提出的数字电视制式有美国 ATSC、欧洲的 DVB、日本的 ISDB 等。下面重点介绍一下彩色电视制式。

彩色电视制式包括 PAL、NTSC 和 SECAM 3 种，在全世界各个国家和地区得到了普遍使用。

1．PAL 制式

PAL 制式（Phase-Alternative Line）全称为正交平衡调幅逐行倒相制，标准的 PAL 制式视频按照每秒 25 帧的频率进行播放，其水平扫描线为 625 条，标准分辨率为 720×576。该制式于 1962 年诞生于德国，在中国、德国、英国、西北欧等国家和地区得到广泛使用。

2．NTSC 制式

NTSC 制式（National Television System Committee）全称为正交平衡调幅制，标准的 NTSC 制式视频按照每秒 30 帧的频率进行播放，其水平扫描线为 525 条，标准分辨率为 720×480。该制式于 1953 年诞生于美国，主要应用于美国、加拿大、日本等国家和地区。

3．SECAM 制式

SECAM 制式（Sequential Color Avec Memoire）全称为顺序与存储彩色电视系统，标准的 SECAM 制式按照每秒 25 帧的频率进行播放，其水平扫描线为 625 条，标准分辨率为 720×576。该制式由法国人提出，主要应用于法国、东欧和西非等国家和地区。

三大彩色电视制式之间的对比如表 4-2 所示。

表 4-2　　　　　　　　　　　　　　三大彩色电视制式之间的对比

	PAL 制式	NTSC 制式	SECAM 制式
帧频	25	30	25
水平扫描线	625	525	625
标准分辨率	720×576	720×480	720×576
应用地区	中、德、英、西北欧	美、加、日	法、俄、东欧、西非

上述三大彩色电视制式之间是互不兼容的。随着电视技术的不断发展，特别是随着数字电视的兴起，电视制式这个概念也逐渐被人们所忽略。

4.2.5　数字电视

数字电视从电视节目的采集、制作到传输，以及到用户终端的接收全部都是数字化的。相对于模拟电视，数字电视具有图像质量高、节目容量大、伴音效果好等优点。数字电视信号和模拟电视信号的原理如图 4-5 所示。

从图 4-5 中可以看到，最终接收到的模拟电视信号是模拟视频信号和噪声信号叠加之后形成的效果，其实质是带有噪声的模拟视频信号。如果噪声严重的话，会对最终接收到的模拟电视信号产生极大的干扰，造成信号质量的降低。而数字电视信号是以数字形式存在的信号，其实质是由"0101…"一系列数字组成的序列，受噪声信号的干扰不大。

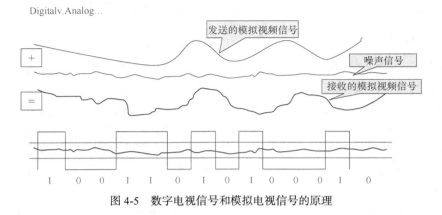

图 4-5　数字电视信号和模拟电视信号的原理

通常将数字电视分为普及型数字电视、标清型数字电视以及高清型数字电视等类型。

普及型数字电视，即 DPTV，其分辨率为 352×288 或 352×240，约 300 电视线，画质相当于 VCD 标准的画质。

标清型数字电视即标准清晰度数字电视 SDTV，其分辨率为 720×576 或 720×480，约 500 电视线，屏幕宽高比 4:3，相当于 DVD 标准的画质。

高清型数字电视即高清晰度数字电视 HDTV，其分辨率常为 1920×1080i，1280×720p，约 1000 电视线，屏幕宽高比通常为 16:9。

随着电视技术的不断发展，数字电视已经在朝着高清的方向发展。如果配备高清机顶盒以及高清电视，就可以收看高清频道的节目了。如图 4-6 所示。

图 4-6　高清电视机顶盒

4.3　视频数据量的计算

未压缩的数字视频，其数据量的计算和图像数据量、视频的帧率以及时间 3 个因素密切相关，具体计算公式为：

$$数字视频数据量=图像数据量×帧率×时间$$

其中，图像数据量取决于图像自身的分辨率以及图像的颜色深度，帧率即每秒钟播放的视频帧数，时间以秒为单位。

下面计算一下分辨率为 720×576 的 PAL 制式真彩色视频，若不经压缩，其每分钟的数据量。根据计算公式，数字视频数据量的大小为图像数据量、帧率和时间的乘积，因此有

$$720×576×24×25×60/8=1\ 866\ 240\ 000\ B$$

即分辨率为 720×576 的 PAL 制式真彩色视频，若不经压缩，其每分钟的数据量约为 1.8GB。由此可见，数字视频如果不进行压缩，其数据量是非常庞大的，因此有必要对其进行压缩处理。

4.4　视频文件格式

视频的文件格式有很多种，比较常见的视频文件格式包括 AVI、MPG、ASF、WMV、RM 等，下面将对一些主要的视频文件格式分别进行介绍。

1. AVI 格式

AVI（Audio Video Interleaved）格式，是微软公司于 1992 年推出的一种符合资源互换文件格式（Resource Interchange File Format，RIFF）文件规范的数字音频与视频文件格式，它允许视频和音频交错在一起同步播放，未限定压缩算法，不具有兼容性。

其主要特点在于调用方便、图像质量好、视频数据量比较大，因此经常用来制作多媒体光盘，从而进行电影、电视等影像信息的保存。

2. 遵循 MPEG1 标准编码的视频格式

MPEG 是运动图像专家组的缩写，MPEG1 标准是 1992 年针对 1.5Mbit/s 以下数据传输率的运动图像及其伴音编码而设计的一种视频压缩标准，其典型应用就是 VCD。一部两小时的影片，如果使用 MPEG1 标准的视频压缩算法，可以将其大小压缩到 1.2GB 左右。

遵循该标准编码的视频文件扩展名包括 ".mpg"、".mpe"、".mpeg"、".mlv"、".dat" 等。

3. 遵循 MPEG2 标准编码的视频格式

MPEG2 标准制定于 1994 年，设计目标是提供更高的图像质量和更高的传输率。其典型应用就是 DVD，同时在 SVCD 以及高清电视等领域也有广泛的应用。使用 MPEG2 标准压缩一部两小时的影片，其数据量约为 5～8GB。

遵循该标准编码的视频文件扩展名包括：".mpg"、".mpe"、".mpeg"、".m2v"、".vob" 等。

4. 遵循 MPEG4 标准编码的视频格式

MPEG4 标准制定于 1999 年，是为了播放流式媒体的高质量视频而专门设计的，它可利用很窄的带宽，通过帧重建技术，压缩和传输数据，以求使用最少的数据获得最佳的图像质量，能够保存接近于 DVD 画质的小体积视频文件。

遵循该标准编码的视频文件扩展名包括 ".asf"、".mov" 和 "DivX AVI" 等。

5. DivX 格式

DivX 格式（DVDrip）是由 MPEG-4 衍生出的一种视频编码标准，采用 DivX 压缩技术对 DVD 盘片的视频图像进行高质量压缩，再将视频与音频合成并加上相应的外挂字幕文件而形成的视频格式。其画质清晰，直逼 DVD，体积小，一张 CD 光盘可容纳 120min 质量接近 DVD 的电影。

6. Real Video 格式

REAL Video 格式是由 REAL Networks 公司开发的一种新型流式视频文件格式，主要用来在低速率的广域网上实时传输活动视频影像，可以根据网络数据传输速率的不同而采用不同的压缩比率，从而实现影像数据的实时传送和实时播放。

其典型的文件扩展名为 ".rm"、".rmvb"。

7. ASF/WMV 格式

ASF（Advanced Streaming Format）视频格式是由微软公司推出的在 Internet 上实时传播多媒体的技术标准，使用了 MPEG4 压缩算法。其压缩率和图像质量一般，画质略逊于 VCD。

WMV 也是由微软公司推出的一种独立于编码方式的在 Internet 上实时传播多媒体的技术标

准，是一种流媒体文件格式。

8. FLV 格式

FLV 格式是随着 Flash MX 推出发展而来的一种视频格式，采用 H. 263 编码标准，具有体积小、加载速度快的特点，在优酷、土豆、酷 6 等各大在线视频网站均采用此视频格式。

9. MP4 格式

MP4 是一种常见的多媒体容器格式，遵循 H. 264 或 MPEG4 标准，其文件扩展名包括："·mp4"，"·m4v"，"·3gp"，"·f4v" 等。

其中，f4v 是 Adobe 公司推出的支持 H.264 标准的流媒体格式，其码率最高可达 50Mbit/s，清晰度较高。

10. MOV 格式

MOV 格式是由 Apple 公司开发的一种音视频文件格式，用于保存音视频信息，具有先进的视音频功能，被包括 Apple Mac OS、Microsoft Windows 在内的所有主流电脑平台支持。支持 25 位彩色，支持 RLE、JPEG 等领先的集成压缩技术，提供 150 多种视频效果，并配有提供了 200 多种 MIDI 兼容音响和设备的声音装置。其文件扩展名为 "·mov"。

11. 常见视频文件格式的总结

上述视频格式采用的压缩编码方法各不相同，适用的场合也不尽相同。从应用角度而言，大体可以将视频文件格式分为影像视频格式和流媒体格式两种类型。

其中，影像视频格式其视频数据量往往比较大，适合用来进行电影、电视等视频素材的保存，如 mpg、mpeg、mpe、m1v、m2v、dat、vob、avi 等。

流媒体视频格式数据量往往比较小，适合在网上进行视频边播边放这样的流式应用。有代表性的流媒体视频文件格式包括：微软公司的 wmv、asf、asx 等，Real 公司的 rm、rmvb 等，以及 mov、mp4、m4v、mkv、flv、f4v、3gp 等视频格式。

4.5 认识 Premiere

Premiere 是 Adobe 公司推出的面向广大视频工作人员的非线性编辑软件，它能对视频、声音等素材进行编辑加工，并最终生成影视文件；主要用于影片的后期制作，胶片的内容数字化，对其内容进行删减、添加或应用各种效果，制作完成后输出到胶片。

4.5.1 Premiere 的功能

Premiere 主要完成以下功能：

（1）编辑和组接各种视频片段；

（2）对视频片段进行各种特技处理、切换效果；

（3）在视频片段之上叠加各种字幕、图标和其他视频效果；

（4）给视频配音，并对音频片段进行编辑，调整音频与视频的同步。

Premiere 在电视节目、广告制作、电子相册等领域得到了广泛的应用。

4.5.2 Premiere 版本及配置

经过多年的发展，Premiere 的版本已从早期的 Premiere 6.0 发展到了现在的 Premiere Pro CC，版本越高，功能也越丰富。下面将以 Premiere Pro CS3 版本为例，介绍视频的制作方法。

Premiere Pro CS3 推荐的计算机配置如下：

（1）DV 需要 2GHz 以上处理器；

（2）HDV 需要 3.4GHz 处理器；

（3）HD 需要双核 2.8GHz 处理器；

（4）Windows XP（带有 Service Pack2，推荐 Service Pack3）；

（5）DV 制作需要 1GB 内存，HDV 和 HD 制作需要 2GB 内存；

（6）10GB 硬盘空间（在安装过程中需要额外的可用空间）；

（7）1280×1024 显示分辨率，32 位视频卡；

（8）支持 GPU 加速回放的图形卡；

（9）Microsoft DirectX 或 ASIO 兼容声卡等。

4.5.3 基于 Premiere 的视频制作流程

基于 Premiere 的视频制作流程大体可分为 7 个阶段：

（1）策划剧本，准备素材；

（2）新建项目，导入素材；

（3）编辑素材；

（4）装配素材；

（5）应用切换和特效；

（6）添加字幕和音频；

（7）预演并导出影片。

其中，剧本的策划是非常关键的一步。

4.5.4 Premiere 基本界面

双击桌面上的 Premiere 图标进入系统，这时会弹出一个"欢迎使用"的对话框，如图 4-7 所示。

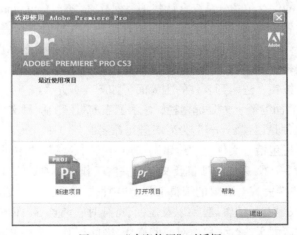

图 4-7 "欢迎使用"对话框

在这个对话框当中，会出现"最近使用项目"列表。同时，在下方区域可以看到有"新建项目"、"打开项目"和"帮助"3 个功能图标，选择"新建项目"。在弹出的"新建项目"对话框中

（见图 4-8），首先需要对新建项目的一些视频参数进行相应的设置，包括制式、帧速率、宽高比、分辨率、扫描方式等。系统提供了"加载预置"以及"自定义预置"两个选项卡，在加载预置中提供了一些常见的配置类型，如 DV-PAL、DV-NTSC 等。这里希望建立一个标清的符合 PAL 制式的视频，因此选择"DVCPRO50"下的"576i"，选择"DVCPRO50 PAL 标准"。

图 4-8 "新建项目"对话框

在右侧的描述栏中，可以清晰地看到新建项目的一些基本配置信息，如它的帧速率是每秒 25 帧，画幅大小是 720×576，采用的是隔行扫描的方式，音频采样率为 48kHz，主音轨为立体声等。如果希望生成宽屏的视频，也可以选择其他的预置类型，如选择"DVCPR050 PAL 宽屏幕"，这样将来生成的就会是"16:9"的宽屏视频。

当然，用户也可以根据自己的需要对新建项目进行自定义设置。自定义设置比较适合于专业的视频编辑人员或者对视频参数有特殊要求的情况。对于初学者而言，建议选择系统提供的加载预置中的设置。

接下来，选择项目的保存位置。系统默认将项目保存在"C:\Documents and Settings"目录下，建议更改一下项目的位置，将项目保存到其他盘的目录下，并给项目起一个自己比较容易记忆的名字。例如，将项目保存在"D:\多媒体\电子相册\"目录下，将项目名称设为"多伦多之旅"。这样将来当需要对已经编辑过的视频再进行一些编辑处理时，就可以通过打开已有的项目继续进行处理了。单击【确定】按钮，进入到软件的主界面，如图 4-9 所示。

（1）标题栏。在主界面的最上方是标题栏，显示了当前打开的项目文件的名字及其存储路径。在 Premiere 中，项目文件是以".prproj"为后缀进行命名的。

（2）菜单栏。菜单栏包括"文件"、"编辑"、"项目"、"素材"、"序列"、"标记"、"字幕"等菜单。其中，"文件"菜单主要完成与项目及文件相关的工作，如项目的打开与关闭、文件的导入导出等；"编辑"菜单主要完成对素材的编辑工作；"项目"菜单主要完成项目的设置与管理等工作；"素材"菜单主要完成素材的编辑、替换以及速度、持续时间调整等方面的工作。由于在 Premiere 中经常会通过面板或快捷键来执行菜单所对应的操作，因此相对来说菜单的使用并不是特别频繁，在这里不再对它们进行详细介绍。

（3）"项目"面板。"项目"面板的主要功能就是对项目所需的各种素材进行管理，如导入视频、音频、图像、字幕等。这里先导入一个视频素材，导入后在"项目"面板中会出现该素材的名字。

图 4-9　Adobe Premiere Pro CS3 基本界面

（4）"素材源"面板。"素材源"面板用于完成对素材的预览以及一些初步的编辑工作。双击项目面板中素材文件前方的图标，在"素材源"面板就会出现该素材的预览情况。假如有一段比较长的视频素材，现在只需要截取其中的一小段，就可以通过素材源面板来进行剪辑，然后再将其插入到"时间线"面板中，以备后续的编辑处理。

（5）时间线面板。时间线面板是进行视频编辑与合成的主要区域。对视频素材进行切换、特效、同步等非线性编辑处理，都是在这个面板内完成的。在"时间线"面板中，有许多视频和音频轨道，用于编辑各类素材，也可以根据自己的需要添加或删除轨道。

（6）"节目"面板。"节目"面板主要用来完成对生成视频的效果预览，它通常是和时间线面板一起配合使用的。单击"节目"面板中的"播放"按钮，即可对时间线上的视频效果进行预览。

（7）"信息/效果/历史"面板。界面的左下角是"信息/效果/历史"面板。其中，"信息"面板用于显示当前选中素材的一些基本信息，包括素材的持续时间、大小、入点、出点以及光标所在的位置等，这些信息可以辅助我们进行视频的编辑；"效果"面板主要完成对素材添加各种视频切换、视频特效以及音频特效，是最常用的面板之一；"历史"面板用于记录新建或打开项目以来所执行的各项历史操作。

（8）"效果控制"面板。"效果控制"面板位于界面的上方，用于对时间线上选中的素材进行运动、透明度等效果的控制，可以实现许多自定义的效果。

（9）"工具"面板。"工具"面板是对时间线上的各类素材进行编辑和选取的主要工具，包括轨道选择工具、波纹编辑工具、旋转编辑工具、剃刀等，通常和"时间线"面板配合使用。

（10）"调音台"面板。"调音台"面板用于完成对各音轨的调整和控制。

（11）"音频"面板。"音频"面板主要用于对音量的大小进行监控。这个效果和 Audition 软件中的"电平"面板的效果很类似。

在 Premiere 中，除了在主界面中看到的这些面板之外，还有一些隐藏的面板。可以通过"窗口"菜单将这些面板弹出来。例如，单击【窗口】菜单，选择【字幕设计】子菜单，则会弹出"字幕"面板。可以根据自己的需要，在字幕面板下进行与字幕相关的编辑。

在上述这些控制面板中，使用最为频繁的面板包括"项目"、"素材源"、"节目"、"时间线"、"效果"、"效果控制"、"工具"等面板。

4.6　如何管理视频素材

下面介绍如何在 Premiere 中管理视频素材，具体内容包括如何导入、浏览、归类、查找和新建素材。在 Premiere 中，有关视频素材的管理工作主要都是在"项目"面板中完成的。

4.6.1　导入素材

在新建一个项目之后，会看到在"项目"面板中有一个名为"Sequence 01"的素材，这个素材就是时间线素材。如果选中这个素材，按【Delete】键将其删除，会发现不仅这个素材被删掉了，同时"时间线"面板也消失了，如图 4-10 所示。

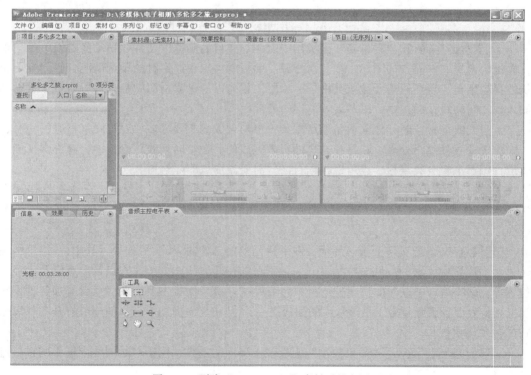

图 4-10　删除"Sequence 01"素材后的主界面

也就是说，"Sequence 01"这个素材记载的是"时间线"面板中的所有信息，应该予以保留。可以通过按【Ctrl+Z】组合键取消删除操作，这时"项目"面板中会重新出现"Sequence 01"这个素材，双击该素材，"时间线"面板会重新弹出来。

　　Premiere 提供了多种素材导入方式。其中一种方法就是通过"文件"菜单来进行素材的导入。单击【文件】|【导入】菜单命令，会弹出一个"导入"对话框，如图 4-11 所示。

图 4-11　导入对话框

　　用户可以在"查找范围"栏中选择素材文件所在的目录位置。在"文件类型"下拉列表中，提供了 Premiere 所支持的所有导入文件格式。Premiere 支持导入的文件格式很多，既包括 avi、mpg 等视频文件格式，也包括 jpg、psd 等图片文件格式，以及 wav、mp3 等音频文件格式。选中所有需要用到的素材，单击【打开】按钮，即可完成对素材的导入。

　　当然，也可以通过双击"项目"面板的空白区域，或者用鼠标右键单击"项目"面板的空白区域，单击弹出的【导入】菜单，实现同样的导入效果。

4.6.2　浏览素材

　　导入素材后，可以看到在"项目"面板中，已经按列表方式列出了导入素材的名称，这种方式可以较为清晰地显示各类素材。单击素材的名称，可以在"项目"面板上方的缩略图窗口看到该素材的预览效果，同时该素材的一些基本信息也会在缩略图窗口右侧进行显示。

　　例如，单击"项目"面板中的"00 多伦多_瀑布.JPG"，在"项目"面板上方会出现该素材的缩略图以及基本信息，如图 4-12 所示。

　　双击素材图标，也可以在"素材源"面板对导入素材进行更大尺度的预览。例如，双击"项目"面板中的"00多伦多_瀑布.JPG"前的小图标，也可以在"素材源"面板中浏览该素材，如图 4-13 所示。

　　我们也可以通过单击项目面板下方的"图标"按钮 ▢，对所有素材进行图标式的浏览。采用图标式的素材显示方式，可以更为直观地看到各类素材的内容。如图 4-14 所示。

　　默认状态下，系统采用的是列表式的素材显示方式。

图 4-12　在"项目"面板中浏览素材

图 4-13　在"素材源"面板中浏览素材

图 4-14　采用图标式浏览"项目"面板中的素材

4.6.3　归类素材

当导入的素材比较多的时候，需要通过"项目"面板的滚动条进行滚动，才能查看到所需的素材。为了快速找到所需的素材，需要对素材进行归类，如把素材按照媒体类型的不同进行归类，或者按照采集时间的不同进行归类，或者根据不同的场景进行归类等。

在 Premiere 中，对素材进行整理主要是通过新建"容器"来实现的。新建容器有许多方法，既可以通过【文件】|【新建】|【容器】菜单实现，也可以通过【Ctrl+/】组合键来实现。比较直观的方式是通过单击"项目"面板下方的"容器"按钮 □ 来实现。新建容器后，会在"项目"面板中出现一个类似于文件夹的图标，给这个容器起个名字，如"图像"，用来存放项目需要用到

的图像素材，如图 4-15 所示。

接下来，将所有的图像素材选中并拖曳到"图像"容器中。这时可以看到，所有的图像素材都已经归到了"图像"这个容器中，如图 4-16 所示。

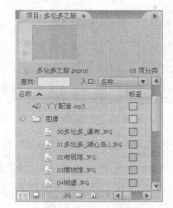

图 4-15　新建"图像"容器　　图 4-16　将图像素材归入到"图像"容器中　　图 4-17　折叠"图像"容器

可以通过单击容器前面的小三角图标 ，对容器进行展开或折叠，以便更好地浏览素材，如图 4-17 所示。

类似地，也可以新建"音频"容器，将音频素材拖曳到该容器中，如图 4-18 所示。

当然，也可以对已经建立好的容器进行重命名、清除等工作。选中需要修改的容器，单击鼠标右键，在弹出的快捷菜单中选择【清除】或者【重命名】命令即可完成相应的操作，如图 4-19 所示。

图 4-18　新建"音频"容器　　　　图 4-19　单击容器后弹出的快捷菜单

经过这样的归类整理之后，"项目"面板中的所有素材变得井井有条，也便于快速定位到所需的素材。

4.6.4　查找素材

当素材比较多，难以通过浏览的方式马上找到的时候，就需要用到素材的查找功能了。在"项目"面板中,提供了许多查找素材的方法。单击"项目"面板下方的望远镜形状的"查找"图标■,在弹出的"查找"对话框中,可以设置一些查找条件,如图 4-20 所示。

图 4-20   "查找"对话框

例如,单击"列"下拉列表,选择查找的属性,比如是按素材名称进行查找、还是按视频的持续时间等信息进行查找等。在"操作"下拉列表中,可以选择查找的条件,比如是"包含",还是"精确匹配"等。在"查找什么"栏中,可以输入需要查找的具体内容,比如这里希望查找名称中含有"多伦多"的素材,就可以在"列"的下拉列表中选择"名称",在"操作"下拉列表中选择"包含",在"查找什么"栏中输入"多伦多",单击【查找】按钮,就开始在"项目"面板中进行素材的查找,如图 4-21 所示。

图 4-21   在"查找"对话框中输入查找条件

这时系统会自动将名称里含有"多伦多"的素材查找出来。如图 4-22 所示。

继续单击【查找】按钮,可继续进行查找。若已经找到了所需的素材,单击【完成】按钮即可。

当然,也可以直接在"项目"面板的"查找"栏中输入查找内容,在"入口"栏的下拉列表中选择查找的属性。例如,这里在查找栏中还是输入"多伦多",入口栏选择"名称",这时系统会将项目中所有名称含有"多伦多"的素材都检索并列举出来,如图 4-23 所示。

图 4-22   查找结果

图 4-23   另一种查找素材的方式

4.6.5　新建素材

有时自己导入的素材可能还不够用，需要新建一些素材，如字幕、通用片头等。在"项目"面板的下方，有一个"新建分类"图标，单击该图标，会弹出一个快捷菜单。用户可以根据需要新建字幕、通用倒计时片头、黑场视频等素材，如图 4-24 所示。

最后需要提醒的是，在视频制作过程中，要记得经常保存项目，以免造成工作的丢失。可以通过单击【文件】|【保存】菜单命令来保存项目，也可以使用【Ctrl+S】组合键来保存项目。

图 4-24　新建素材

4.7　如何剪辑视频

在进行视频编辑的过程中，经常需要从已经拍摄好的视频当中将某个片段剪辑出来，以便后续编辑使用，这个工作就是常说的视频剪辑。

实现视频剪辑有很多方法，如通过"素材源"面板来进行，或者通过"时间线"面板来进行等。下面介绍如何通过"素材源"面板进行视频剪辑。

4.7.1　通过"素材源"面板进行视频剪辑

双击需要剪辑的视频素材（例如，选择"MVI_3341.AVI"），这时视频素材将显现在"素材源"面板中，如图 4-25 所示。

"素材源"面板是预览原始素材并对其进行初步剪辑的主要区域。仔细观察这个面板，会看到在面板的下方，有一条时间轴，上面显示了一些数字。这些数字表示的是时间，按照"小时：分钟：秒：帧"的顺序进行显示。例如，当前在素材源面板中显示的视频，其长度为 21 秒 16 帧。

1．播放素材

单击"素材源"面板中的"播放"按钮，即可对原始的视频素材进行预览。在播放的过程中，会看到一个蓝色游标在时间轴上匀速向右移动。同时，"播放"按钮变成了"停止"按钮。单击"停止"按钮，蓝色游标也会停止运动。这时看到在时间轴左上方显示的时间正好是蓝色游标在时间轴上停止的时间位置，如图 4-26 所示。通过预览，可以大体了解整段视频的内容。

也可以通过拖曳时间轴上的蓝色游标对视频素材进行快进或快退，或者快速定位到视频的某个具体位置。

2．设置入点和出点

在大致了解整段视频的内容之后，假如想从中提取出一段视频，可以通过设置入点和出点的办法来进行。

图 4-25　"素材源"面板　　　　　　　图 4-26　在"素材源"面板中播放素材

所谓的入点，指的是剪辑视频的初始位置，出点指的是剪辑视频的结束位置。可以通过拖曳蓝色游标快速定位到视频的某个位置（比如将其拖曳到视频的开始位置），单击"设置入点"按钮 。这时可以看到，从蓝色游标位置开始到整段视频的结束，时间轴变成了蓝色，这段蓝色的区域就表示即将剪辑出来的视频片段，如图 4-27 所示。

但实际上，并不需要这么长的视频剪辑，因此，在设置完入点之后，接下来可以设置出点，决定剪辑视频片段的结束位置。同样，可以通过拖曳蓝色游标的方式快速定位到出点位置的附近，再通过单击"逐帧进"按钮 和"逐帧退"按钮 进行更为精细的调整。在确定好出点位置后，单击"设置出点"按钮 ，可以看到时间轴上有一段蓝色覆盖的区域。这段区域就是想要剪辑出来的视频片段，如图 4-28 所示。

图 4-27　设置入点　　　　　　　　　图 4-28　设置出点

可以通过单击"播放入点到出点"按钮 ，对选取出来的视频剪辑进行预览。

3. 加载到时间线

如果确定对选取的视频剪辑比较满意，就可以把它加载到时间线上了。通过"素材源"面板将素材加载到时间线上有两种方式，一种方式是"插入到时间线"，另一种方式是覆盖到时间线。这里选择"插入到时间线"方式。

单击"插入"按钮 ，则在"时间线"面板上将出现新插入的视频素材。由于这段视频素材伴有声音，因此在音轨上也出现了伴随的音频素材，如图 4-29 所示。

在"时间线"面板将编辑线拖曳到视频片段的开始位置，这时在"节目"面板将显现出剪辑后的视频素材。单击"节目"面板上的"播放"按钮 ，即可对剪辑后的视频进行预览，如图
4-30 所示。这样，就完成了最基本的视频剪辑工作。

图 4-29 将素材按照"插入"方式加载到时间线

图 4-30 在"节目"面板中对剪辑后的视频进行预览

4.7.2 通过"时间线"面板进行视频剪辑

1. 工作区大小调整

在"项目"面板中，选择待剪辑的素材，将其拖曳到"时间线"面板。这时可以看到原始素材已经被加载到了时间线上，只是素材长度相对整个时间线而言有点短，看不清细节信息。为了更好地展现时间线上的素材内容，需要将素材的显示区进行放大。可以通过拖曳时间轴上方的小三角图标 来对工作区的显示大小进行调整，也可以使用"时间线"面板左下角的滑块 对显示区域进行调整，以便更好地观察素材。放大后的时间线面板素材显示区域如图 4-31 所示。

图 4-31 放大"时间线"面板素材显示区域

2. 播放素材

假如想把原始视频素材中的部分视频片段提取出来，首先将鼠标移到素材边界处，这时光标会变成 形状。按下鼠标左键向右拖曳，直至拖不动为止。拖曳后的效果如图 4-32 所示。

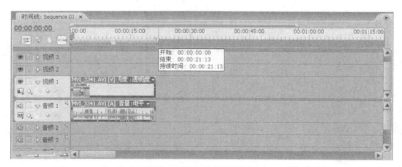

图 4-32 在"时间线"面板上将原始视频素材进行完整展现

将编辑线移至素材起始位置，在"时间线"面板中按空格键，或在"节目"面板中按下"播放"按钮 ，即可从编辑线所在的位置开始进行视频的预览播放，发现这其实就是原始的视频素材。

3. 设置入点和出点

　　下面来对这个视频素材进行剪辑。对视频进行剪辑，最重要的一步就是找到剪辑视频片段的入点和出点。在"时间线"面板上，用鼠标拖动编辑线，可在"节目"面板中浏览"时间线"面板上的视频素材，找到视频大概的入点位置。例如，这里入点位置在"00:00:02:00"，如图 4-33 所示。

图 4-33　在"时间线"面板上设置入点

　　然后将鼠标移到素材的起始边界处，此时光标会变成 ┿ 形状。按下鼠标左键拖曳视频素材的左边界到编辑线所指示的入点位置，如图 4-34 所示。

图 4-34　拖曳视频素材左侧边界到入点位置

　　类似的方法，也可以找到出点的位置。通过用鼠标拖动编辑线，确定视频出点的大概位置。在"节目"面板中，可通过单击"逐帧进"按钮 和"逐帧退"按钮 ，精细定位到更具体的出点位置。例如，出点位置在"00:00:07:15"，如图4-35所示。

图 4-35　在"时间线"面板设置出点

　　将鼠标移至视频素材的右边界，待光标变成 形状时，就可以单击鼠标拖动视频素材的右边界到编辑线所指的出点位置，如图4-36所示。这时，就完成了从原始视频素材中提取出部分视频片段的目标。

图 4-36　拖曳视频素材右侧边界到出点位置

最后，可以通过单击"节目"面板中的"播放"按钮 ▶ 对剪辑得到的视频片段进行预览。

4.8　如何利用时间线编辑素材

此节包括加载素材以及编辑素材两部分内容。在加载素材部分，将介绍通过"项目"面板加载素材，以及通过"素材源"面板加载素材两种方法；在编辑素材部分，将介绍画幅适配、调整时间长度、编辑工具的使用、变速处理以及解除视音频连接等内容。

4.8.1　从"项目"面板加载素材

首先，来了解一下时间线的概念。视频和音频都是随时间动态变化其内容的一类媒体。因此，对视频进行编辑与时间因素密切相关。利用时间线，可以很清晰地看到视频、音频、图像、字幕等各类素材之间的叠加关系、前后顺序关系，以及它们之间的切换效果。在时间线上，可以对视频进行切换、特效、同步等非线性编辑处理。

1. 加载图像

下面先来介绍一下将素材加载到时间线上的基本方法。实现素材的加载有很多方法，其中一种方法就是从"项目"面板中将所需素材直接拖曳到时间线上。时间线上有多条视频轨道和音频轨道，可根据需要，将素材放置到不同的轨道上。例如，将"项目"面板"图像"容器中的图像"00 多伦多_瀑布.JPG"拖曳到视频 1 轨道，这时会看到在时间线上多了一个视频片段，如图 4-37 所示。

图 4-37　将图像素材拖曳到视频 1 轨道

2. 显示素材详细信息

将鼠标移到时间线上的素材处，会出现关于该素材的一些基本信息，包括开始时间、结束时间、持续时间等，如图 4-38 所示。从这里可以看出，虽然原始素材是静止的图像，但是当它被加载到时间线上之后，就形成了一段持续时间为 6 秒的视频，只不过在这段时间内画面保持不变而已。

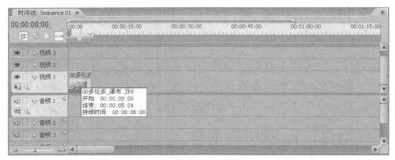

图 4-38　浏览视频 1 轨道上素材的详细信息

为了更清楚地显示这段视频的内容，可以拖动"时间线"面板左下角的滑块 来放大显示面板的工作区域，如图 4-39 所示。

图 4-39　放大"时间线"面板工作区域后的效果

3. 折叠或展开视频轨道

可以通过单击视频或音频轨道前方的小三角图标 来折叠或展开轨道，当需要对某个轨道上的片段进行细致编辑时，可以展开轨道。当不太需要对某个轨道上的片段进行处理时，可以折叠轨道。这样，就可以在"时间线"面板中看到更多轨道的信息。折叠后的视频 1 轨道如图 4-40 所示。

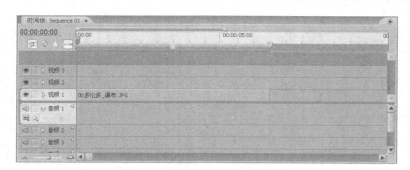

图 4-40　折叠视频轨道 1 后的效果

4. 关闭或开启视频轨道

在轨道前方，可以看到一个像眼睛一样的图标，这是轨道输出开关。单击"眼睛"图标，可对当前轨道的输出状态进行关闭或开启。在视频编辑的过程中，有时可能不希望输出某个轨道的视频，这时就可以通过单击"眼睛"图标 👁 将轨道进行关闭。这样在"节目"面板中对生成视频进行预览的时候，就不会出现关闭轨道的画面了。关闭视频轨道后的效果如图 4-41 所示。

图 4-41 关闭视频轨道 1 后的效果

5．设置显示风格

在轨道的控制区域，可以通过"设置显示风格"按钮 🖼 对轨道的显示风格进行设置。单击"设置显示风格"按钮 🖼，会弹出一个快捷菜单，系统默认勾选的显示风格是"仅显示开头"，也就是说在轨道上只显示每个视频片段的开始画面。如图 4-42 所示。

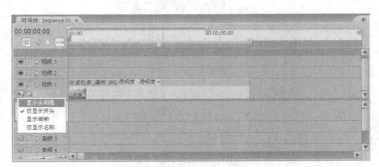

图 4-42 对轨道的显示风格进行设置

假如选择"显示头和尾"，可以看到，对于每个视频片段，都会显示该视频片段的开始和结束画面，如图 4-43 所示。

当然，也可以根据需要，选择"显示每帧"或"仅显示名称"，这里选择系统默认的"仅显示开头"的状态。

6．加载另一幅图像

将另一幅图像素材"01 多伦多_湖心岛 2.JPG"拖曳到视频 2 轨道。放置在不同轨道的素材允许一定程度的重叠，但是在重叠部分，位于上方视频轨道的画面会覆盖下方视频轨道的画面，如

图 4-44 所示。

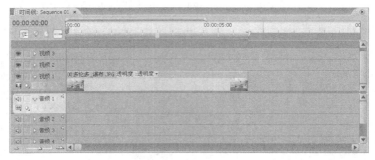

图 4-43　将显示风格设置为"显示头和尾"之后的效果

图 4-44　将另一幅图像素材拖曳到视频 2 轨道

可以通过拖曳编辑线在右上方的"节目"面板对视频效果进行快速预览，通过预览可以看到，位于上方的视频轨道画面确实会覆盖下方轨道的画面，如图 4-45 所示。

图 4-45　通过拖曳编辑线在"节目"面板对视频进行快速预览

7．画面大小适配

在预览的过程中，发现"节目"面板中显示的图像不是素材的原始大小，而只是其中的一部分。这主要是由于原始图像素材的分辨率和我们设置的要生成的视频分辨率之间不一致所造成的。

单击"项目"面板中的原始图像素材，可以看到它的分辨率是 2048×1536，也就是说它是一幅 300 万像素的图像。而在项目新建时设置的视频分辨率为 720×576。这就意味着，在使用一个低分辨率的视频窗口播放高分辨率的视频图像，就会导致在预览的时候，只能看到原始图像素材中间部分的内容。

为了解决这个问题，可以通过鼠标拖曳的方式选中所有图像素材，用鼠标右键单击这些图像素材，在弹出的快捷菜单中选择【画面大小与当前画幅比例适配】命令，如图 4-46 所示。

图 4-46　设置"画面大小与当前画幅比例适配"

这时在"节目"面板中可以看到，画面已经经过了比例调整，将原始图像按比例缩放到了当前窗口中，如图 4-47 所示。

8．删除素材

如果不需要某段素材，可以用鼠标选中该素材，按【Delete】键将其删除。也可以用鼠标右键单击该素材，在弹出的快捷菜单中选择【清除】命令进行删除，如图 4-48 所示。

图 4-47 设置"画面大小与当前画幅比例适配"后的效果

图 4-48 删除素材

4.8.2 从"素材源"面板加载素材

除了通过"时间线"面板加载素材之外，也可以通过"素材源"面板上的"插入"和"覆盖"按钮来实现对素材的加载。这两种加载方式实现的效果也不太一样。"插入"方式的加载，是以编辑线为界切分时间线上的素材，并将剪辑好的素材直接插入到编辑线之后。"覆盖"方式的加载，则是将剪辑视频以覆盖的形式加载到编辑线之后的一种方法。

1."插入"方式加载素材

首先按照 4.7 节所述方法在素材源面板中剪辑好视频。单击"项目"面板中的视频素材"MVI_3341.avi",此时在"素材源"面板中将出现该视频素材的画面,如图 4-49 所示。可以看到,当前这段视频素材的入点位置是"00:00:00:00",出点是"00:00:07:19"。下面将这段视频素材按照"插入"方式加载到时间线上。

图 4-49　剪辑后的视频界面

接下来单击"插入"按钮 加载剪辑好的视频。可以看到,时间线上的视频素材从视频编辑线开始被分为了两段,"素材源"面板上这段剪辑出来的视频素材被插入到视频编辑线之后,同时视频编辑线向后移动到新插入视频素材的右边界位置,如图 4-50 所示。

图 4-50　采用"插入"方式加载视频素材

这种方式就是采用"插入"进行素材加载的方式。可以通过拖曳编辑线快速预览效果，若对效果不满意，希望取消刚才的操作，可以使用【Ctrl+Z】快捷键来实现。

2. "覆盖"方式加载素材

"覆盖"方式的加载，是将剪辑视频以覆盖的形式加载到编辑线之后的一种方法。这种方法不像"插入"方式那样会对时间线上的素材进行分割，而是直接覆盖在它的上面。

这里，假设想把新剪辑的视频以覆盖方式加载到时间线上。单击"素材源"面板中的"覆盖"按钮，可以看到，剪辑视频已经以覆盖方式叠加到了视频3轨道上，如图4-51所示。拖动编辑线，可对覆盖后的效果进行快速预览。

图 4-51 采用"覆盖"方式加载视频素材

若在预览窗口发现画面大小与"节目"面板中的画面大小不匹配，可以通过使用前述的"画面大小与当前画幅比例适配"方法来解决。

4.8.3 编辑素材

视频的编辑与制作主要是在"时间线"面板完成的，接下来将学习如何在时间线上编辑素材。

1. 加载素材

首先，若时间线不是空置状态，则选中时间线上的所有素材，对其进行删除，并将视频编辑线调整到时间线起始位置。接下来选中"图像"容器中的所有图像素材，通过鼠标拖曳的方式将其加载到时间线上。这时可以看到在视频1轨道上，按顺序排列了所有图像素材，如图4-52所示。

2. 画面大小适配

拖动编辑线，可对视频效果进行快速预览。注意到"节目"面板中所有的画面都出现了原始素材的分辨率与生成视频的分辨率不一致的问题，因此需要对轨道上的所有素材都执行"画面大小与当前画幅比例适配"操作。

要选中整个轨道上的素材，需要使用"工具"面板中的"轨道选择工具"。单击"轨道选择工具"按钮 ，这时光标会变成右箭头 的形状。将光标移到"视频 1"轨道的第一个视频片段处单击，即可选中轨道上的所有素材，如图 4-53 所示。

图 4-52　将所有图像素材加载到时间线

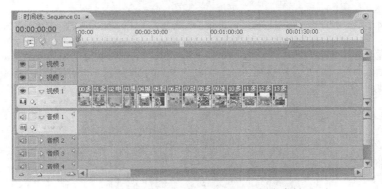

图 4-53　选中"视频 1"轨道上的所有素材

　　用鼠标右键单击所有素材，在弹出的快捷菜单中选择【画面大小与当前画幅比例适配】命令，如图 4-54 所示。

　　这样，就可以把所有的素材都按比例适配到输出视频的大小，画面大小适配后的效果如图 4-55 所示。

　　拖动编辑线，可以对生成的视频效果进行快速预览。这时可以看到，所有图像素材的内容都能在"节目"面板的监视窗口中正常显示了。

　　单击"工具"面板中的"选择工具"图标 ，即可将光标切换回到正常的选择状态。

3. 调整视频片段长度

　　注意到加载到时间线上的素材，系统默认设置的时间长度都是 6s。如果想对视频片段的长度进行调整，可以选中需要编辑的视频片段，在视频片段的边界处稍作停顿，待光标变为 形状时按下鼠标左键，对其进行拖曳，从而调整视频片段的长度。例如，将第一个视频片段的长度缩短一些,这时可以看到在视频 1 轨道上第一个视频片段和第二个视频片段之间出现了一段空白区域，拖动编辑线，会发现这段空白区域的视频就是一段持续的黑帧效果，如图 4-56 所示。

图 4-54　对视频 1 轨道上的所有素材进行“画面大小与当前画幅比例适配”操作

图 4-55　“画面大小与当前画幅比例适配”后的效果

图 4-56　将第一个视频片段缩短后的效果

　　但我们并不希望是这样的效果（按【Ctrl+Z】组合键取消刚才操作），我们真正希望的效果是当缩短了某个视频片段的长度后，其相邻的视频片段能够连接到一起，而不是出现这样的空白区域。可以通过"工具"面板上的"波纹编辑工具"来解决这个问题。

　　单击"波纹编辑工具"，这时光标会变为形状。将光标移至第一个视频片段的结束边界，向左拖动，则第一个视频片段的长度会变短，同时原来和它相邻的视频片段也会自动吸附到第一段视频的结束边界处，如图 4-57 所示。

图 4-57　采用"波纹编辑工具"将第一个视频片段缩短后的效果

当然，也可以在图 4-56 所示的界面状态下，通过鼠标右键单击时间线上的空白区域，选择【波纹删除】命令来实现与图 4-57 类似的效果，如图 4-58 所示。

图 4-58 采用"波纹删除"方式缩短视频素材

4. 旋转编辑工具

在进行视频编辑的时候，经常会碰到需要对相邻两个视频片段的长度进行内部调整，但又要保证调整后这两个视频段的长度加起来不发生变化的情况，这时候就需要用到"旋转编辑"工具了。

单击"工具"面板中的"旋转编辑"按钮，光标将会发生改变。将光标移到前两段视频的交界处，待光标变为形状时按下鼠标左键，向左或向右拖曳鼠标，即可对边界处相邻两个视频片段的长度同时进行调整，如图 4-59 所示。可以看到，如果其中一段视频的长度变大的话，另一段视频的长度就会变小，但这两段相邻视频的时间长度之和却不会发生变化。

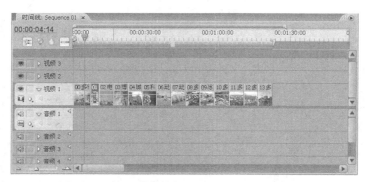

图 4-59 采用"旋转编辑"工具调整视频片段长度

这个工具比较适合于需要对相邻两个视频片段的时间长度进行内部调整的场合，这种调整不会影响到视频轨道上其他视频片段在时间线上的位置。

5．剃刀工具

有时候，加载到时间线上的视频片段有点长，因此需要将其切分为一个个的小段，以便分别进行编辑处理。这个功能可以通过"工具"面板上的"剃刀工具"来实现。

例如，在时间线上加载一段视频素材，将其拖至视频 2 轨道。单击"工具"面板上的"剃刀工具"按钮，光标会变成一个剃刀的形状。将光标移到视频片段要切分的位置处单击，即可将这段视频素材切分为两个视频片段，如图 4-60 所示。"剃刀工具"在需要对视频进行剪切的时候经常会用到。

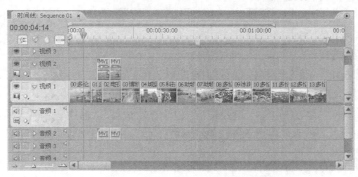

图 4-60　使用"剃刀工具"对视频 2 轨道上的素材进行切分

"工具"面板中除了"轨道选择工具"、"波纹编辑工具"、"旋转编辑工具"以及"剃刀工具"之外，还包括"比例缩放工具"、"错落工具"、"滑动工具"等。

6．变速处理

变速处理在视频编辑中经常会用到，比如说想把某个镜头进行慢镜头回放，或者想把某段视频进行快播，这都需要用到变速处理。

选中待编辑的视频段，用鼠标右键单击，在弹出的快捷菜单中选择【速度/持续时间】命令，如图 4-61 所示。

图 4-61　对选定视频片段的速度进行调整

这时会弹出一个"素材速度/持续时间"对话框，在对话框中将速度一栏的值进行设置，正常速度是 100%，加速播放设为大于 100%的值，减速播放设为小于 100%的值。这里，想对视频进行加速处理，因此将值设为 300%，如图 4-62 所示。

单击【确定】按钮预览效果，可以看到视频段确实加速播放了。

假如想让视频出现倒带的效果，可以在"素材速度/持续时间"对话框中将"速度反向"勾选上，再预览一下，可以看到仍然是快播，但不同的是这次实现的是倒带的效果。

图 4-62　设置速度值

7. 解除视音频链接

在加载视频素材时，经常会将伴音也加载进来，但有时候并不需要这些伴音，这时可以通过解除视音频链接来解决这个问题。

用鼠标右键单击需要编辑的视频片段，在弹出的快捷菜单中选择【解除视音频链接】命令，如图 4-63 所示。这时，视频和音频之间就不再会被捆绑到一起了，而是可以分开单独进行处理。

图 4-63　解除视音频链接

单击选中音频片段，按【Delete】键即可删除视频的伴音，如图 4-64 所示。

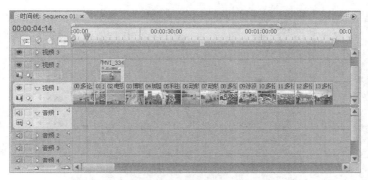

图 4-64　解除视音频链接并删除伴音后的效果

4.9　如何实现视频切换

视频切换也称为视频转场，或者视频过渡。它是由一个视频素材逐渐替换为另一个视频素材的过程，主要用于视频作品制作过程中素材场景之间的变换。

视频切换在影视作品中使用非常普遍，如电影中的两个镜头之间，一个镜头渐渐消失，另一个镜头渐渐出现，这个效果就是常说的淡入淡出，它是视频切换效果中的一种。在 Premiere 中提供了包括划像、卷页、拉伸、缩放等在内的十余种类型的视频切换效果，这里仅列举了其中部分视频切换的画面效果，如图 4-65 所示。

图 4-65　视频切换的部分效果

4.9.1　添加切换效果

下面以较为常见的划像效果为例介绍如何在视频片段之间添加视频切换效果。

1. 加载素材

首先将素材加载到时间线上。选择两幅图像，将其拖曳到视频 1 轨道上。如果发现画面比例不合适，可以先用鼠标右键单击，选择【画面大小与当前画幅比例适配】命令，如图 4-66 所示。

通过拖曳编辑线，快速预览一下。可以看到，在两个视频片段之间，由于没有添加任何切换效果，因此感觉到的效果是两个视频片段之间突然发生了变化。我们希望这两个视频片段之间的变化相对自然，因此，需要在它们之间添加切换效果。

2. 添加"圆形划像"切换效果

在左下角的"效果"面板中，可以看到有一个"视频切换效果"的文件夹。单击其前方的小三角按钮，可以将文件夹展开。这里按类型列出了 Premiere 提供的各种视频切换效果可供选择，如图 4-67 所示。

图 4-66　将两段视频素材加载到时间线上

选择"划像"效果。单击【划像】效果前的小三角将其展开，可以看到 Premiere 提供的各种划像效果，如划像盒、十字划像、圆形划像等。单击"圆形划像"，按住鼠标左键不放，将其拖曳到两个视频片段之间，这时在两个视频片段之间就增加了一个切换效果，如图 4-68 所示。

通过拖曳编辑线，可对圆形划像的切换效果进行快速预览。也可以通过按下【Tab】键，对编辑视频进行正常速度的播放预览。通过预览，感觉到圆形划像实现的效果是后一幅画面以圆形的方式从屏幕中央慢慢由小到大出现，同时前一幅画面慢慢消失，如图 4-69 所示。这样，就在两个视频片段之间完成了圆形划像视频切换效果的添加。

图 4-67　"效果"面板中的视频切换效果

图 4-68　在两个视频片段之间加入"圆形划像"切换效果

3. 添加"窗帘"切换效果

当然也可以选择其他的视频切换效果，通过预览了解一下它们大概的视觉效果。例如，选择"3D 运动"中的"窗帘"效果，将其拖曳到两段视频之间。拖曳编辑线进行快速预览，可以看到，"窗帘"切换实现的是后一幅画面以窗帘的形状慢慢出现，最终占据整个画面的效果，如图 4-70 所示。

图 4-69　预览【圆形划像】切换效果

对于初学者来说，建议将这些视频切换效果都逐个预览一下，增加对视频切换效果的一些感性认识。不同的切换效果，带给人们的视觉感受也是不太一样的。例如，"叠化"中的"黑场过渡"，在影视作品中经常会出现，往往用于表示一个新的电影情节的开始。

图 4-70　在两个视频片段之间加入"窗帘"切换效果

4.9.2　修改切换效果

修改视频切换效果可以通过"效果控制"面板来实现。在时间线上选中需要修改的切换效果，单击【效果控制】面板，这时可以看到关于切换效果的一些详细信息。例如，切换的持续时间，开始画面和结束画面，以及视频切换部分在时间线上的放大效果等，如图 4-71 所示。

1. 调整持续时间

假如希望切换的过程变快一些，就需要减少持续时间。将鼠标移至"持续时间"栏的时间显示区域，这时光标会变成手指加箭头的形状，将鼠标向左移动，可以减少持续时间，向右移动，可以增加持续时间。也可以直接单击时间显示栏，在其中手工输入希望切换持续的时间。这里需要强调的是，时间是以"小时：分钟：秒：帧"的顺序显示的。因此，在手工输入持续时间时，要注意这里最后一位是帧，因此它的数值不能超过帧率。对于当前项目来说，设置的是 PAL 制每秒 25 帧的标准。因此，最后一位如果填 25 的话，系统会自动变成 1 秒。这里，由于我们想加快切换速度，因此将持续时间由默认的 1 秒多钟修改为 20 帧，如图 4-72 所示。

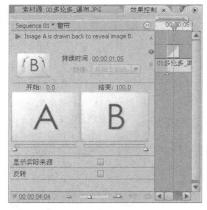

图 4-71　"效果控制"面板

图 4-72　调整效果的持续时间

可以看到，时间线上的切换效果区域明显变短了，这也意味着切换速度加快了。通过在节目面板中播放预览一下效果。可以感觉到切换速度确实加快了一些。

2. 调整校准位置

接下来，调整切换在两个视频片段之间的校准位置。单击"校准"旁边的下拉列表，在这里有几个选项，如"居中于切点"、"开始于切点"、"结束于切点"等。系统默认的是"开始于切点"。这样，切换的位置开始于前后两个视频片段相交的地方，如图 4-72 所示。

3. 调整切换始末画幅大小

再往下看，可以看到 A 和 B 两个画面框。其中 A 表示前一段视频的画面，B 表示后一段视频的画面。切换完成的效果就是从 A 画面过渡到 B 画面。A 和 B 两个画框下各有一个滑块，用于调整切换开始和结束时 A 画面和 B 画面的比例大小。

拖动滑块，即可对切换开始和结束时的画面大小进行调整。默认情况下，切换开始时 B 画面所占比例为 0%，切换结束时 B 画面所占比例为 100%。也就是说 B 画面是从完全没有的状态逐渐切换到全部出现的。假如希望在切换开始的时候，B 画面在整幅画面中占据约一半的比例。可以通过在 A 画面下拖动滑块到中间位置来完成。类似地，也可采用同样的方法设置切换结束时 B 画面所占比例大小。这里就选系统默认的 100%。在"效果控制"面板中，有一个"显示实际来源"的选项，勾选它，可以看到切换所在的实际画面。这种方式便于我们更直观地了解切换的实际状况。设置界面及其预览效果如图 4-73 所示。

这样设置完成之后，可以拖动编辑线预览一下效果。将编辑线拖到切换的开始位置，拖动其到切换的结束处，从右侧的"节目"面板中可以很清晰地看到预览效果。

选择不同的切换效果，在"效果控制"面板中的设置选项也不尽相同，但它们的作用都是实现对视频切换效果的修改。例如，选择"卷页"下的"中心卷页"切换效果，可以看到在"效果控制"面板中，设置选项也发生了一些变化。可以利用"效果控制"面板，对视频切换效果进行详细的设置和修改。

图 4-73　切换效果的设置

4.10　如何添加视频特效

视频特效，简单地讲，就是对视频画面所施加的某种特殊效果。在 Premiere 中提供了包括扭曲、模糊等在内的十余种类型的视频特效，这里仅列举了其中部分视频特效的画面效果如图 4-74 所示。

图 4-74　部分视频特效示意

接下来，以较为常见的马赛克视频特效以及运动特效为例，介绍视频特效添加的基本方法。

4.10.1　添加马赛克特效

1. 加载素材

首先将素材加载到时间线上。这里选择两幅图像，将其拖曳到视频 1 轨道上。如果发现画面比例不合适，可以先用鼠标右键单击，选择【画面大小与当前画幅比例适配】命令。

2. 选择"马赛克"特效

单击"效果"面板，可以看到有一个"视频特效"的文件夹。单击其前方的小三角按钮，可以将文件夹展开。这里按类型列出了 Premiere 提供的各种视频特效供选择。选择"风格化"效果。单击"风格化"效果前的小三角将其展开，可以看到 Premiere 提供的各种风格化效果，如浮雕、海报、马赛克等。选中"马赛克"效果，将其拖曳到想施加效果的视频片段上。这时可以看到，在时间线上，该视频片段上出现了一条直线，表明该段视频被施加了特效。

将编辑线拖曳到该段视频处，在"节目"面板的监视窗口，看到整幅画面变成了马赛克的样子。由于马赛克的方块比较大，基本看不出原始的画面了，如图 4-75 所示。

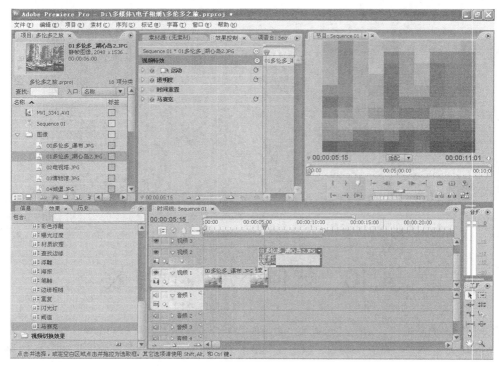

图 4-75　部分视频特效示意

3. 编辑"马赛克"特效

假如希望修改这个马赛克效果，可以通过"效果控制"面板来实现。单击"效果控制"面板，看到在"视频特效"栏中，除了系统定义的运动、透明度、时间重置等通用的特效之外，在下方又新增了一个"马赛克"特效。单击"马赛克"前方的小三角，将这个特效进行展开，可对其进行更为详细的设置。"效果控制"面板的右侧是放大的时间线窗口，便于对施加特效的视频片段进行更为仔细的观察，如图 4-76 所示。

假如现在想要实现这样一个特殊的视频效果，即在这个视频片段开始的位置，画面很清晰，而在这个视频片段结束的位置，画面变模糊，并且这个变化是一个连贯的过程。为了实现这个效果，需要在时间线上添加一些关键帧，对这些关键帧的状态分别进行编辑。所谓关键帧，是指视频中的一些关键画面。

首先在开始位置添加关键帧。在"效果控制"面板将编辑线拖到开始的位置，选中"水平块"，这时在编辑线的位置会出现一个菱形标志，它表示关键帧。将鼠标移到"水平块"旁边的数字处，光标会变成手指加双箭头的形状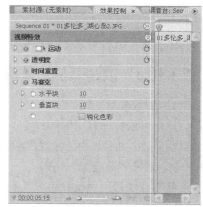，向右或向左拖动鼠标，可对水平块的大小进行调整。向右拖动，会

图 4-76　"效果控制"面板

加大水平块数，水平方向上画面会变得清晰一些。向左拖动，会减小水平块数，水平方向上画面会变得模糊一些。当然，也可以直接在数字栏上单击，手工输入参数。这里，将水平块数设为 500。

同样的方法，也可以对垂直块进行类似的设置。选中"垂直块"，在时间线所在的位置新建一个关键帧，将"垂直块"旁边的参数设为 500。

这时，相当于将开始画面分为了 500×500 的若干小方块，由于马赛克的方块很小，几乎看不出马赛克的效果，感觉到这幅画面还比较清晰。开始关键帧的设置及效果如图 4-77 所示。

图 4-77　添加开始关键帧

接下来继续添加中间关键帧。将编辑线拖到视频片段中间的位置，分别单击【水平块】和【垂直块】这一行对应的图标 ◎，即可完成中间位置关键帧的添加。将水平块和垂直块的参数分别设置为 50。在右侧的"节目"面板，可以看到当前这一帧画面的效果，是将整幅画面分为了 50×50 的若干小方块。这时，已经可以感觉到画面变模糊了许多。中间关键帧的设置及效果如图 4-78 所示。

图 4-78　添加中间关键帧

最后添加结束关键帧。将编辑线拖到视频片段结尾的位置，分别单击"水平块"和"垂直块"这一行对应的菱形图标，即可完成结束位置关键帧的添加。将水平块和垂直块的参数分别设置为 10，在右侧的"节目"面板可以看到当前这一帧画面的效果，是将整幅画面分为了 10×10 的若干方块。这时，已经可以感觉到画面完全模糊了。结束关键帧的设置及效果如图 4-79 所示。

这样，就基本完成了马赛克特效的编辑。将编辑线拖到视频片段的开始处，按【Tab】键播放预览一下效果。可以看到，这个效果确实就是想要的视频画面由清晰逐渐变模糊的马赛克效果。

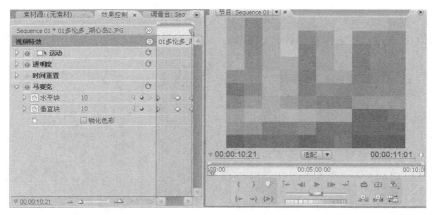

图 4-79　添加结束关键帧

4.10.2　添加运动特效

在视频编辑过程中，经常需要用到运动特效。例如，一幅画面从远处飞进来，或者对画面进行旋转等。这些都可以通过"效果控制"面板中的"运动"特效来实现。

假设希望实现这样的运动特效，即后面的视频画面从右上角的位置由小到大翻转进入前面的视频画面，具体实现方法如下。

1. 选择"运动"特效

首先还是将两段素材加载到时间线上，将画面大小与当前画幅比例适配。

在时间线上选中需要添加特效的视频片段，这里选择后面一段视频。单击"效果控制"面板，单击"运动"特效前方的小三角按钮，将运动特效展开，会出现位置、比例、旋转等参数，如图 4-80 所示。

2. 添加开始关键帧并设置参数

图 4-80　展开运动特效

通过在时间线不同位置设置关键帧的方式来实现运动效果的添加。将编辑线拖曳到视频片段的开始位置，选中"位置"、"比例"和"旋转"，分别为其添加关键帧，如图 4-81 所示。

接下来为这些关键帧设置参数。首先设置位置参数，位置参数表示当前关键帧的中心在整个画面中的位置。前面的数字表示关键帧中心在水平方向上的位置，数字越小，帧的位置越靠近屏幕的左方。后面的数字表示关键帧中心在垂直方向上的位置，数字越小，帧的位置越靠近屏幕的上方。这个数字很难手工准确输入，因此建议单击"节目"面板中的画面，对其进行设置。单击画面之后，画面周围会出现控制框，画面中心有个圆圈，如图 4-82 所示。

这里，由于希望画面从右上角的位置进来。因此，可以拖动画面，使其中心位于监视窗口的右上角位置，如图 4-83 所示。可以看到，在"效果控制"面板中，"位置"一栏的数值会随之发生变化，它表示当前关键帧画面中心的位置。

接下来设置比例参数，由于希望一开始的时候画面很小，因此这里将比例参数设为 10。在监视窗口中，可以看到画面变小了，而且位于监视窗口的右上角，如图 4-84 所示。

图 4-81　添加开始关键帧

图 4-82　在"节目"面板中单击画面出现控制框

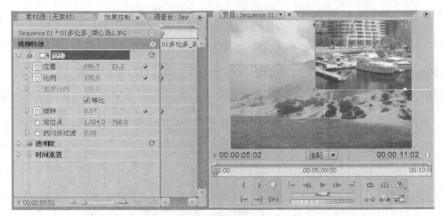

图 4-83　调整开始关键帧的位置参数

图 4-84　调整开始关键帧的比例参数

旋转参数保持不变，设为 0。这样就完成了对开始关键帧的参数设置。

3．添加中间关键帧并设置参数

接下来继续添加新的关键帧。将编辑线移到视频片段中间的位置，分别添加"位置"、"比例"和"旋转"关键帧，并对其参数进行设置。

首先设置位置参数。由于希望"01 多伦多_湖心岛 2.JPG"画面这时能够位于屏幕中央，因此在"节目"面板的监视窗口单击画面，将画面拖曳到窗口中央的位置。这时，会看到监视窗口出现从右上角到窗口中央的一条直线,它表示画面的运动路径是从屏幕的右上角进入到屏幕中央。同时,"效果控制"面板的位置参数也发生了相应的改变,如图 4-85 所示。

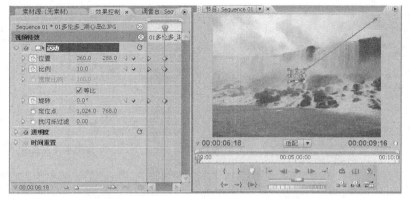

图 4-85　调整中间关键帧的位置参数

在当前帧位置,由于希望画面能变成原始画面的大小,因此这里将比例参数设为 100。这时在监视窗口可以看到,画面变成了原始画面的大小,如图 4-86 所示。可以拖动画面对其位置进行细致的调整。

图 4-86　调整中间关键帧的比例参数

由于希望实现的效果是画面翻转进来的,因此还需要对旋转参数进行设置。这里将其设置为720,视频编辑软件会自动将该值变为"2×0.0°",表示让画面翻转 2 圈进入,如图 4-87 所示。

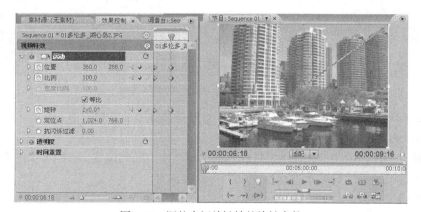

图 4-87　调整中间关键帧的旋转参数

　　这样，就完成了对中间关键帧的设置。系统会自动在这两个关键帧之间添加插补帧，以保证画面由前一个关键帧自然过渡到后一个关键帧。

　　预览一下视频效果。可以看到，画面确实是从右上角由小到大翻转 2 圈进入的，如图 4-88 所示。

图 4-88　运动特效的效果示意图

　　这里注意到画面在翻转过程中，底图是黑帧，而不是想要的底图是前一幅画面的效果。这是因为这两个视频片段在时间线上是顺序排列的，如图 4-89 所示。

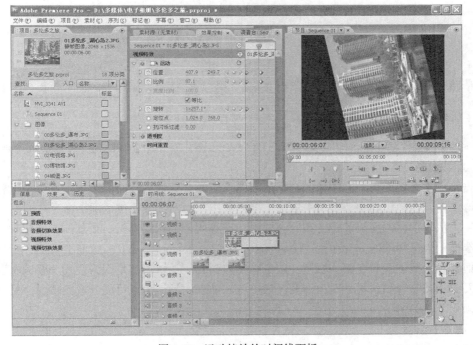

图 4-89　运动特效的时间线面板

如果希望后一幅画面在翻转过程中，前一幅画面的底图依然存在，可以通过调整前一个视频段的长度，使之与后一个视频片段重叠来解决，如图4-90所示。再来预览一下效果，这时可以感觉到这个效果就是最终预想中的效果了。

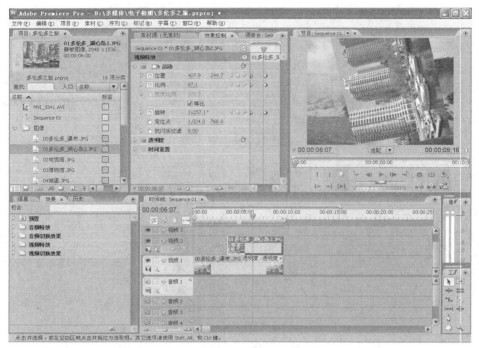

图4-90　将时间线面板上的视频素材重叠后的效果

4.11　如何添加音频

本节将介绍以下内容：添加音频素材、添加音频延迟特效、添加音频淡入淡出效果。

4.11.1　添加音频素材

视频通常都会伴随有与画面同步的声音，在Premiere中有多个音频轨道，可以实现音频的添加。

1. 加载素材

首先将"项目"面板上"图像"容器中的所有图像全部加载到时间线上。选中整个轨道，用鼠标右键单击，在弹出的快捷菜单中选择【画面大小与当前画幅比例适配】命令。

然后，从"项目"面板的"音频"容器中，选择所需的音频素材，将其拖曳到音频轨道上。这里，选择一段班得瑞的mp3音乐"Bandari_childhood memory.mp3"。这时会看到，默认状态下系统会把音频素材加载到音频5轨道。之所以加载到音频5轨道，是因为前几个音频轨道都是单声道，而要加载的音频素材是双声道的。单击音轨前方的小三角，可展开音频轨道，呈现出音频的波形，如图4-91所示。

2. 删除多余音轨

假如并不需要那些多余的音频轨道，可以在音轨的控制面板区域用鼠标右键单击，在弹出的快捷菜单中选择【删除轨道】命令，如图 4-92 所示。

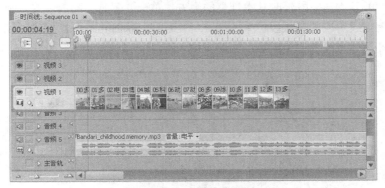

图 4-91　加载视音频素材

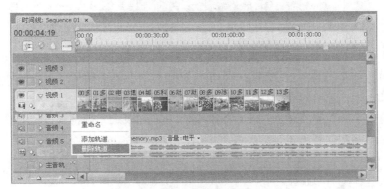

图 4-92　删除多余音轨

此时，会弹出一个"删除视音轨"对话框。勾选"删除音频轨"，在下拉列表中选择"全部空闲轨道"，如图 4-93 所示。

单击【确定】按钮即可将多余的不需要的音轨删除掉。删除多余音轨后的效果如图 4-94 所示。

图 4-93　"删除视音轨"对话框

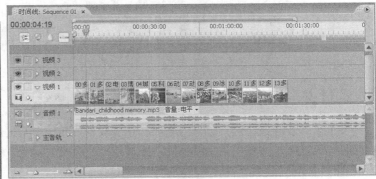

图 4-94　删除多余音轨后的效果

3. 剔除多余音乐

可以看到这段音乐比较长，已经远远超出了整个视频的长度，因此，需要将其截短。可以使用"工具"面板中的"剃刀"工具来完成这项工作。如果简单地选择视频画面结尾的地方进行切分，有可能会使得音乐内容被突然截断，从而造成整体效果的不自然。因此，需要先试听一下视频画面结尾处的音乐，将编辑线拖曳到视频画面结尾处，开始试听。

通过试听，可以找到一段乐曲基本结束的地方。单击"工具"面板中的"剃刀"图标，将鼠标移至视频编辑线对应的音频段位置，待光标变成形状时再按下鼠标进行切分。这时可以看到，音频已经被切分为两个音频段了，如图4-95所示。

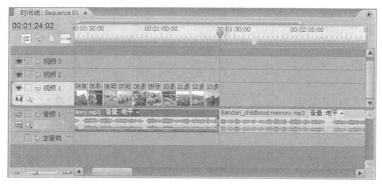

图4-95　将音频段进行切分

当然，也可以通过查看波形，粗略判定可能的切分点。一般情况下，波形呈现静音的区域是可以进行切分的点。但要准确判定切分点，最好还是要试听一下。

切换回"选择工具"，选中多余的音频片段，按【Delete】键将其进行删除。这样，就得到了与视频画面基本匹配的音频了，如图4-96所示。

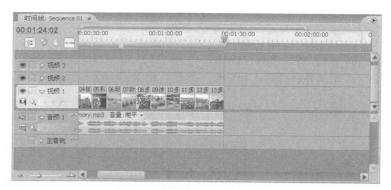

图4-96　剔除多余音乐后的效果

4.11.2　添加音频延迟特效

接下来对音频素材进行效果的添加。在"效果"面板中，提供了"音频特效"以及"音频切换效果"两类效果。其中，音频特效是针对某个音频段的，而音频切换效果是针对相邻两个音频段的。

1.　添加延迟特效

假设现在希望对音频施加延迟效果。单击"效果"面板下的"音频特效"，看到这里提供了"5.1"、"立体声"、"单声道"等音频特效。选择"立体声"下的"延迟"，如图4-97所示，将其拖曳到音频段上。这时可以看到音频段上出现了一条直线，表示对它施加了音频特效。

图 4-97 选择音频延迟特效

同时,在"效果控制"面板上,除了系统预设的"音量"外,还增加了一个"延迟"特效,系统默认的延迟时间是 1 秒,如图 4-98 所示。

图 4-98 选择音频延迟特效后的界面

播放仔细试听一下,可以感觉到音乐中确实出现了延迟的效果。

2. 添加音频关键帧

接下来可以采用和视频特效设置非常类似的方式,通过在"效果控制"面板的时间线区域设置音频关键帧来达到想要的特殊音频效果。

例如,想从音频片段的开始位置,就让音乐具有整体延迟 2 秒钟的效果。可以在"效果控制"面板将编辑线拖至音频片段的开始位置,单击"延迟"前的图标,添加音频关键帧,将延迟的数字设为 2 秒,如图 4-99 所示。

播放试听一下效果,可以更为明显地感觉到音乐中的延迟效果。

3. 清除音频特效

如果对添加的音频效果不是很满意，想要把它去除掉，可以在"效果控制"面板上用鼠标右键单击"延迟"效果，在弹出的快捷菜单中选择【清除】命令，如图 4-100 所示。

图 4-99　添加音频关键帧　　　　　　　　　　图 4-100　清除音频特效

清除音频特效之后的效果，如图 4-101 所示，"效果控制"面板上的"延迟"特效已经消失，同时"时间线"面板上音频素材上的直线也消失，表示音频特效已经被清除。

 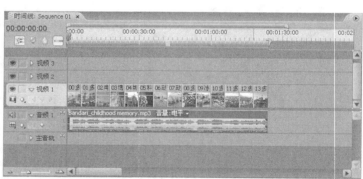

图 4-101　清除音频特效后的界面

这时再试听一下，可以感觉到音乐已经回到了它最初的状态。

4.11.3　添加音频淡入淡出特效

前面曾经在介绍音频编辑软件 Audition 时介绍过音频淡入淡出效果的添加。这个效果在视频编辑软件 Premiere 当中也很容易实现。

假设现在希望达到的音频效果是：在开始部分，音乐慢慢出现；在结束部分，音乐慢慢消失。这个特效可以通过在"效果控制"面板添加音频关键帧来实现。

在"效果控制"面板中，有一个"音量"特效。单击"音量"特效前方的小三角图标▷，可以对其进行展开。选择其中的"电平"，继续展开，会出现一个滑动条，用它可以进行电平值（也就是音量大小）的调整，如图 4-102 所示。与视频特效的添加类似，也可以通过添加音频关键帧的方式来设置淡入淡出效果。

1. 添加并设置淡入关键帧

首先设置声音的淡入效果。将编辑线移至音频片段开始处，单击"电平"一栏右侧的添加关键帧图标 ，添加音频关键帧，它表示淡入效果的开始帧。这时，在右侧时间线的开始位置，会出现一个新的关键帧。同时，在时间线上出现了两条直线，上面的直线表示音量，下面的直线表示速度，如图 4-103 所示。

图 4-102　"效果控制"面板中的音量特效

图 4-103　添加淡入效果开始关键帧

由于希望音频淡入的效果持续一段时间，因此将编辑线移至音频片段开始后大概 10 秒左右的位置，单击"电平"行上的"添加关键帧"图标 ，再添加一个音频关键帧，它表示淡入效果的结束帧，如图 4-104 所示。

这时，在"效果控制"面板的时间线区域，可以看到已经添加了两个音频关键帧。接下来对这两个关键帧的参数分别进行设置。由于这里希望设置的是声音的淡入效果，因此，需要将前一个关键帧的电平值设低，后一个关键帧的电平值保持不变。

具体操作如下：将编辑线移至第一个关键帧的位置，向左拖动滑动条，则电平值变小；向右拖动滑动条，电平值会变大。同时，注意到右侧表示音量的直线，其形状也会随着滑动条的拖动发生变化。这里，将滑动条拖至最左端，也就是将电平值设为最低值，对应的，右侧表示音量的直线上第一个关键帧的编辑点下移了许多，从而形成了一个向上的坡度线，表示音量在开始部分出现缓慢升高的效果。第二个关键帧的参数保持不变，如图 4-105 所示。

图 4-104　添加淡入效果结束关键帧

图 4-105　设置淡入效果关键帧的参数

将编辑线移至开始位置，按下【Tab】键试听一下效果。这时可以明显地感觉到，声音的音量慢慢变大，呈现出渐渐出来的效果。

2. 添加并设置淡出关键帧

接下来设置音频结束部分淡出的效果。这个设置和淡入效果的设置非常类似，也是通过添加音频关键帧的方式进行。

将编辑线移到音频片段的结束部分，假设希望从这个位置开始声音渐渐消失。可以在这个位置单击"添加关键帧"图标，添加一个关键帧，表示淡出效果的开始，如图4-106所示。

将编辑线移到音频片段的尾端，再次单击"添加关键帧"图标，又会添加一个新的关键帧，表示淡出效果的结束，如图4-107所示。

图4-106　添加淡出效果开始关键帧

接下来对这两个关键帧的参数进行设置。由于这里希望实现的是声音渐渐消失的效果，因此，需要保持淡出开始位置的关键帧参数不变，将尾端淡出结束位置的关键帧电平值设低。将编辑线移到尾端关键帧的位置，通过直接向下拖曳直线上的黑点，可以将电平值设低，从而形成一个向下的坡度线，表示音量在结束部分出现缓慢降低的效果，如图4-108所示。

图4-107　添加淡出效果结束关键帧

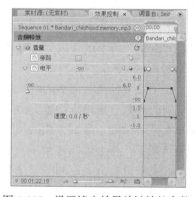

图4-108　设置淡出效果关键帧的参数

采用右侧这种直线编辑的方式，可以更为直观地看到时间线上音量的变化，它与用左侧的滑动块设置电平值效果是一样的。

将编辑线移至淡出开始位置，按下【Tab】键试听一下效果。这时可以明显地感觉到，声音是渐渐消失的效果。这样就完成了对整段音频淡入和淡出效果的设置，这个设置主要是通过添加关键帧并设置其电平参数值来实现的。

4.12　如何叠加字幕

字幕对表达视频的内容而言非常重要。大多数的视频作品，在制作过程中都少不了叠加字幕这项工作。例如，节目开始时的标题，节目结束时的演员列表，节目播放过程中的配音字幕等。在Premiere当中，提供了专门的字幕编辑工具，可以帮助完成字幕的叠加工作。下面将重点介绍如何使用Premiere叠加字幕以及添加字幕特效。

4.12.1　叠加静态字幕

假设现在想在视频开始的位置，叠加一个静态的标题字幕。

1．新建字幕

单击"项目"面板下方的"新建分类"图标 ，会弹出一个快捷菜单，选择【字幕】命令，如图 4-109 所示。

此时，会弹出一个"新建字幕"对话框。在弹出的对话框中，为字幕文件起个名字。这里把字幕文件命名为"多伦多之旅"，如图 4-110 所示。

图 4-109　新建字幕

图 4-110　"新建字幕"对话框

单击【确定】按钮之后，会弹出字幕的编辑窗口。在字幕编辑窗口内，提供了许多的面板。正中央是"字幕"面板，它是字幕编辑的可视区域。左侧是字幕编辑的"工具"面板，用于进行字幕编辑工具的选取。右侧是"字幕属性"面板，用于对字幕的填充、描边、阴影等属性信息进行详细设置。下方是"样式"面板，里面列举了各种字体样式，以便选择，如图 4-111 所示。

图 4-111　字幕编辑窗口

2. 输入文字

下面将学习如何输入文字。在"工具"面板中，选择"文字工具" T，将鼠标移至"字幕"面板的编辑区域，会发现光标形状会变为 I 形状。在编辑区域的合适位置，按下鼠标向右拖动，此时将出现一个文字编辑框。光标处于闪烁状态，等待输入文字，如图 4-112 所示。

图 4-112　文字编辑界面

这里输入"多伦多之旅"。可以看到，文字编辑框中出现了文字，但有一些不认识的符号，如图 4-113 所示。这主要是由于字体设置的原因引起的，因此需要修改一下字体。

图 4-113　输入文字

3. 修改字体

修改字体可以在"字幕属性"面板的"字体"栏进行设置，也可以通过"字幕"面板上方的
"字体"下拉列表进行设置，效果都是一样的。单击"字幕属性"面板，在"属性"下的"字体"
栏中单击下拉列表，里面列举了各种字体类型。可以试着选择几种不同字体，来查看一下效果。
这里选择"宋体"，如图 4-114 所示。

字幕会出现"宋体"的效果，如图 4-115 所示。

图 4-114　设置字体

图 4-115　设置为"宋体"后的效果

如果想让字体出现艺术字的效果，可以通过选择"样式"面板中的字体样式来进行。选中字
幕编辑框，在"样式"面板中随意选择几种字体样式，可以在字幕编辑窗口看到预览后的效果。
假设这里选择的是"方正大黑-内外边立体"的样式，效果如图 4-116 所示。

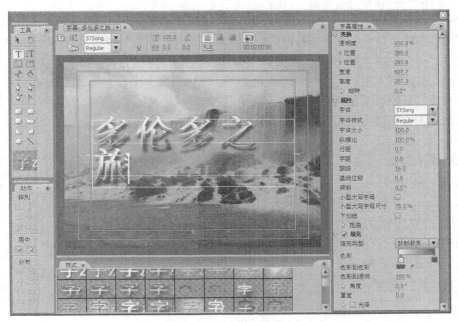

图 4-116　设置艺术字效果

这时感觉字体略微有点大，需要调整一下字体的大小。在"字幕属性"面板的"字体大小"一栏，可以修改字体的大小。将鼠标移至"字体大小"栏的数字上，光标会改变成一个手指加双箭头的形状。向左移动鼠标，将字体调小为"90.0"。这时，在字幕编辑区域可以看到字体确实变小了，如图4-117所示。

4. 调整字幕位置

如果对字幕的位置不是很满意可以进行调整。在"工具"面板中单击"选择工具"，将鼠标移至字幕编辑区，光标会变成黑色箭头。点中字幕编辑框，按住鼠标左键不放，即可上下左右调整字幕位置。将字幕调整到合适位置后，释放鼠标即可，如图4-118所示。

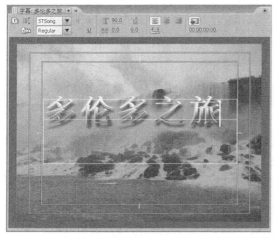

图 4-117　调整字体大小

图 4-118　调整字幕的位置

5. 将字幕加载到时间线

如果对当前编辑的字幕状态比较满意，就可以保存字幕文件了。这样，就基本完成了一个静态标题字幕的制作了。关闭字幕编辑窗口，会看到在"项目"面板中已经多了一个名为"多伦多之旅"的字幕文件，如图4-119所示。

由于希望在视频画面开始时就出现字幕，可将其直接拖曳到视频2轨道上，这样就完成了静态字幕的叠加工作了，如图4-120所示。

将编辑线拖到整个视频段的起始位置，按【Tab】键播放预览一下效果。

可以看到，这个效果确实是在视频开始的位置就出现标题字幕，然后字幕消失。但是这个效果有些呆板和生硬，我们更希望标题字幕能以某种动态的方式呈现出来，如字幕慢慢显现出来，慢慢消失，或者加些旋转与运动等。要实现这些效果，需要对字幕进行特效的添加。

图 4-119　"项目"面板中新生成的
字幕文件

图 4-120　将字幕文件加载到时间线

4.12.2　添加字幕特效

添加字幕特效，和前面介绍的添加视频特效的方法是非常类似的，也是要通过建立关键帧的方法进行设置。假设这里想让字幕实现的运动效果是：字幕由小到大，从屏幕中央慢慢显现，停留一段时间后，在屏幕中央再慢慢消失。要实现这个效果，需要通过添加关键帧对字幕的大小以及透明度分别进行设置。

1. 添加字幕淡入特效

首先在"时间线"面板上选中字幕素材，单击"效果控制"面板，展开"运动"和"透明度"特效。将编辑线拖到字幕起始位置，分别在"比例"和"透明度"选项栏添加关键帧。将比例值设为 0，表示字幕刚开始在屏幕上是小到没有的状态。透明度的值也设为 0，表示字幕刚开始在屏幕上是完全透明的。设置界面如图 4-121 所示。

将编辑线拖到字幕片段前半部分接近中间的位置，分别在"比例"栏和"透明度"栏添加关键帧。将比例值设为 100，表示字幕在这个时间点变成最大值。将透明度的值也设为 100，表示字幕在这个时间点变成完全不透明的状态，也就是完全显现，如图 4-122 所示。

图 4-121　添加字幕特效淡入开始关键帧

图 4-122　添加字幕特效淡入结束关键帧

设置好这两个关键帧之后，系统会自动在这两个关键帧之间添加插补帧，以保证画面由前一个关键帧自然过渡到后一个关键帧。

将编辑线拖到整个字幕片段的起始位置，按【Tab】键播放预览一下效果。这时可以感觉到，字幕是在画面中央由小到大，慢慢淡入出来的。

2. 添加字幕淡出效果

如果希望字幕在变成最大状态后，还能在屏幕上持续一段时间，然后再慢慢消失，还需要继续设置关键帧，来实现这种持续一段时间再淡出的效果。

将编辑线拖动到整个字幕片段的后半部分位置，添加"透明度"关键帧，保持其参数不变。这样就可以保证字幕在屏幕上会停留一段时间，如图4-123所示。

图4-123　添加字幕特效淡出开始关键帧

再将编辑线拖动到字幕片段的尾部，添加"透明度"关键帧，将透明度的值设为0，如图4-124所示。这样就会使得字幕由完全不透明的状态变为完全透明的状态，也就是出现渐渐消失的淡出效果。

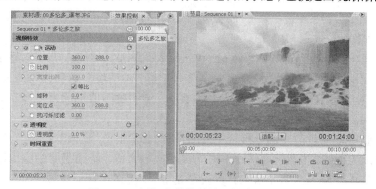

图4-124　添加字幕特效淡出结束关键帧

将编辑线拖到整个字幕片段的起始位置，按【Tab】键播放预览一下效果。这时可以感觉到，字幕是在画面中央由小到大，慢慢淡入出来的，在画面上停留一段时间后又慢慢消失。这个效果正是我们想要的。经过上述处理，最终可以完成对字幕特效的添加。

4.13　如何预演并导出视频

在完成视频的基本制作之后，最终需要对作品进行预演和导出。为了更完整地说明这个过程，下面以制作电子相册为例，介绍预演并导出视频的基本方法。

经过前一阶段的处理，已经完成了在时间线上对图片、字幕、音频等素材的编辑工作，但这个效果距离最终的作品之间还有一定差距，因此还需要继续对其进一步进行处理。

4.13.1　制作视频

1．构思剧本并选取素材

考虑到这里要做的是一个电子相册，这个电子相册的主题就是"多伦多之旅"。因此，围绕这个主题，首先制作了一个简单的剧本，剧本内容主要是将多伦多这座城市的一些特色建筑、景点等展现出来，同时加入一些个人体会，剧本详情如图 4-125 所示。

> 2012 年夏天，我和爸爸一起去多伦多看妈妈。
>
> 多伦多有好多好玩的地方，比如说高耸入云的电视塔、星罗棋布的博物馆、历史悠久的卡萨罗马城堡、超级有趣的科技馆，还有能看到企鹅和北极熊的动物园。太多太多好玩的地方，我都数不清了。但是我最喜欢的还是满载冰激凌的小货车，我走到哪儿都想找到它。
>
> 时间过得真快啊，转眼间一个月的假期就过去了。我依依不舍地告别了多伦多这座美丽的城市，我希望长大以后还有机会再来这里。再见，多伦多！

图 4-125　剧本详情

2．加载配音稿

构思好剧本之后，接下来的工作就是围绕剧本进行素材的精心选取。现在制作电子相册所需的图片、背景音乐以及字幕等素材都已经加载到时间线上了。这里还想添加一段配音，配音的内容就是已经写好的剧本。这个工作可以利用音频编辑软件 Audition 来完成。我们事先已经完成了这项工作，现在只需要将配音文件"配音稿.mp3"加载到时间线上来。

在时间线上，可以看到现在只有一条音频轨道，因此需要再添加一条音频轨道，用来放置配音。用鼠标右键单击"时间线"面板中音频轨道的控制区域，在弹出的快捷菜单中，选择【添加轨道】命令，如图 4-126 所示。

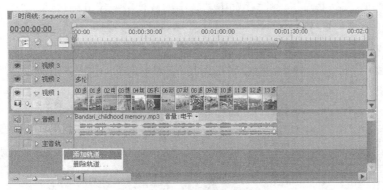

图 4-126　添加轨道

这时会弹出　"添加视音轨"的对话框。由于只想添加一条音轨，因此在"视频轨"一栏中将视频轨的添加数设为 0，在"音频轨"一栏中，将音频轨的添加数设为 1。在"放置"下拉框中，选择"第一轨之前"，如图 4-127 所示。

单击【确定】按钮，可以看到，在时间线上新增加了一个音频轨道，如图 4-128 所示。

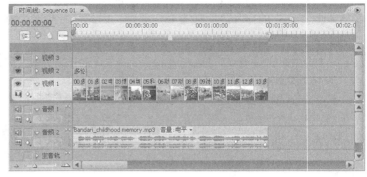

图 4-127　添加视音轨对话框　　　　　　　图 4-128　添加音频轨道后的效果

接下来我们将配音文件加载到新增的音频轨道上。拖动"项目面板"中的配音文件"丫丫配音.mp3"，将其拖曳到音频 1 轨道上，如图 4-129 所示。

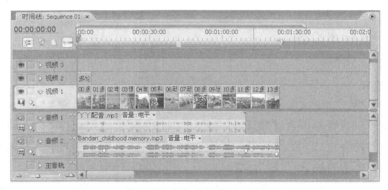

图 4-129　将配音文件加载到音频 1 轨道上的效果

这里注意到配音的长度比视频画面的长度要短一些，可以将配音文件的长度拉伸一下，以便与视频画面的长度基本一致。具体操作如下：选中配音片段，用鼠标右键单击，在弹出的快捷菜单中选择【速度/持续时间】命令，在"速度"栏中将其速度设为 85%，同时勾选"保持音调"，以免声音由于被拉长，速度变缓而导致音调发生变化，如图 4-130 所示。

单击【确定】按钮，可以看到配音文件此时与视频画面的长度基本相同了，如图 4-131 所示。

图 4-130　设置"素材速度/持续时间"　　　图 4-131　将配音文件拉伸到与视频画面长度一致后的效果

接下来可以按下【Tab】键，播放预览一下效果。

3. 预览效果并调整

通过预览，发现了几个问题：一是背景音乐的音量有点高，将语音淹没了；二是视频画面之间没有切换，感觉有些生硬；三是配音和画面的内容之间有些不同步。因此，需要继续对其进行一些调整。

首先解决第一个问题，即背景音乐的音量有点高的问题。为了将背景音乐的音量整体进行降低，先选中背景音乐，再单击"效果控制"面板。在音频调整线上将中间部分的直线向下调整，使其音量降低，如图 4-132 所示。

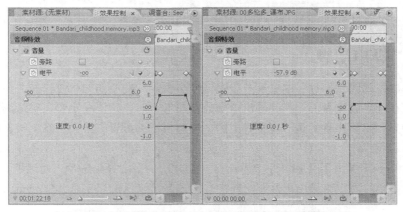

（a）背景音乐音量调整前　　　　（b）背景音乐音量调整后

图 4-132　将背景音乐的音量进行降低

接下来解决第二个问题，即画面之间的切换问题。这个问题可通过在"效果"面板的视频切换效果中随机选择几个放置在相邻视频片段之间即可，如图 4-133 所示。

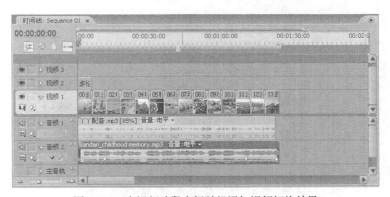

图 4-133　在视频片段之间随机添加视频切换效果

最后一个问题，即配音与画面内容不太一致的问题。要解决这个问题比较烦琐，需要反复预览，使得配音与画面内容尽可能保持同步。例如，在配音稿中提到"电视塔"的时候，对应的视频画面也应该是"电视塔"。配音与画面同步的效果如图 4-134 所示。

再预览一下效果，这时感觉效果好多了。经过反复调整和预览，如果对效果比较满意，就可以进行视频的导出了。

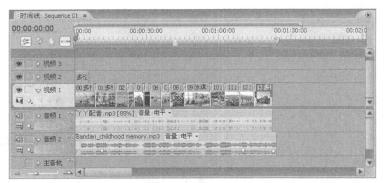

图 4-134　配音与画面同步的效果

4.13.2　导出视频

视频的导出是视频制作过程中最后一个关键性步骤。我们制作的视频作品，最终需要以某种文件格式存储在硬盘或光盘上。视频导出这个过程非常耗时，建议一定要在确认满意的情况下再进行视频的导出。需要注意的是，视频导出的速度和机器的配置有很大关系，机器配置越高，导出速度越快。

单击【文件】|【导出】|【影片】菜单命令，会弹出一个"导出影片"对话框，如图 4-135 所示。在该对话框中，可以为导出影片起个新的名字。系统默认的名字是"Sequence01.avi"。

图 4-135　"导出影片"对话框

1. 导出影片设置

单击【设置】按钮，会弹出"导出影片设置"对话框，可以对导出影片进行详细设置，如图 4-136 所示。

在"导出影片设置"对话框中，可以对视频进行常规设置，并对音频、关键帧等进行详细设置。选择"常规"选项，在"文件类型"下拉列表中有很多选项，如"Windows 位图"、"电影胶片"、"Microsoft AVI"等，这里选择"Microsoft AVI"，同时勾选"输出视频"、"输出音频"、"完成后添加到项目"，如果想要导出完成后响铃提醒，也可以将其勾选上。

图 4-136　"导出影片设置"对话框

接下来浏览一下其他项的设置。选择"视频"选项，可以看到画幅大小为 720×576，帧速率为每秒 25 帧，如图 4-137 所示。

图 4-137　"导出影片设置"中的"视频"选项

选择"音频"选项，看到音频的采样频率为 48000KHz，声道为立体声，如图 4-138 所示。

图 4-138　"导出影片设置"中的"音频"项

2. 导出影片并播放

如果对这些设置确认无误，就可以单击【确定】按钮，再单击图 4-135 中的【保存】按钮。可以看到，采用这种文件格式进行导出，需要花费比较长的时间代价。

如果希望导出时间短一点，可以在导出的文件类型中选择"Microsoft DV AVI"格式，如图 4-139 所示，这样导出速度会加快许多。

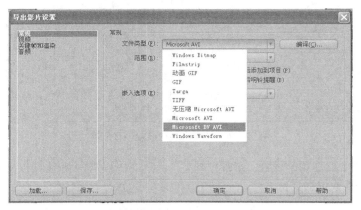

图 4-139　导出影片为"Microsoft DV AVI"格式

正在进行影片导出的界面如图 4-140 所示。

导出结束后，新导出的视频就保存在了本地硬盘上。同时，在"项目"面板中，会看到多了一个"Sequence01.avi"文件，这就是新导出的视频文件，如图 4-141 所示。

图 4-140　正在进行影片导出

图 4-141　导出结束后的"项目"面板

双击该文件，即可在素材源面板中对其进行播放。至此，一个简单的电子相册视频作品就完成了。

习　题

一、单选题

1. 视频和图像相比，最大的不同是（　　）。

    A．内容丰富　　　　B．运动图像　　　　C．色彩鲜艳　　　　D．数据量小

2. 隔行扫描的行集合称为（　　　）。

    A. 帧　　　　　　　　　B. 场

3. 逐行扫描具有以下（　　　）缺点。

    A. 硬件实现复杂　　　B. 节省频带　　　C. 硬件实现简单　　　D. 图像清晰度高

4. 我国采用的是（　　　）彩色电视制式。

    A. PAL 制式　　　　　B. NTSC 制式　　　C. SECAM 制式

5. PAL 制式的帧率为（　　　）。

    A. 30fps　　　　　　　B. 25fps　　　　　C. 24fps

6. 分辨率为 720×480 的 NTSC 制式真彩色视频，若不压缩，每分钟数据量约为（　　　）。

    A. 1.86GB　　　　　　B. 31MB　　　　　C. 14.9GB　　　　　D. 1.56GB

7. VCD 上存储的视频文件格式是遵循以下（　　　）视频压缩标准的。

    A. MPEG-1　　　　　B. MPEG-2　　　　C. MPEG-4　　　　D. MPEG-7

8. DVD 视频文件的后缀名为（　　　）。

    A. dat　　　　　　　　B. vob　　　　　　C. wmv　　　　　　　D. rm

9. 以下文件不属于流媒体视频文件格式的是（　　　）。

    A. rm　　　　　　　　B. mpg　　　　　　C. wmv　　　　　　　D. asf

10. 在 Premiere CS3 中，进行素材的导入和管理是在（　　　）中完成的。

    A. "时间线"面板　　　　　　　　　　B. "项目"面板

    C. "效果"面板　　　　　　　　　　　D. "节目"面板

11. 在 Premiere CS3 中，主要在（　　　）面板中完成视频的非线性编辑。

    A. "时间线"面板　　　　　　　　　　B. "项目"面板

    C. "效果"面板　　　　　　　　　　　D. "节目"面板

12. 所谓的入点，是指（　　　）。

    A. 剪辑视频的初始位置　　　　　　　B. 剪辑视频的结束位置

    C. 原始视频素材的初始位置　　　　　D. 原始视频素材的结束位置

13. 在 Premiere CS3 中，关于时间的表示，以下说法正确的是（　　　）。

    A. 小时：分钟：秒：毫秒　　　　　　B. 小时：分钟：秒：帧

    C. 小时：分钟：毫秒：帧　　　　　　D. 小时：分钟：帧：毫秒

14. 在"素材源"面板时间轴左上方的时间表示的是（　　　）。

    A. 原始视频的长度　　　　　　　　　B. 蓝色游标所在的时间点

    C. 剪辑视频的开始位置　　　　　　　D. 剪辑视频的结束位置

15. "节目"面板上预览的是（　　　）中的视频。

    A. "时间线"面板中的视频　　　　　　B. "素材源"面板中的视频

    C. "项目"面板中的视频

16. 如果想隐藏"时间线"面板上某个视频轨道，可以通过单击（　　　）图标来实现。

    A. 　　　　　B. 　　　　　C.

17. 如果想选中整个轨道的视频，应单击（　　　）。

    A. "波纹编辑" 　　　　　　B. "旋转编辑"

    C. "剃刀" 　　　　　　　D. "轨道选择"

18. 如果想将时间线上的某段视频剪开，应采用（　　　）。

A. "波纹编辑"
B. "旋转编辑"
C. "剃刀"
D. "轨道选择"

19. 如果想让两段相邻视频长度之和不变，仅在内部调整两段视频的长度，应采用（　　）。

A. "波纹编辑"
B. "旋转编辑"
C. "剃刀"
D. "轨道选择"

20. 添加视频切换效果是在（　　）中进行的。

A. "效果"面板
B. "时间线"面板
C. "工具"面板
D. "节目"面板

21. 下面这幅图表示的含义是（　　）。

A. 由 A 画面过渡到 B 画面，B 画面的初始大小为 30%，结束大小为 100%
B. 由 B 画面过渡到 A 画面，B 画面的初始大小为 30%，结束大小为 100%
C. 由 A 画面过渡到 B 画面，A 画面的初始大小为 30%，结束大小为 100%
D. 由 B 画面过渡到 A 画面，A 画面的初始大小为 30%，结束大小为 100%

22. 对视频切换效果的修改，可以在（　　）中实现。

A. "时间线"面板
B. "项目"面板
C. "效果控制"面板
D. "工具"面板

23. 如果想对视频添加马赛克特效，使画面由清晰变为模糊状态，其操作方法为（　　）。

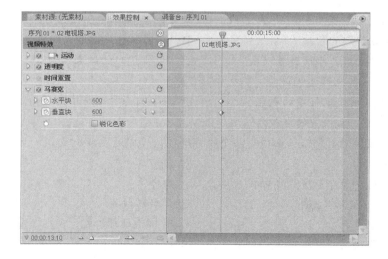

A. 将编辑线向右移，添加关键帧，将水平和垂直块大小设小

B. 将编辑线向右移，添加关键帧，将水平和垂直块大小设大

C. 保持当前状态不动

D. 删除当前编辑线所在位置的关键帧

24. 在 Premiere CS3 中，如果想实现画面由小到大出现至全屏，应在下图的基础上（　　　）。

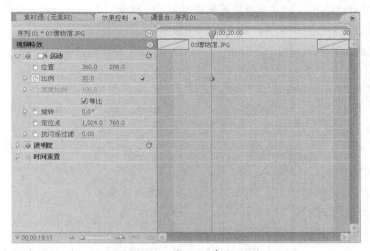

A. 将编辑线向右移，添加关键帧，将比例参数设为 100

B. 将编辑线向右移，添加关键帧，将比例参数设为 10

C. 将编辑线向左移，添加关键帧，将比例参数设为 100

D. 将编辑线向左移，添加关键帧，将比例参数设为 10

25. 在 Premiere CS3 中，如果希望画面由模糊变清晰，应调整"效果面板"中（　　　）选项的参数。

　　A. "比例"　　　　B. "旋转"　　　　C. "透明度"　　　　D. "位置"

26. 如果希望画面出现翻转的效果，应在"效果控制"面板中设置（　　　）参数。

　　A. "比例"　　　　B. "旋转"　　　　C. "透明度"　　　　D. "位置"

27. 在 Premiere CS3 中，添加音频特效是通过（　　　）完成的。

　　A. "工具"面板　　　　　　　　　B. "素材源"面板

　　C. "效果"面板　　　　　　　　　D. "时间线"面板

28. 音频淡入淡出效果的添加，可以通过选择"效果控制"面板中的（　　　）选项得到。

　　A. "延迟"　　　B. "音量"　　　C. "混音"　　　D. "旁路"

29. 在 Premiere CS3 中，进行文字编辑时，如果出现不认识的字符，可通过（　　　）方法解决。

　　A. 修改文字大小　　B. 修改字体　　C. 挪动文字位置

30. 在 Premiere CS3 中，如果想把字体设置为艺术字的效果，可通过字幕编辑窗口中的（　　　）实现。

　　A. "工具"面板　　B. "样式"面板　　C. "动作"面板　　D. "字幕"面板

31. 字幕特效的添加应在（　　　）中进行。

　　A. "效果"面板　　　　　　　　　B. "效果控制"面板

　　C. "项目"面板　　　　　　　　　D. "工具"面板

32. 在 Premiere CS3 中，应单击（　　　）导出视频。

    A. "文件" | "保存" 菜单　　　　　　B. "文件" | "导出" 菜单

    C. "文件" | "另存为" 菜单　　　　　D. "文件" | "采集" 菜单

33. 如果想导出一个 PAL 制式的标准影片，分辨率应设置为（　　　）。

    A. 720×480　　　B. 720×576　　　C. 1280×720　　　D. 1280×1080

34. 如果希望视频导出后可以在项目面板中看到导出视频，需在导出视频时勾选（　　　）选项。

    A. "输出视频"　　　　　　　　　　B. "输出音频"

    C. "完成后添加到项目"　　　　　　D. "完成后响铃提醒"

二、多选题

1. 视频按信号表示方法的不同，可分为（　　　）。

    A. 数字视频　　　B. 模拟视频　　　C. 网络视频　　　D. 流媒体

2. 模拟视频具有（　　　）特点。

    A. 易失真　　　B. 质量高　　　C. 难处理　　　D. 占用带宽低

3. 数字视频具有（　　　）优点。

    A. 易于计算机编辑　　　　　　　　B. 图像质量更好

    C. 可无限次复制　　　　　　　　　D. 带宽高

4. 以下分辨率采用逐行扫描方式的有（　　　）。

    A. 1280×720p　　B. 1920×1080i　　C. 720×480p　　D. 720×480i

5. 隔行扫描具有（　　　）优点。

    A. 硬件实现复杂　B. 节省频带　　C. 硬件实现简单　　D. 图像清晰度高

6. 彩色电视制式包括（　　　）。

    A. PAL 制式　　　B. NTSC 制式　　C. SECAM 制式

7. 数字电视具有（　　　）优点。

    A. 图像质量高　　B. 伴音效果好　　C. 节目容量大

8. 常说的标清是指分辨率为（　　　）的视频。

    A. 720×576　　　B. 1024×768　　C. 720×480　　D. 1920×1080

9. 以下分辨率的视频属于高清视频的有（　　　）。

    A. 1920×1080i　　B. 720×576　　C. 1280×720p　　D. 720×480

10. 视频数据量的大小和（　　　）指标有关。

    A. 图像分辨率　　B. 图像位深度　　C. 帧率　　　D. 时间

11. 以下文件格式属于视频文件格式的有（　　　）。

    A. mpg　　　B. jpg　　　C. wmv　　　D. asf　　　E. psd

12. 以下文件格式中采用了流媒体技术的有（　　　）。

    A. rm　　　B. asf　　　C. wmv　　　D. flv

13. Premiere 能够完成（　　　）功能。

    A. 编辑和组接视频　　　　　　　　B. 添加视频特技

    C. 添加切换效果　　　　　　　　　D. 叠加字幕

14. 如果想对原始素材进行浏览，可通过（　　　）方式实现。

    A. "项目" 面板的缩略图　　　　　　B. "素材源" 面板

    C. "效果" 面板　　　　　　　　　　D. "工具" 面板

15. 在 Premiere CS3 中，导入素材可以通过（　　　）来实现。
    A. "文件" | "导入" 菜单
    B. 在 "项目" 面板空白区域双击
    C. 鼠标右键单击，在弹出的快捷菜单中选择 "导入" 命令
    D. "编辑" | "查找" 菜单

16. 在 Premiere CS3 中，查找素材可以通过（　　　）的方法实现。
    A. 在 "项目" 面板的 "查找" 栏中输入信息
    B. 单击 "项目" 面板下方的 "查找" 图标
    C. 鼠标右键单击 "项目" 面板空白区域，在弹出的快捷菜单中选择 "查找" 命令
    D. "编辑" | "查找" 菜单

17. 在 Premiere CS3 中，可以新建（　　　）类型的素材。
    A. 字幕　　　　　　　　　　　　B. 通用倒计时片头
    C. 黑场视频　　　　　　　　　　D. 音频文件

18. 在 Premiere CS3 中，保存项目可以采用（　　　）方法进行。
    A. "文件" | "保存" 菜单　　　　　B. "项目" | "项目设置" 菜单
    C. "Ctrl+S" 快捷键　　　　　　　D. "窗口" | "项目" 菜单

19. 在 "时间线" 面板上，如果希望将工作显示区放大，其操作方法为（　　　）。
    A. 向右拖动 "时间线" 面板左下方的滑块
    B. 向左拖动 "时间线" 面板左下方的滑块
    C. 向左拖动 "时间线" 面板右上方的小三角
    D. 向右拖动 "时间线" 面板右上方的小三角

20. 将素材加载到 "时间线" 面板上，可通过（　　　）方法来实现。
    A. 从 "项目" 面板直接拖曳素材到 "时间线" 面板
    B. 在 "素材源" 面板上单击 "插入" 按钮
    C. 在 "素材源" 面板上单击 "覆盖" 按钮

21. Premiere CS3 中提供了（　　　）视频切换效果。
    A. 划像　　　　　B. 卷页　　　　　C. 擦除　　　　　D. 拉伸

22. 在 Premiere CS3 中，提供了（　　　）视频特效。
    A. 扭曲　　　　　B. 划像　　　　　C. 模糊　　　　　D. 风格化

23. 在 Premiere CS3 中，对视频运动路径的控制可采用（　　　）的方法实现。
    A. 调整 "效果控制" 面板中的 "位置" 栏参数
    B. 调整 "效果控制" 面板中的 "比例" 栏参数
    C. 在 "节目" 面板拖动画面控制框，将其拖到指定位置
    D. 调整 "效果控制" 面板中的 "透明度" 栏参数

24. 在 Premiere CS3 中，想实现声音延迟两秒钟的效果，需要用到（　　　）。
    A. "工具" 面板　　　　　　　　　B. "时间线" 面板
    C. "效果" 面板　　　　　　　　　D. "效果控制" 面板

三、判断题

1. 数字视频便于计算机进行非线性编辑处理。　　　　　　　　　　　（　　　）
2. 帧指的是视频中的一幅静态画面。　　　　　　　　　　　　　　　（　　　）

3. 通常帧率越小，视频越流畅。 （   ）

4. 通常逐行扫描的图像清晰度比隔行扫描的图像清晰度要高。 （   ）

5. 通常场频越大，图像显示时闪烁越小，画面质量越高。 （   ）

6. 行频会影响人眼对一段视频流畅程度的感受。 （   ）

7. PAL 制式的图像标准分辨率要比 NTSC 制式的图像标准分辨率要高。 （   ）

8. 不同电视制式之间是互不兼容的。 （   ）

9. DVD 标准的视频分辨率比 VCD 标准的视频分辨率要高。 （   ）

10. 高清电视的屏幕宽高比一般是 4:3。 （   ）

11. 视频数据量越大，图像质量越高。 （   ）

12. Premiere Pro CS3 对计算机的基本配置是要求 1GB 以上内存。 （   ）

13. 在 Premiere CS3 中视频切换效果和视频特效是一回事。 （   ）

14. 通过"节目"面板可以对时间线上正在编辑的视频进行播放预览。 （   ）

15. 在 Premiere CS3 的"项目"面板中，可以对一个或多个素材同时进行导入。 （   ）

16. 在 Premiere CS3 中，如果想对项目中的素材进行归类，可以通过在"项目"面板中新建"容器"来进行。 （   ）

17. 在 Premiere CS3 的"项目"面板中，素材只能用列表的方式进行浏览。 （   ）

18. 在 Premiere CS3 中支持对图像、视频、音频等多种格式文件的导入。 （   ）

19. 在 Premiere CS3 中，只能根据名称来查找素材。 （   ）

20. 在视频编辑过程中，没必要保存项目。 （   ）

21. 在 Premiere CS3 中，只能通过"素材源"面板进行视频的剪辑。 （   ）

22. 在 Premiere CS3 中，如果想对入点和出点位置进行精细调整，可通过"逐帧进"或"逐帧退"图标来进行。 （   ）

23. 采用"时间线"面板对视频进行剪辑，也是通过设置视频入点和出点来完成的。 （   ）

24. 对视频进行组装、拼接、切换、特效等非线性编辑，可以在"时间线"面板上进行。 （   ）

25. "时间线"面板中的视频轨道和音频轨道数都是固定的，不能添加或删除。 （   ）

26. 位于"时间线"面板下方的视频轨道画面会覆盖位于上方的视频轨道画面。 （   ）

27. 在"节目"面板中，有时只能看到原始素材的部分画面，这主要是由于分辨率不一致造成的，可通过对素材进行"画面大小与当前画幅比例适配"来解决。 （   ）

28. 在"素材源"面板中，采用"插入"方式和"覆盖"方式加载素材的效果是一样的。 （   ）

29. 在时间线上，如果素材之间出现了空隙区域，则会出现黑帧效果。 （   ）

30. 如果加载进来的视频伴有伴音，将没有办法把它们之间的关联关系取消掉。 （   ）

31. 视频切换是针对相邻两个视频片段之间而进行的，也称视频转场，或视频过渡。 （   ）

32. 视频切换效果的使用，可以使得视频画面之间的过渡更为自然。 （   ）

33. 视频切换效果的持续时间是不可以进行修改的。 （   ）

34. 视频特效，就是对视频画面施加的某种特殊效果。 （   ）

35. 选择不同的视频特效，"效果控制"面板的选项也不尽相同。 （   ）

36. 要实现视频片段的运动特效，可通过"项目"面板来实现。　　　　　　　(　　)

37. 在 Premiere CS3 中，支持的音频文件格式包括 wav、mp3 等。　　　　(　　)

38. 在 Premiere CS3 中可以将双声道的音频文件直接加载到单声道的音频轨道上。(　　)

39. 在 Premiere CS3 中，要想实现声音的延迟效果，可以通过在"效果"面板中选择"音频切换效果"来实现。　　　　　　　　　　　　　　　　　　　　　　　(　　)

40. 音频特效和视频特效的添加很类似，也可通过添加关键帧并对其进行参数设置得到。
　　　　　　　　　　　　　　　　　　　　　　　　　　　　　　　(　　)

41. 在 Premiere CS3 中，提供了专门的字幕编辑工具，帮助完成字幕添加工作。(　　)

42. 在 Premiere CS3 中，不可以将字体设置为宋体。　　　　　　　　　　(　　)

43. 字幕特效的添加与视频特效的添加很类似，也可通过添加关键帧并设置参数得到。
　　　　　　　　　　　　　　　　　　　　　　　　　　　　　　　(　　)

44. 在视频编辑过程中，没必要对视频效果进行预览。　　　　　　　　　　(　　)

45. 机器配置的高低对视频导出的时间没什么影响。　　　　　　　　　　　(　　)

第5章
动画基础与制作

无论是好莱坞大片中的电影特技，还是电视广告中的夸张效果，动画技术给人们带来前所未有的视觉冲击，也是人们喜闻乐见的一种媒体形式。

本章围绕动画技术的发展历史，介绍计算机动画的特点、原理以及计算机在动画制作中的辅助作用。在此基础上，学习如何通过 Flash CS3 软件，制作自己的动画作品，包括如何绘制关键帧图形、如何制作补间动画以及引导动画、如何制作可重复使用的道具、如何使用外部素材、如何输出发布动画等。

5.1 动画基础知识

5.1.1 动画的基本原理

所谓动画，就是动态生成一系列相关画面的方法。任何随时间发生的动态变化都可以归属于动画的范畴。动画的类型非常多，包括传统的二维卡通动画、几何形体渐变的变形动画、从一幅图像平滑过渡到另一幅图像的 Morphing 动画、模拟物体运动的三维动画，以及模拟人体运动的角色动画等。但是从本质上来说，所有动画的基本原理都是基于人眼的视觉暂留现象，即反射到人眼的光影要在视觉中保留一段短暂的时间（1/16 秒）才会消失。因此，如果连续快速地播放一系列基于时间顺序的静止画面（见图 5-1），就会在视觉上造成连续变化的假象，即生成动画。

图 5-1 基于时序的静止画面

由此不难理解，动画制作技术包含两个方面，一是如何产生基于时间顺序的相关联的静止画面，二是如何控制连续快速播放。

5.1.2 动画的起源与发展

动画的历史非常久远，其原始意念来自于人们希望通过绘画来记录和表现运动，从古埃及的壁画和希腊古瓶上，经常可以发现这种连续动作的分解图（见图 5-2），在一张图上把不同时间发生的动作画在一起，这种"同时进行"性的概念间接显示了人类"动着"的欲望。

图 5-2　连续动作的分解图

　　这种分解图基本上可以描述一个过程，但是它仅仅是对一个过程片面的静态记录。动画的活动雏形源自人们希望让静止的画面动起来，例如，如果在陶罐上绘制有这种连续动作的分解图（见图 5-3（a）），而当陶罐快速转动时，能感觉到画面好像动起来了似的。中国古代的走马灯（见图 5-3（b）），也是用类似的方法产生动画的感觉。动画技术发展的历史，也可以看作是这种"连续快速播放"技术发展的历史。

（a）　　　　　　　　　　　　　　　　　　（b）

图 5-3　动画雏形

　　1826 年出现留影盘技术，一张圆盘的两面分别画上小鸟和笼子的图案（见图 5-4），在两头分别拴上一根棉线，反方向搓线，然后分开一拉，圆盘就会高速翻转，产生小鸟出笼的动画效果。

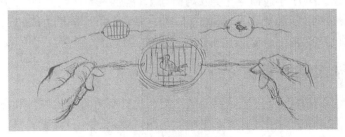

图 5-4　留影盘技术

1831 年出现活动转盘影像镜（见图 5-5），圆盘周边绘制有连续动作的分解图，当通过一个手摇手柄转动一组同心圆盘时，就会产生动画的效果。

图 5-5　活动转盘影像镜

1868 年出现的手翻书（见图 5-6），在每一张书页上都画有连续动作的一张分解图，通过连接快速的翻页动作，达到娱乐上赏心悦目的戏剧效果。并且翻书动作的快慢，会产生不同的动画效果。

图 5-6　手翻书

上述这些，都是手工绘制基于时序的画面，用手工机械的方式来控制实现连续快速的播放。1895年，卢米埃兄弟发明的"电影机"，使得一群人能在同一时间看到一组事先拍好的影像。电影机可以看作是一种机器化的手翻书，从而使得对连续快速播放的控制从手工机械时代到达了机器时代。

20 世纪 70 年代，计算机动画技术飞速发展。1973 年电影《西部世界》中，第一次使用了计算机生成的动画特效；1991 年迪斯尼《美女与野兽》，是第一部计算机制作的动画片，证明了 CG 在传统动画的应用；1995 年《玩具总动员》，是第一部完全由计算机生成的三维动画片。

计算机可以辅助二维动画的生成，也可以直接生成三维动画，从而开创了计算机动画的新时代。

5.1.3　计算机动画简介

计算机动画是计算机图形学与艺术结合的产物，是伴随着计算机硬件和图形算法高速发展起来的一门高新技术，它综合利用计算机产生图形、图像以及运动，其主要目的是应对传统动画制作中繁杂、低效、高成本的手工制作每一帧的工作方式。

　　动画的原理是利用人的视觉暂留现象，要产生动画，就必须有连续的画面，然后再控制高速地播放出来。为了保证连续的效果，播放的速度应该在每秒 20 帧以上，也就是说，要按照每秒 20 帧左右的数量来绘制原始的画面，这个过程使用动画制作过程烦琐而低效。计算机动画是利用计算机来完成画面的生成和运动的控制，它包括二维和三维两个方面。

　　对于二维计算机动画技术，还是沿用传统的手绘动画片的制作原理，包括关键帧的设计、中间帧生成、描线上色、背景合成几个重要的步骤。

　　关键帧，也称为原画，它一般表达某动作的极限位置、一个角色的特征或其他的重要内容，即构成动画的图像帧中最重要最关键的帧。例如，在一个小球弹跳的动画中，最重要的几个位置分别是起点、落地点和弹跳的最高点，小球在这几个位置的图像称作关键帧，有了关键帧，就可以很容易地估算出其他帧，即中间帧的样子，如图 5-7 所示。

　　计算机辅助生成的二维动画，还是沿用传统手工动画的基本原理。计算机的作用主要体现在对动画生成的辅助上，首先辅助画面的生成，关键帧画面既可以数字化方式输入，也可通过交互编辑产生，还可以通过编程产生图形图像。再者，更重要的作用是体现在辅助运动的生成上，即给定关键帧，由计算机插值生成中间的画面。另外，还可以让计算机控制生成复杂的运动。除此之外，在着色方面，交互式计算机系统允许用户选择颜色，指定填充区域和填充模式，并由计算机完成着色工作；在特效处理方面，

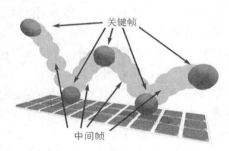

图 5-7　关键帧与中间帧

计算机的图形和图像处理能力可以自动生成和重用各种效果；在拍摄方面，用计算机控制摄像机的运动，也可用编程的方法形成虚拟摄像机模拟摄像机的运动；在后期制作阶段，用计算机完成编辑和声音合成。由此可见，计算机的作用充斥在动画制作的每一阶段，但是需要注意的是，在计算机辅助二维动画生成中，计算机还无法完成需要人的创造性工作，也难以完成对艺术性要求较高的工作。

　　三维计算机动画与二维卡通动画有着本质区别，是最能体现计算机动画价值和魅力的技术。它以实体造型、真实感绘制和运动建模控制技术为基础，通过建立角色与场景三维模型，并通过灵活多样的运动控制手段和观察视角控制手段，自动生成三维动画效果。三维计算机动画生成的是一个虚拟的世界，动画师可以随心所欲地创造他的虚幻世界，因此具有更为广泛的应用前景。

5.2　认识 Flash

　　在学习制作 Falsh 动画之前，首先明确一个概念，动画和视频是一回事吗？从直观感觉上，应该不是，但是细想想，似乎又很难说出它们的区别，它们都是随着时间而变化的画面。再来考虑一个更具体的问题，如果在网上下载了一部动画片《功夫熊猫》，它的格式是 avi 文件，它究竟是动画还是视频呢？首先毫无疑问，《功夫熊猫》是一部动画片，但看到的确确实实又是一部视频，avi 也是一种最常见的视频文件格式。动画片和其他电影最大的不同就是生成方式不同，传统的电影，是由演员表演摄像机拍摄出来的，而动画片里的角色以及运动都是人或者计算机绘制生成出来的，所以在学习制作动画时，需要重点学习如何自己制作和控制这种画面的变化。

5.2.1　了解 Flash 动画

1. Flash 动画的特点

Flash 动画是现下最为流行的动画表现形式之一，它凭借自身诸多优点，在互联网、多媒体课件制作以及游戏软件制作等领域得到了广泛应用。和其他各种动画形式相比，Flash 动画具有以下特点。

（1）基于矢量图形的动画格式，不仅文件体积小，而且即使随意缩放其尺寸，也不会影响画面的质量。

（2）可以方便地添加到网页中，使网页更加生动，而且大多数版本的浏览器都可以直接浏览 Flash 动画。

（3）流媒体方式播放，用户可以边下载边观看，突破网络带宽限制。

（4）兼容性好，支持多种文件格式（在制作过程中，可导入图像、图形、视频、动画等多种素材文件格式，生成动画后，可导出为 Falsh 动画的标准格式 SWF 或者直接导出为 EXE 可执行文件，用户双击既可观看，还可以方便地转换成其他一些视频文件格式，非常灵活。

（5）具有强大的交互功能，用户可以通过点击和选择等动作决定动画的运行过程和结果，这是传统动画无法比拟的。所以在网上经常会看到很多用 Falsh 做的小游戏，以及用户可以自由选择观看内容的电子宣传册，电子课件等。

2. 矢量图与位图

Flash 动画基于矢量图像的动画格式，那么什么是矢量图呢？它和前面学习过的图像是什么关系呢？

通常所说的图像，都是指位图，是以像素点阵（即矩阵）的形式存在的，矩阵中的每一个元素代表像素点的位置，元素值代表像素点的颜色。

矢量图，严格说它属于图形的概念，它是计算机根据颜色、位置等属性的几何图元绘制出来。举一个简单的例子，画面上的一条线段，如果保存成图像的话，则是以图 5-8（a）所示的像素点阵的形式记录信息，而如果是矢量图，则只需要记录它的起点位置坐标、终点位置坐标和颜色值这些几个数值信息就可以了，在需要显示时计算机会根据这些信息画出来，如图 5-8（b）所示。

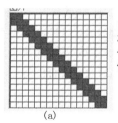

以矩阵形式存储的每一个像素点的信息

只存储几何图元类型、起点位置、终点位置和颜色信息

(a)　　　　　　　　　　　　　　　　(b)

图 5-8　图像与矢量图

因此，一般来说，位图图像的所需存储空间要比矢量图大。位图图像放大肯定会失真（见图 5-9（a）），因此在计算机上看电影时，如果影片本身的分辨率比较低，放大成全屏看就会觉得很粗糙，但是矢量图是根据图元及属性信息绘制出来的，放大不会失真（见图 5-9（b）），依然是很清晰的样子。

（a）原始图像及放大 3 倍的图像　　　（b）原始图形及放大 3 倍的图形

图 5-9　图像放大与矢量图放大

3．Flash 动画制作流程

Flash 动画一般的制作流程大致分为 5 个步骤，如图 5-10 所示。

图 5-10　动画制作流程

首先是策划动画，一个完美的动画必定有一个完美的策划。在制作动画之前，要明确动画的目的和使用场合，以确定动画风格、色调、表现形式等。例如，如果用于正规严肃场合的动画，使用卡通风格就非常不合适；同样，如果是为庆祝活动制作片头动画，沉重的色调就不合适。在确定了总体风格后，就需要制作一套完整的剧情角本，明确剧情的主线、各个分镜头的表现手法、动画片段的衔接方式，并对动画中出现的人物、道具、背景、音乐进行构思。

当心中有了明确的蓝本，接下来需要搜集整理素材。一般可以通过网络搜索、手工绘制和日常生活中获取。搜集素材的过程中应注意有针对性和目的性，特别是搜索到的素材应满足策划方案中的风格、色调要求。另外，Flash 工具本身也提供了强大的绘制功能，可以自己绘制图形，也可以使用专业的处理工具加工处理完后导入 Flash 中。

前期准备工作完成后，就可以开始制作动画了。Flash 提供了逐帧动画、补间动画、引导动画、遮罩动画等多种动画形式，需要根据素材的特点、剧本的要求选择动画的表现形式。在制作过程中，还应该及时预览动画制作效果，不断修改完善。

在完成动画的初步制作后，还需要对动画效果、品质等进行最后的检测，重点检查动画对象的细节、遮挡关系是否正确、分镜头和动画片段的衔接、声音和画面是否同步等。

最后设置动画生成格式、画面品质等参数，发布动画。这里需要注意的是，在进行动画发布设置时，应根据动画的用途和使用环境进行参数的设置，而不要一味追求高品质的画面和声音。

5.2.2　熟悉 Flash CS3 界面

Flash CS3 是一款非常普及的 Flash 动画制作工具，是 Adode 公司收购 Macromedia 公司后，于 2007 年推出的版本。它的界面风格与 Adobe 公司的其他产品（如 Potoshop、Premier）一致。

目前 Adobe Falsh 的最新版本是 CS6，功能非常强大，也更加复杂，同样，考虑软硬件环境的要求以及入门学习特点，本书选择了经典的 CS3 为例学习动画制作。

当启动 Flash CS3 后，首先出现的是一个欢迎界面（见图 5-11），可以在这里直接选择打开或新建一个文件。在"新建"栏中一个文件，有多种文件类型供选择。Actionscrip 是 Flash 的脚本语言，主要用于编程控制用户的交互行为，作为入门学习，暂不学习交互编辑功能。因此可选择首选项，新建 Flash 文件（actionscrip3.0）。

（1）标题栏。标题栏位于界面的顶端，左侧为软件名称以及当前打开的 Flash 文件名，右侧与大多数 Windows 应用软件类似，包括最小化按钮、最大化按钮和关闭按钮。

（2）菜单栏。菜单栏位于标题栏下方，包括【文件】、【编辑】、【视图】、【插入】、【修改】、【文本】、【命令】、【控制】、【调试】、【窗口】和【帮助】11 个菜单项，单击某个菜单项可弹出其子菜单，如果子菜单项后面有 ▶ 图标，则表明该子菜单下还有下一级子菜单。

（3）主工具栏。主工具栏位于菜单栏下方，通过它可以快捷地使用一些常用的控制命令，将鼠标放在按钮上稍停一会，会显示简单的说明。

图 5-11 Flash 欢迎界面

图 5-12 所示为 Flash CS3 的界面。

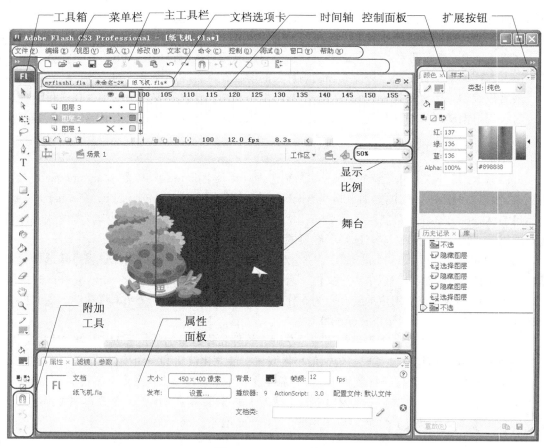

图 5-12 Flash CS3 界面

（4）工具箱。界面最左侧是和 Photoshop 的工具箱类似，有很多和绘图有关的工具。当选择某个工具后，工具箱下方的附加工具区可能会出现相关的附加工具。

（5）面板集。界面最右侧是面板区，也和 Photoshop 的面板类似，也有多组面板，每个面板组都可以打开也可以折叠，也可以单击扩展按钮 ▸▸ 把整个面板区折叠成图标的形式，再次单击恢复面板形式。还可以按下鼠标左键拖动调整整个面板位置，也可以调整面板区的宽度。还可以根据习惯打开和关闭常用的面板。

单击【窗口】菜单，其菜单项中列出了所有面板以及对界面显示内容的控制，可以方便地对面板以及界面中的显示内容进行管理。前面有小勾表示是已显示在界面中，没小勾表示该项内容未显示。

单击【窗口】|【工作区】|【默认】命令，可使得窗口布局恢复到初始状态。

在右侧的面板区，有一个"历史记录"面板（见图 5-13）（若未出现，可通过单击【窗口】|【其他面板】)【历史记录面板】打开该面板），其功能和 Photoshop 中的"历史记录"面板非常类似，保存了最近的所有操作，如果想回退到前面的某个步骤，需要拖动左边的滑块到相应的记录位置。也可以简单地使用主工具栏中"撤销命令"按钮 ↶，每单击一次，回退一步，此时"历史记录"面板中的滑块也随之向上跳动。单击工具栏中的"重做"按钮 ↷，每单击一次，前进一步，

图 5-13　历史记录面板

"历史记录"面板中的滑块也随之向下跳，连续单击，又恢复成刚才最后操作的样子。

（6）文档选项卡。文档选项卡主要用于切换当前要编辑的文档。新建的文件被自动命名为"未命名-1"，单击【文件】菜单中的【另存为】命令，弹出"保存对话框"，可以选择要保存的位置并输入新名字，如输入"myflash1"，单击【确定】按钮，文件被保存为"myflash1.fla"。

注意，保存类型为".fla"的文件，这是 Flash CS3 的工程文件，类似于 Photoshop 中的 PSD 文件，可以保留制作过程中的详细信息，因此在制作过程中都会保存成 fla 文件，只有在最后发布时才生成 SWF 文件或 EXE 可执行文件。

为了便于了解 Flash 动画的特点，再打开一个已经制作好的 Flash 动画文件，单击【文件】菜单，选择【打开】命令，或者单击主工具栏中 ⬚ 按钮，在弹出的"打开对话框"中找到并选择"纸飞机.fla"文件，单击【确定】按钮。

现在就有两个文档选项卡了，可以点击切换。

下面，再用主工具栏中的快捷工具按钮新建一个文件。单击主工具栏中的"新建"按钮 ⬚，新建的文件默认名为"未命名-2"，它是当前文件。单击主工具栏中的"保存"按钮 ⬚，同样会弹出"保存"对话框，输入新文件名"myflash2"，单击【确定】按钮。现在 Flash CS3 界面中有 3 个文档选项卡了。

文档选项卡最右端是"关闭"按钮 ✕，用于关闭当前文档。例如，若要关闭"myflash1"，必须先单击文档选项卡击切换到 myflash1，然后单击"关闭"按钮 ✕，myflash1 被关闭了。

中间区域是制作动画的主要场所，分为上中下 3 部分，分别为【时间轴】、【舞台】和【属性】面板。每个文档都有自己的时间轴、舞台和属性。

（7）时间轴面板。Flash 中的时间轴和 Premier 中的时间轴类似，用于按照时间的发展组织和控制动画的内容及效果。只是 Flash 中的时间轴粒度比 Premier 中的小，顶部的数字 1、5、10、15 等是指播放过程中帧的编号，也就是说，时间轴是以帧为单位组织的，可以精确地控制一帧一帧的内容。

时间轴的左侧是图层区，和 Photoshop 中图层的概念非常类似，也是像透明玻璃纸一样，每个图层上包含要显示在舞台上的不同内容，叠加在一起显示最后的效果。

横向是不同的帧，纵向是不同的层，也就是说，每一帧都包含着多个图层的内容，所以在时间轴上可以控制到动画的每一帧每一层显示的内容。

如果帧的数目比较多，帧是以标准形式显示的。单击时间轴面板右上角的 按钮，将打开帧视图菜单（见图 5-14），可以设置帧的显示方式，使其以更细小或更宽大的单元格的形式显示。

（8）舞台。时间轴的下方是舞台，舞台是添加素材、绘制图形和显示动画内容的主要场所。Flash 中各种动画活动都发生在舞台上，在舞台上看到的内容就是导出的 Flash 影片中观众看到的内容。超出舞台范围内的内容将被剪裁掉。右上角的 100% 下拉框可设置舞台的显示比例。

（9）属性面板。最下面的"属性"面板，用于设置当前选定对象的最常用属性，和 Photoshop 的工具属性栏类似，当选定对象不同时，"属性"面板中会出现不同的设置参数。

对于一个新建的文档，在没有选择任何对象之前，或者单击舞台周围的空白处，属性面板上出现的是整个文档的属性面板，可以设置文档的基本参数。

大小 550 x 400 像素 表明当前文档的大小，单击该按钮弹出"文档属性"对话框（见图 5-15），可以按要求修改它的尺寸，如将尺寸修改宽 800 像素，高 600 像素。背景颜色默认为白色，也可以根据动画制作需要修改成自己想要的颜色。

图 5-14　帧视图菜单

图 5-15　"文档属性"对话框

"帧频"参数，是指每秒钟播放多少帧，作为初学者，制作的动画都比较简单，建议不用修改这个参数。

单击【确定】按钮，可以看到舞台变大了（设置成了 800 像素×600 像素）。如果想看全整个舞台，可以在右上方"显示比例"下拉框中选择适合的观看比例，或者在工具箱中选择"缩放"工具，再单击选择下面附加工具区的放大或缩小按钮，将鼠标移到舞台中，单击进行缩放。

5.2.3　一个典型的 Flash 动画

下面通过一个已经制作好的 Flash 动画"纸飞机.fla"，继续熟悉一下 Flash 软件各部分的功能和操作，以及动画帧的概念。

1．浏览动画

单击切换到"纸飞机.fla"文档选项卡。从时间轴中可以看到这段动画一共有 100 帧，按下【Enter】键可以预演整个动画。

在时间轴上可以看到一个红色的小矩形，下面有一条纵向的红线，默认是在第 1 帧上方，叫作播放头，用来指示当前帧，而舞台中显示的只是当前帧的内容。可以通过鼠标在时间轴上某个位置单击，控制播放头选择当前帧，如鼠标单击 35 帧，播放头会跳到这里，当前舞台中显示的就是第 35 帧的内容。

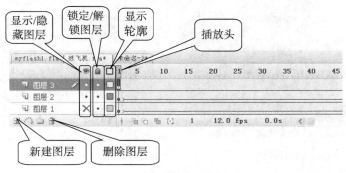

图 5-16　"纸飞机.fla"选项卡

按【Entet】键预演的过程，就是播放头从第 1 帧自动走到最后一帧的过程。

用鼠标左键单击并左右拖动播放头，可以反复观看选中时间段的动画效果。

2. 了解图层

舞台上看到的当前帧的内容，是由若干个图层叠加在一起形成的。位于上面的图层，其不透明的内容会遮挡住下面图层中的内容。在这个动画中，一共有 3 个图层。

- ✏️图标：图层名字后面如果有✏️，表明该图层为当前图层，同时该图层显示为蓝色。
- 👁️图标：👁️为显示/隐藏所有图层的标识。单击该图标，下面所有图层相应位置的 • 会变成✖️。表明所有图层都被隐藏，再次单击会恢复显示。如果想要单独控制某个图层隐藏或显示，可以直接单击这个图层所在列的 •（• 表示可见，✖️表示不可见）。
- 🔒图标：👁️右侧的🔒为锁定/解锁所有图层的标识。单击该图标，下面所有图层相应位置的 • 会变成🔒，表明所有图层都被锁定（即不可编辑），再次单击可解锁。当某图层为锁定状态时，选择该图层为当前图层，✏️图标会变为✖️，表明它是不可编辑的。如果要想单独控制某个图层锁定或解锁，可以直接单击这个图层🔒所在列的 •（• 表示解锁，🔒表示锁定）。
- ⬜图标：⬜为显示所有图层的轮廓的标识。单击该图标，则所有图层相应位置的色块会变成空心的，舞台上仅显示轮廓线，再次单击可恢复显示内容。如果想要单独控制某个图层，可以直接单击这个图层⬜所在列的■（■表示显示内容，⬜表示显示轮廓线）。不同图层会使用不同颜色，颜色仅仅用于区分，并没有特殊含义。

显示/隐藏、锁定/解锁、显示轮廓线，这些控制都是针对所有帧的。例如，如果隐藏了图层 1，在任何一帧中，图层 1 都是不可见的。

图层区的最下方有 4 个操作按钮。

- 🗐是"新建"按钮，单击可以新建一个透明图层，默认名字为图层 4。可以双击图层的名字进行改名。例如，可以在"图层 1"上双击，输入"森林背景"，同样将图层 2 改为"蘑菇房"，图层 3 改为"纸飞机"，以便于区分。
- 🗑️是"删除"按钮，单击可以删除当前图层。当前图层不仅有✏️图标，而且会以蓝色高亮显示。要删除哪个图层，必须先选中它，再单击"删除"按钮。

还需要注意的是，只有舞台中的内容才会最终显示出来。在这个例子中（见图 5-17），森林背景和蘑菇房子都有部分内容超出了舞台范围，超出部分在最终的成片中是不会出现的（按下

【Entert】键，是在编辑过程中的简单预览，并非最终的成片）。

（a）绘制内容　　　　　　　　　（b）播放内容

图 5-17　播放效果

按下【Ctrl +Enter】组合键，会弹出播放窗口，预览成片，可以看到，超出舞台的部分确实是被剪掉了。默认情况下 Falsh 动画制作好了之后都是循环播放的，在制作动画时可以通过编程交互控制是否重播。

3. 了解帧及动画过程

下面再来了解一下组成动画的各帧的内容变化情况，也就是动画是怎么生成的。

观察时间轴和图层（见图 5-18）。先隐藏图层"蘑菇房"和图层"纸飞机"，播放头位于第 1 帧，舞台上显示的是第 1 帧的森林背景，再单击最后一帧（第 100 帧），会明显发现和第 1 帧相比，图片变大了。拖动播放头看一下动画过程，从第 1 帧到最后一帧，森林背景平滑地从小变大。时间轴上，第 1 帧和第 100 帧都有黑点▇，表明它们是关键帧，而中间的这 98 帧，都是系统根据第 1 帧和第 100 帧的内容计算出来的，这些都是中间帧。

图 5-18　时间轴及图层

再显示图层"蘑菇房"，隐藏图层"森林背景"和"纸飞机"，该图层的第 1 帧和第 100 帧都是关键帧，第 100 帧的位置更靠左，然后拖动播放头移动，可以看出中间这 98 帧都是系统根据第 1 帧和第 100 帧的位置计算出来的。

同样显示图层"纸飞机"，隐藏其他图层，该图层只有 1 帧是关键帧，其他各帧都是由第 1 帧直接复制出来的，因此在播放过程中纸飞机纹丝不动。

现在很清楚了，在这个动画中，动的是背景和蘑菇房子，一个从小变大，一个从右向左，而纸飞机是静止的，最后形成这样的动画效果。

5.3　如何绘制简单图形

动画制作最大的特点就在于制作上，这往往是一种创作性的制作。动画的基本原理就是快速播放一系列相关的画面，那么这些相关的画面，特别是关键帧的画面又如何得到呢？当然可以在网上搜索获得一些素材，但往往很难完整地找到符合要求的一系列运动分解图，更多的时候，需要自己创作。

　　Flash CS3 提供了强大的绘图功能，可以自己绘制出精美的图形来。当然这需要具备一定的艺术功底，但对于一个普通的学习者，通过学习也可以画出一些简单的图形。

5.3.1　了解工具箱

　　单击绘图工具箱顶端的扩展按钮 ，可以以更紧凑的形式排列工具箱（见图 5-19）。工具箱中有很多工具，大致分为几类，A 区主要用于选择对象或选择某一区域；B 区有 6 个工具，主要用于绘图；C 区有 4 个工具，主要用于填充；D 区 2 个工具，主要用于查看编辑；E 区有 2 个工具 3 个按钮，主要用于颜色选择；F 区是附加区，选定不同的工具时，在此处显示不同的附加工具。例如，如果选择了缩放工具，这里就显示出了一个放大工具和一个缩小工具。

　　常用的绘图工具可以分为两大类，画线工具和几何图形工具。画线工具有"直线工具" 、"铅笔工具" 、"钢笔工具" 。几何工具组中包括"矩形工具" 、"椭圆工具" 、"基本矩形"工具 、"基本椭圆"工具 、"多角星形"工具 。

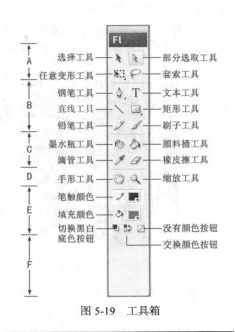

图 5-19　工具箱

　　选择上述的任何一个绘图工具后，都会在工具箱下方出现附加工具按钮 和 。

　　 是"对象绘制"按钮，按下后绘制出来的图形将以一个独立对象的形式出现。该按钮在默认情况是处于未选中的状态，即 Flash 默认采用合并绘制的模式，在绘制重叠图形时会自动进行合并。

　　 为"贴紧至对象"按钮，按下后可以使得位置靠近的对象能够自动贴紧。

5.3.2　绘制简单图案

1. 使用直线工具绘制直线图形

　　直线工具一般用于在图形中绘制一些辅助线，也可以通过多条线拼接形成简单的图案。在工具箱中单击选择"直条工具" ，首先在属性面板设置其基本属性（见图 5-20）。

图 5-20　直线工具属性面板

　　首先设置笔触颜色，即设置线的颜色。单击笔触颜色图标 ，弹出色板对话框（见图 5-21），从中选择想要的颜色。还可以在下方选择预设的渐变颜色，设置 Alpha 值定义透明度。单击右上角 ⚫ 按钮，可自定义颜色。注意，这里的笔触颜色和在工具箱中的笔触颜色 ✏️ 是完全一致的，不管修改哪一个，效果都是相同的。

然后设置笔触高度，即线条的粗细。从最细到最粗的设置范围为 0.1～200，可以直接输入值，也可以单击右侧下拉按钮 ✓ 后拖动滑块设置。

"笔触样式"参数用于设置线条的类型，单击下拉按钮 ✓，有许多预先定义好的类型，还可以单击【自定义】按钮，选择相应的类型自行设置。

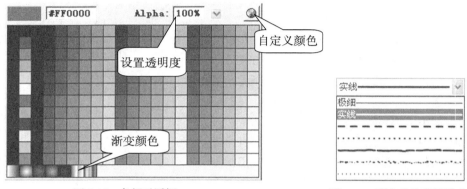

图 5-21　色板对话框　　　　　　　　　图 5-22　预定义的笔触样式

"端点"参数 ⊜，用于设置直线两个端点的样式，可以是圆头也可以方头，这个要直线比较粗时才能看出效果，如图 5-23（a）所示。

"接合"参数 ⊗，用于定义两条线的连接方式，可以选择尖角、圆角和斜角，不同接合参数的效果，如图 5-23（b）所示。

（a）　　　　　　　　　　　　　　（b）

图 5-23　端点效果和接合效果

设置好参数后，将鼠标光标移动到舞台上要绘制线条的位置，光标显示为十形状，按住并拖动鼠标左键就可以画出一条直线了。

下面通过一个例子，全面了解一下直线工具的使用。现在需要在舞台上简单地画一棵圣诞树。

如果当前舞台上有不需要的对象，可使用快捷键【Ctrl+A】选中所有对象，然后按【Delete】键删除它们，清空舞台。

当需要用多条线拼构一个图形时，建议首先在工具箱附加区中按下"紧贴至对象"按钮 🧲，这样在连续画线时，能自动将它们对齐并连接起来，否则很难保证各条线段的端点能完全重合。为了能将多次绘制的线条合并在一起，工具箱附加区中"对象绘制"按钮 ⭕ 应处于未选中状态。为了便于规划和控制图形形状大小及对齐，可选择【视图】|【网格】|【显示网格】命令，以及【视图】|【紧贴】|【紧贴至网格】命令。再次执行该命令可取消显示网格。

将笔触颜色设为红色，笔触高度设为 15。按下并拖动鼠标左键画一条直线，释放鼠标，再接着按下并拖动鼠标画第二条线，直到完成全部图形（见图 5-24）。可以看到只要新画线条的端点在上一条线的端点附近，就会自动吸附在一起。

如果画完了想修改图形的属性，可使用工具箱中的"选择工具" ，在要修改的线段上单击，就选中了这一条线（见图 5-25（a）），如果双击，会选中与点击处相连的全部图形如图 5-25（b）。注意，被选中的部分会表示为小麻点的样子。

这时就可以在属性面板中修改选中部分的属性了，如将笔触颜色改为深绿色，再将接合参数改为尖角，得到的效果如图 5-25（c）所示。

图 5-24　绘制圣诞树

（a）选取一条边　　　　　（b）选取整个图形　　　　　（c）修改属性

图 5-25　选取和修改

2. 使用铅笔工具绘制自由曲线

铅笔工具用于绘制自由曲线，就像拿着铅笔在纸上涂鸦一样。

在工具箱中选择"铅笔工具" ，在附加工具区出现了两个工具按钮，一个是"对象绘制"按钮 ，建议在绘图时不要按下此按钮，这样多次绘制的图形可以合并在一起；另一个是"铅笔模式" ，Flash cs3 提供了 3 种模式：

- "直线化模式" ：选中该模式，会使得在绘制过程自动将手绘的线条变成直线，如图 5-26（a）所示。
- "平滑模式" ：选中该模式，会使得曲线流畅光滑，如图 5-26（b）所示；
- "墨水模式" ：选中该模式，不会对手绘曲线作任何修饰，如图 5-26（c）所示。

对于没有绘画基础的人，建议使用平滑模式。

（a）直线化模式　　　　（b）平滑模式　　　　（c）手绘模式

图 5-26　铅笔工具的绘制效果

属性面板中的参数设置与直线工具基本一致，这里就不重复介绍了。完成设置后，即可在舞台中按下并拖动鼠标自由绘制图形了。

5.3.3　绘制几何图形

在 Flash CS3 的工具箱中，有一组几何图形工具，默认情况下显示的是矩形工具，按住鼠标不放，会弹出其他工具列表，如图 5-27 所示。

1. 绘制矩形

矩形工具和基本矩形工具用于绘制矩形图形。

（1）矩形工具。选择"矩形工具" ▢，然后在"属性"面板（见图 5-28）设置其基本属性。

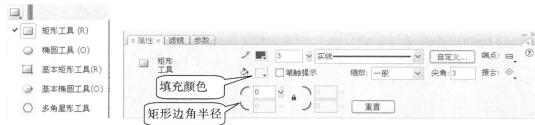

图 5-27　几何图形工具组　　　　　　　　　　　　图 5-28　矩形工具"属性"面板

对于这类几何图形工具，在"属性"面板中，除了设置笔触参数外，还需要设置填充参数。

笔触参数用于设置矩形的边框线，和直线工具类似，如设置笔触颜色为黑色，笔触高度为 3，类型为实线。如果不需要边框，则应将笔触颜色设置为 ▨。

填充颜色参数 ◇ ▨ 用于设置矩形内部填充的颜色，单击后弹出色板对话框（见图 5-29），可选择想要的颜色。如果不需要填充，则可以在色板对话框中选择"无颜色"按钮 ▨。也可以修改 Alpha 值进行半透明填充，100%为完全透明。

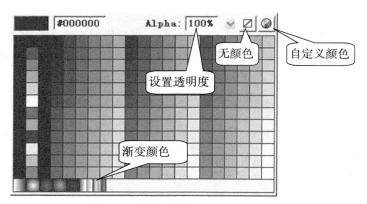

图 5-29　色板对话框

"属性"面板下部还有一组"矩形边角半径"参数，默认值为 0，即默认为方角。这个参数值越大，画出的矩形的角就越圆。例如，将它设为 20，然后将鼠标移到舞台，按下并拖动鼠标左键绘制，得到一个黑框红底的圆角矩形（见图 5-30（a））。注意，使用矩形工具绘制时，一旦完成绘制，圆角就不能再修改了。

如果在拖动过程中按下【Shift】键，则可绘制一个正方形。

（a）使用矩形工具绘制　　　　　　　　　（b）使用基本矩形工具绘制

图 5-30　绘制矩形

（2）基本矩形工具。"基本矩形工具" ▭ 与"矩形工具" ▭ 非常类似，无论"属性"面板的设置还是绘制过程都是一样的，不同的是使用基本矩形工具绘制的矩形，其圆角是可调的。

例如，选择"基本矩形工具" ▭，设置笔触颜色 ✐▮ 为蓝色，填充颜色 ◇□ 为黄色，拖动鼠标绘制，可以看到，每个圆角处有两个控制点（见图 5-30（b）），使用"选择工具" ▸ 拖动控制点，可以调整圆角的大小。

另一点非常重要的区别是基本矩形工具把所绘制的矩形作为一个独立的对象，即是采用对象绘制模式绘制的，而默认情况下，矩形工具是以合并绘制的模式绘制的，因此矩形工具绘制的矩形可以使用选择工具选择任何一个部位进行编辑。

（3）"对象绘制"与"合并绘制"。对大多数绘制工具来说，在绘制时都可以在附加工具区选择是否采用"对象绘制"模式。按下 ◉ 按钮，为对象绘制模式；不按下 ◉ 按钮，为合并绘制模式。

那么，绘制成对象和不是对象究竟有什么区别呢？

所谓对象，可以简单地理解一个独立的整体，用选择工具进行选择时，能够单击选中的就是一个对象。对所绘制的矩形而言，如果是一个对象，那么它的边、角以及内部的填充就是一个整体，不可单独改变，当使用选择工具单击时，会选中整个矩形，并以定界框的形式显示（见图 5-31）。

而对于用矩形工具绘制的矩形（见图 5-32），由于绘制时未选中"对象绘制"，即采用合并绘制模式，因此它不是一对象。当用选择工具单击选择时，可以选中并独立修改它的每一条边，甚至可以独立控制它的内部填充，因此可以变出更多的形状来。

　　　　　　　　　　　　　　　　（a）选中图形的一条边　　（b）修改一条边　　（c）选中内部填充区

图 5-31　对象绘制模式　　　　　　　　　图 5-32　合并绘制模式

对缺乏绘画艺术基础的人来说，灵活使用调整几何图形工具是非常有必要的。

2. 绘制椭圆

"椭圆工具" ◯ 和"基本椭圆工具" ◑ 主要用于绘制椭圆或圆形。

（1）椭圆工具。选择工具箱中的"椭圆工具" ◯，"属性"面板（见图 5-33）中有关笔触和填充颜色的参数与矩形工具一致。按下并拖动鼠标左键，就可以画出一个椭圆，如果要画正圆，只需要在拖动鼠标的过程中按住键盘上的【Shift】键不放即可。

图 5-33　椭圆工具"属性"面板

比较特殊的是起始角度、结束角度和内径这 3 个参数。它们的默认值都为 0，此时绘制的是一个正常的椭圆，如图 5-34（a）所示。

（a）默认参数　　　（b）起始角度为 30　　（c）结束角度为 90　　（d）内径参数为 50

图 5-34　不同参数绘制结果

- "起始角度"参数：用于绘制具有不同缺口的椭圆，如输入 30，绘制结果如图 5-34（b）所示。
- "结束角度"参数：用于设置椭圆的结束状态，如输入 90，绘制结果如图 5-34（c）所示。
- "内径"参数：如果不为 0 的话，将绘制一个空心椭圆，即环形。例如，设为 50，会在椭圆的中心挖去半径为原来 50%大小的椭圆，成为环形，如图 5-34（d）所示。内径参数最大取值 99。
- 【重置】按钮：可以将上述 3 个参数恢复为 0。

　　　绘制椭圆时，这些参数必须事先设置，绘制好后将无法再修改（只能修改笔触属性和填充属性）。

（2）基本椭圆工具。"基本椭圆工具" ⬭ 与椭圆工具类似，都用于绘制各种椭圆形，不同的它把所绘制的圆作为一个对象。用"选择工具" ⬆ 选定绘制的椭圆，将出现两个控制点（见图 5-35（a）），内部是内径控制点，拖动会改变内径参数，即控制环的形状；边上是起始角度和结束角度控制点，拖动可以改变缺口的形状（见图 5-35（b））。而椭圆工具绘制出的图形是不能修改内径和缺口的。

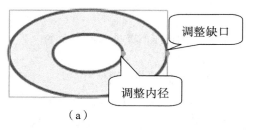 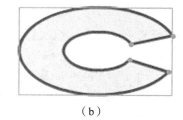

（a）　　　　　　　　　　　　　　　　　　　　（b）

图 5-35　基本椭圆工具绘制的椭圆

3. 多角星形工具

"多角星形工具" ⬠ 用于绘制多边形或者星状图形。选中该工具，其"属性"面板如图 5-36 所示。

图 5-36　多角星形工具"属性"面板

笔触参数和填充参数与前面介绍的椭圆工具类似。比较特殊的是有一个【选项】按钮。单击会弹出"工具设置"对话框，用于设置要绘制的形状。

- "样式"下拉列表框：可以选择要绘制多边形还是星形。
- "边数"文本框：输入要画形状的边数，取值范围从 3～32。

注意，对于星形来说，这个值实际是尖角数。

- "星形顶点大小"文本框：用于设置星形尖角的角度，这个

数字越接近 0，星形的尖角就越尖。

图 5-37　多角星形
"工具设置"对话框

（1）绘制星形。下面通过一个例子说明如何使用多角星形工具绘制一个五角星，并进而修改成花朵。

在工具箱中选择多角星形工具，在"属性"面板中设置"笔触颜色"为红色，"填充颜色"为桔色。单击【选项】按钮，在"样式"下拉框中选择"星形"，"边数"设置为 5，"星形顶点大小"取默认值，单击【确定】按钮关闭对话框。检查工具箱附加工具区的"对象绘制"按钮处于未选中状态，然后把鼠标移到舞台中，按下鼠标左键拖动绘制，左右手动调整方向，释放鼠标左键后就完成了五角星的绘制，如图 5-38（a）所示。

（2）修改成花朵。由于未采用对象绘制模式，绘制出的五角星可局部编辑。单击工具箱中的"选择工具" ⬚，将鼠标移至五角星的一条边上，当光标变成 ⬚ 形状时，单击并拖动鼠标改变边的弧度（见图 5-38（b）），依次修改每一条边。观察图形效果，适当调整顶点位置（将鼠标移至顶点处，当光标变成 ⬚ 形状时，可单击并拖动调整顶点位置）。最终效果如图 5-38（c）所示。

（a）　　　　　　　　　　　（b）　　　　　　　　　　　（c）

图 5-38　使用多角星形工具绘制花朵

（3）合并绘制。在绘制图形时，有一点需要特别注意，如果"对象绘制"处于未选中状态时（即处于"合并绘制"状态），当两次绘制的内容叠加到一起时，会发生覆盖。

例如，在上面例子中绘制的花朵上再绘制一个圆形的花心，选择"椭圆工具 ○"，设置填充色为黄色，边框为金黄色，在花朵的中心位置拖动鼠标绘制（见图 5-39（a））。完成后，如使用"选择工具" ⬚ 单击选择刚才画的圆，拖动鼠标改变其位置，则原来的位置会出现空洞（见图 5-39（b））。这是因为在绘制圆时，已经和下面的花朵发生了合并。而如果选定了"对象绘制"模式，则不会发生这种情况。例如，先利用"历史记录"面板回退到画花心之前的状态，在工具箱中选择"椭圆工具 ○"，在附加工具区按下"对象绘制"按钮，重新画一个椭圆，这个椭圆是一个对象，再用选择工具拖动时，不会影响到下面的花（见图 5-39（c）），它和花是两个图形。但是采用"对象绘制"模式绘制的对象，不能局部修改每一条边的形状。

在合并绘制模式下，为了避免发生不必要的合并，也可以新建一个图层，在新图层上绘制新花心。也可以在完成花朵的绘制后，使用选择工具选中整个花朵，执行【修改】|【合并对象】|【联合】命令，可将整个花朵图形转变成一个对象，这样就不会与后面绘制的花心发生合并了。如

果以后又想对花朵进行局部编辑修改，可以执行【修改】|【分离】命令（快捷键为【Ctrl+B】），将花朵对象分离。

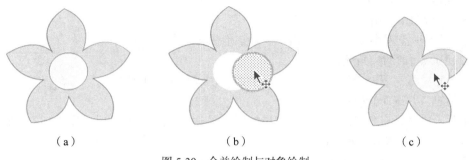

（a）　　　　　　　　　　（b）　　　　　　　　　　（c）

图 5-39　合并绘制与对象绘制

5.3.4　编辑和修饰图形

当绘制好基本图形后，如果感觉不够美观，还可以对绘制的图形进行编辑和修饰。

1. 编辑修饰

在开始编辑装饰之前，首先必须通过工具箱中的"选择工具" ▸ 选择待处理的部分。对于非"对象绘制"模式绘制的图形，可以选择任何一个局部，被选择的部分以像素点的形式显示。

在图形中，如果单击鼠标，选择的是相同的颜色或同一笔触；如果双击鼠标，则可选中相连的所有图形；按下鼠标左键拖动可以框选出鼠标划过区域中的所有对象。双击图层名字旁的蓝色区域，则可选中该图层上的所有对象。

拖动鼠标框选对所有未锁定图层均有效，即可以选中所有未锁定图层在框选范围中的所有对象。为了避免误操作，建议即时上锁。

选中对象之后，可以使用【编辑】菜单中的【复制】命令或者使用快捷键【Ctrl+C】对其进行复制，使用【编辑】菜单中的【粘贴】命令或者快捷键【Ctrl + V】进行粘贴。也可以通过"属性"面板修改笔触颜色、笔触高度、填充颜色、接合方式等属性。

还可以使用"选择工具" ▸ 拖动改变图形中的线条和角点的位置及形状。当鼠标移至一条边上时，光标变成 ▸ 形状，单击并拖动鼠标可改变边的弧度；将鼠标移至一个顶点上，光标变成 ▸ 形状，单击并拖动鼠标可改变顶点的位置。

图 5-40　合并绘制与对象绘制

2. 填充颜色

填充颜色需要用到工具箱中颜料桶工具。

"颜料桶工具" ◊，类似于 Photoshop 中的油漆桶，其功能更为灵活一些。

打开花 ".fla" 文件，如图 5-41（a）所示。

选择"颜料桶工具" ◊，单击"属性"面板或工具箱中的"填充颜色工具" ◊ ▢，弹出色板对话框，可以选择一种色块进行单色填充，也可以自定义颜色填充，还可以选择下面一种渐变效果进行填充。

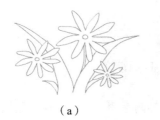　　　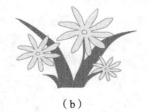

（a）　　　　　　　　　　　　　　　（b）

图 5-41　填充颜色

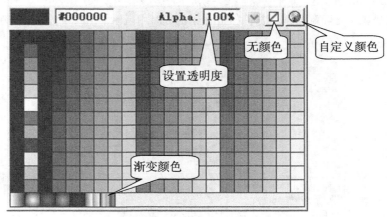

无颜色　　自定义颜色

设置透明度

渐变颜色

图 5-42　色板对话框

选择粉色，然后将鼠标移到每朵花的内部单击，完成粉色花朵的填充。再设置填充色为黄色，依次单击每个花心，将花心填充为黄色。

　　　颜料桶工具只能用于填充封闭的区域，而当前图形中的叶子是不封闭的，因此无法直接填充，必须先封闭图形。

使用"滴管工具" 🖊 单击图中叶子的线条取色，然后使用"铅笔工具" 🖊 在叶子底部单击，拖动鼠标绘制线条使之封闭。选择"颜料桶工具" 🖍，设置填充颜色为绿色，单击叶子内部进行填充。由于花瓣的遮挡，叶子并非一个完整的连续封闭区域，需要多次填充。

对于初学者，很难控制所绘制的线条正好连接叶子底端的空隙使之封闭。这时，可以在填充工具的工具箱附加区单击"空隙大小"按钮 🔘，在弹出菜单（见图 5-43）中选择"封闭大空隙"，这样即使有点空隙也可以完成填充。

3. 渐变填充与渐变变形

色板对话框中只提供了有限的渐变样式，但很多时候需要自定义渐变效果。下面以绘制蓝白渐变的天空效果为例，介绍使用"颜色"面板自己定义渐变填充。

（1）渐变填充。单击"图层"面板的"新建"图标 🔲，新建一个图层（名为图层 2），隐藏图层 1。首先在工具箱中选择使用"矩形工具" 🔲 绘制天空。设置笔触颜色为无色 🖊 🖊，填充颜色为浅蓝色 🖍 ▯，拖动鼠标画一个和舞台一样大的矩形。

在右侧的颜色面板（见图 5-44）中，单击"类型"下拉框，共有 5 种选项：

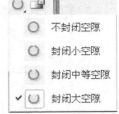

○　不封闭空隙

○　封闭小空隙

○　封闭中等空隙

✓ ○　封闭大空隙

图 5-43　空隙大小按钮

- "无"表示无填充颜色；
- "纯色"表示用单一颜色填充；
- "线性"表示选择线性填充，即从左向右渐变；
- "放射状"表示选择放射状填充，即从中心向四周渐变；
- "位图"表示可选择一个图像文件填充。

选择"线性"选项，面板下方出现了颜色控制条和两个颜色控制滑块，用鼠标双击左边的控制柄，在颜色列表中选择天蓝色，然后双击右边的滑块，在颜色列表中选择白色，这时填充颜色被设成了从蓝到白的渐变色。如果要设置更复杂的渐变效果，可以使用鼠标在这两滑块的中间位置处单击，添加新的滑块，设置新颜色。按下【Ctrl】键的同时用鼠标单击滑块，即可删除该滑块。

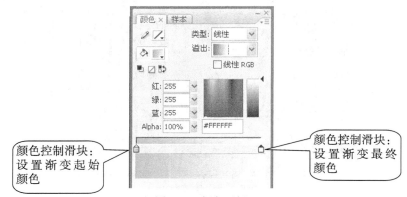

图 5-44　颜色面板

在工具箱中选择"颜料桶"工具 ◇，将鼠标移到舞台中单击，完成对矩形的蓝白渐变填充。

（2）渐变变形。默认的渐变效果为从左到右，要改变渐变方向，可以使用工具箱中"任意变形工具"组中的"渐变变形工具" ▣，渐变变形工具不会改变图形，只是改变渐变效果。

选择"渐变变形工具" ▣，单击舞台中的矩形图形，出现了几个形状不同的控制点，如图 5-45（a）所示，将鼠标移到右上角的旋转控制点 ⟳ 上，光标变为 ⟳ 形状时，按住鼠标左键不放拖动至渐变效果旋转 90 度，变为从上向下的蓝白渐变（见图 5-45（b）），然后按住宽度控制点 ⊟ 上下移动，调整渐变填充的宽度。如果对效果满意，只要在窗口的空白处单击，即完成了对渐变的处理。

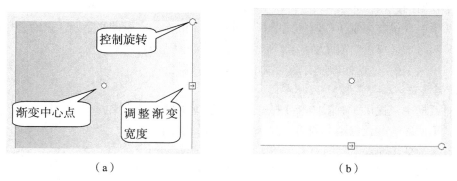

（a）　　　　　　　　　　　　　　　（b）

图 5-45　渐变变形工具的使用

取消隐藏图层 1，拖动图层 1 到图层 2 的上方，得到最后的效果如图 5-46 所示。

4．对图形进行任意变形

工具箱中"任意变形工具"组中的"任意变形工具" ▩ 用于对选择的图形进行旋转、倾斜、翻转、扭曲和封套等操作。

单击"任意变形工具" ，选择要变形的图形，选择方法与使用选择工具相同。例如，可以用拖动鼠标的方式框选出这一簇花。注意，为了避免选中其他图层的图形，应在操作前将图层 2（即天空图层）锁定。

这时图形的周围将出现一个由多个控制点组成的定界框，如图 5-47（a）所示。

图 5-46　花的修饰效果　　　　　　　　　图 5-47　选中图形

（1）缩放。将鼠标移到 4 条边中间的控制点时，光标变成双箭头↔或↕形状时，按住鼠标左键并拖动可进行横向缩放或纵向缩放；将鼠标移至 4 个角点，当光标变成斜向双箭头形状时，按住鼠标左键并拖动可以横向纵向同时缩放，按下【Shift】键，可以保持缩放时宽高比不变。

（2）翻转。将鼠标移至 4 条边中间的控制点处，光标变成双箭头↔或↕形状时，先按住【Alt】键再按下鼠标左键向对面的另一条边拖动即可翻转图形。

（3）斜切。当鼠标移至定界框左右两侧或上下两侧时，光标变成了双轴反向箭头或形状，拖动鼠标可倾斜变换图形。

（4）旋转。当鼠标移至定界框 4 个角外侧时，光标变成了弧形箭头形状，此时拖动鼠标可旋转图形。

（5）扭曲。单击工具箱附加区的"扭曲图形"工具，然后将鼠标移至定界框的 4 个角点时，光标变成了形状，按住鼠标左键并拖动控制可扭曲图形，如图 5-48（a）所示。

（6）任意扭曲。单击工具箱附加区的"封套工具"，定界框上出现了很多控制点，将鼠标移至任意一个控制点上，按住鼠标左键拖动鼠标，会出现调节柄，可随意地调节变形的程度和细节，如图 5-48（b）所示。

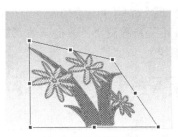

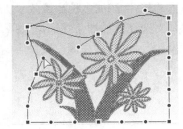

（a）扭曲图形工具　　　　　　　　　（b）封套工具扭曲

图 5-48　任意变形工具

5.3.5　添加文字

在 Flash 动画中，经常能看到一些漂亮的文字以及文字的动画。本小节将介绍如何添加文字。

1. 输入文字

单击工具箱中的"文本工具"T，首先设置其属性，如图 5-49 所示。

图 5-49　文字工具"属性"面板

"文本类型"下拉框中可选择要创建的文本类型，有静态文本、动态文本和输入文本 3 种。静态文本就是最普通的文本，动态文本指内容可以变化的文本，比如日期、时间等。输入文本指在制作好的 Flash 作品中允许用户输入和编辑。

随后是有关字体的一系列参数，包括字体、字号、颜色、左对齐、居中对齐、右对齐等，和大多数文字编辑软件中的字体设置非常类似。

最后一个按钮用于设置文本方向，包括水平、从左向右垂直和从右向左垂直 3 种。

第二排字符间距参数用于调整字符间距，字符位置参数用于设置上标或下标文字。例如，设置字体为华文楷体，字号为 48，红色，加粗，其他参数使用默认值。

设好参数后，在舞台中需要输入文字的地方单击鼠标即可创建一个用于输入的文本框（见图 5-50），在文本框中可直接输入文字。例如，输入"春天来了"。单击舞台空白处，退出文字编辑状态。

2. 编辑修改

在完成文字输入后，如果还想再对其进行编辑修改，需要再次选择"文本工具"T，在输入的文字中间某处单击，或者直接使用"选择工具"在文字上双击，即可出现文本框。此时可以编辑文字内容，选中全部或部分文字，可以在"属性"面板对其字体、颜色、大小等属性进行修改。

使用"任意变形工具"单击选中文字，出现由多个控制点组成的定界框，可以对文字进行缩放、翻转、斜切、旋转等处理。

3. 添加特殊效果

还可以在"属性"面板的"滤镜"选项卡中为文字添加特殊效果。

单击切换到"滤镜"选项卡，单击 图标，在弹出的列表中选择所需的效果（见图 5-51），可以多次单击 图标添加多种滤镜效果。添加的效果出现在左侧的滤镜列表框中（见图 5-52）。在列表框中单击选择添加的某项滤镜效果，右侧会出现相关参数设置，改变调整滤镜的效果。例如，选择"投影"，可以在右侧设置投影的模糊程度、颜色、角度等。

图 5-50　文本框

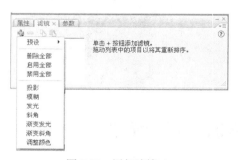

图 5-51　添加滤镜

图 5-52　设置滤镜参数

若要删除某种效果，可选中该滤镜，单击━图标，即可从列表中删除。

4. 分离

需要注意的是，在 Flash CS3 中，输入的文字默认是一个对象，即一个整体，使用选择工具选择时，会选中全部（见图 5-53（a））。也就是说，只能作为一个整体进行复制、粘贴、缩放、旋转、斜切等操作，但不能使用"扭曲工具" 和"封套工具" 进行自由变形。

如果想一个字一个字的控制，可以使用【修改】菜单中的【分离】命令，或使用快捷键【Ctrl+B】，将整个文字分离成单独的字（见图 5-53（b））。使用【分离】命令后滤镜效果会自动丢失。当然也可以对单个的字对象重新添加滤镜效果。

分离后每个字依然还是一个对象，如果再使用一次【分离】命令，还可以将文字分离成像素点（见图 5-53（c）），这时就可以使用"扭曲工具" 和"封套工具" 进行自由变形，也可以进行局部细节的修改了。但此时，这些字变成了图形，而不再是文字了，无法进行文字的编辑修改。

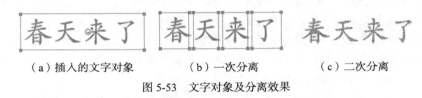

（a）插入的文字对象　　　（b）一次分离　　　（c）二次分离

图 5-53　文字对象及分离效果

5.4　如何制作简单动画

5.4.1　帧及帧的编辑

帧是组成动画的基本单位，一个完整的 Flash 动画就是由许多不同的帧组成的。播放动画，实际上就是依次显示每一帧的内容，通过这些帧的连续播放产生动画的效果。所以制作动画的第一步就是编辑帧。

帧的编辑操作，包括帧的插入、选择、删除、清除、复制以及翻转等。具体操作是在时间轴上完成的。

1. 认识帧

打开"纸飞机.fla"文件，观察时间轴面板，如图 5-54 所示。

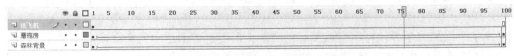

图 5-54　"纸飞机.fla"的时间轴

Flash CS3 中有 3 种基本类型的帧：普通帧、关键帧和空白关键帧。

- 普通帧在时间轴上用灰色显示▯，并且在连续普通帧的最后一帧，有一个空心矩形块▯。在这个动画中，纸飞机图层中间部分就是连续普通帧，隐藏图层 1 和图层 2，按回车键预演，可以看到每一帧的内容都相同。

- 关键帧是时间轴中有黑色实心圆点的帧▯，它定义动画变化过程中的关键部分。在这个例子中，"蘑菇房"图层和"森林背景"图层中第一帧和最后一帧都是关键帧，分别房子以及背景的起始位置和最终位置，而中间都是 Flash CS3 生成的中间帧。Flash 文档会保存每一个关键帧中的所有信息，所以制作动画时，一般只在需要发生变化的地方才创建关键帧，就像图层 3 中，只有第一帧是关键帧。

- 空白关键帧就是还没有内容的关键帧，在时间轴上显示为空心圆点的帧▯。

2. **帧的操作**

（1）插入帧。在编辑动画的过程中，经常需要在已有帧的基础上插入新的帧。例如，给这段动画加一个表示结束的片尾。首先将鼠标定位到要插入帧的地方，如图层 1 的第 101 帧处，然后用鼠标右键单击，在弹出菜单中有 3 个插入命令：【插入帧】（即插入普通帧）、【插入关键帧】和【插入空白关键帧】。

可以根据需要选择插入相应类型的帧：若是出于要添加动画的目的，一定要插入关键帧，因为只有在关键帧之间才能生成动画；如果只是插入普通静态场景，插入普通帧就可以了，当然也可以插入关键帧。无论插入关键帧还是普通帧，都会将左侧一帧的内容直接复制到新插入的帧上，如果不想让新帧继承左侧帧的内容，可以插入空白关键帧。

当前操作的目的是新建一个片尾，因此选择插入一个空白关键帧，可以看到在这一帧，舞台上只有黑色的背景。使用工具箱中的"文字工具"T单击舞台中心部位，输入"END"3 个字母（可根据情况在"属性"面板设置文字属性）。

插入这 3 种帧的操作经常会用到的，所以记住它们的快捷键是非常有必要的。

【F5】键：插入普通帧。

【F6】键：插入关键帧。

【F7】键：插入空白关键帧。

例如，如果想让刚才输入的"END"这 3 个字母持续显示 5 帧的时间，可以在第 101 帧之后继续插入普通帧，即连续按 5 次【F5】键，后面出现了连续 5 帧普通帧。

（2）选择帧。要对已有的帧进行操作，就必须先选择待操作的帧。

选择单个帧：把光标移动到需要的帧上，单击即可选择该帧。

选择多个不连续的帧：按住【Ctrl】键，逐个单击需要选择的帧。

选择多个连续帧：先选择首选帧，然后按住【Shift】键单击尾帧即可先中首尾之间的多个帧（见图 5-55）。

选择多个相邻图层上的多个连续帧：先选择最上面图层的首选帧，然后按住【Shift】键单击最下面图层的尾帧。也可以通过拖动鼠标框选的方式，选择框选范围内的帧。

图 5-55　选择连续帧

选择某个图层的全部帧：单击该图层的名字，即可选中图层中的所有帧。

（3）在连续普通帧中修改帧内容。例如，单击在图层 3 的第 45 帧，在舞台中显示的就是这一帧的内容，隐藏其他图层，选择任意变形工具，对纸飞机进行变形，再拖动改变一下位置，拖动播放头来查看一下各帧的效果，会发现，尽管刚才只是修改了第 45 帧，但其他帧的内容也同时被更新了。这是连续普通帧的特点，因此，连续普通帧常常被用于放置动画中静止不变的对象，如背景和静止固定的文字和对象等，在编辑修改时，只需要修改任意一帧的内容，就会自动应用到其他所有帧。

刚才为了持续显示 "END"，连续按了 5 次【F5】键（插入 5 次普通帧），实际上，由于插入帧操作会自动复制前面的帧，因此只需要选择第 106 帧处插入普通帧，就会将第 101 帧的内容自动延续过来。

（4）删除帧。如果想删除一个或多个帧，首先应选中要处理的帧，然后用鼠标右键单击选中的帧，在弹出的快捷菜单中选择【删除帧】命令，即可删除选中的帧，如图 5-56 所示。

　如果要删除的帧是连续普通帧的起始关键帧，如图 5-57（a）中的第 2 帧，则执行删除帧后，它后面的一个连续普通帧自动变为关键帧。

<table>
<tr><td>（a）删除前</td><td>（b）删除后</td><td>（a）删除前</td><td>（b）删除后</td></tr>
<tr><td colspan="2" align="center">图 5-56　删除帧前后对比</td><td colspan="2" align="center">图 5-57　删除帧前后对比</td></tr>
</table>

（5）清除帧。在右键菜单上还有一个【清除帧】命令，它与【删除帧】命令是完全不同的。清除帧仅仅删除所选帧上的内容，选中的帧还在，只是变成了空白帧（见图 5-58）。而删除帧，是实实在在地删除掉了选定的帧。

【清除关键帧】命令，可以将关键帧变成普通帧，如图 5-59 所示。

<table>
<tr><td>（a）清除前</td><td>（b）清除后</td><td></td><td></td></tr>
<tr><td colspan="2" align="center">图 5-58　清除帧前后对比</td><td colspan="2" align="center">图 5-59　清除关键帧前后对比</td></tr>
</table>

还需要注意的是，不能简单地按键盘上的【Delete】键来删除帧。按【Delete】键，会删掉所有连续普通帧上的内容，而对于帧的数目没有任何影响。

（6）复制帧。复制帧操作可以将同一个文档中的一帧或多帧，复制到该文档的其他帧位置，也可以复制到另一个文档中的特定位置。选中帧后，用鼠标右键单击，在弹出的快捷菜单中选择【复制帧】命令，然后在想要插入的位置右键单击，选择【粘贴帧】命令，即可复制在此处。

（7）翻转帧。翻转帧命令可以将选定的帧按顺序翻转过来，即原先的第 1 帧变成最后 1 帧，最后一帧变成第 1 帧。首先在时间轴上将所有需要翻转的帧选中（必须是两个关键帧之间的所有帧），如选中 "森林背景" 图层的所有帧，右键单击，在弹出的快捷菜单中选择执行【翻转帧】命令，按回车键，可以看到刚才森林背景是从小变大，现在是从大变小，正好倒过来。

5.4.2　制作形状补间动画

计算机对动画的辅助作用主要就体现在用户制作好关键帧，由计算机完成中间帧，前面学习的有关绘图的内容就是关键帧制作的重要部分，本节通过制作一个光芒会转动的小太阳，来学习如何制作形状补间动画。

补间动画指在一个动画中只需要创建起始帧和结束帧作为关键帧，中间的变化过程由 Flash

软件自动完成。补间动画是最常用的一种动画形式。根据补间变化的不同，又分为动画补间和形状补间两种。

动画补间也称作动作补间，用于在两个关键帧之间为相同的图形对象创建移动、旋转、缩放等动画效果，注意是"相同的图形对象"。也就是说，随着时间改变一个图形对象自身的位置、旋转角度、缩放程度等。

形状补间动画是从一个图形变成另一个图形的过程，即从第 1 个关键帧的图形慢慢变成了第 2 个关键帧的图形（见图 5-60），可以是不同图形之间的变化。

开始 1　　过渡 2-9　　结束 10

图 5-60　形状补间动画

新建一个 Flash 文档，命名为"太阳.fla"。首先创建太阳光芒转动的动画效果。

因为想独立地控制太阳并生成动画，所以需要新建一个图层画太阳。太阳一般由两部分组成，红色的圆脸和黄色的光芒，在最后的动画效果中，黄色的光芒应该有规律地来回转动。因此，光芒和圆脸也应该分别控制，即放置在不同的图层上。

1. 绘制太阳

选择"多角星形工具"，在"属性"面板中设置"笔触颜色"为白色，"笔触高度"为 3，"填充颜色"为金黄色，单击【选项】按钮，设置"样式"为星形，"边数"为 7。

将鼠标移至舞台中，在右上角拖动鼠标，绘制出一个 7 角星的形状，如图 5-61（a）所示。

为了能看清楚边线的样子，可以改变一下文档背景。使用"选择工具"，在舞台周围空白处单击，在"属性"面板中修改文档的背景属性为黑色。

使用"选择工具"，将鼠标移至每条边上，当光标变成 形状时，拖动直线边变成弧形，这样，这个光芒看上去就比较像带有卡通效果的太阳光了，如图 5-61（b）所示。

（a）

（b）
（c）

（d）

图 5-61　绘制太阳

锁定图层 1，然后单击"图层"面板中的"新建"图标，新建一个图层（名为图层 2）。

选择"椭圆工具"，在"属性"面板中设置"笔触颜色"为无色，"填充颜色"为红色，然后将鼠标移至舞台中，按住【Shift】键拖动鼠标，绘制一个大小和光芒中心差不多的正圆的太阳。

再使用"直线工具"在圆中间画 3 条直线，如图 5-61（c）所示。

使用"选择工具"，将鼠标移至每条线上，当光标变成 形状时，拖动直线边变成弧形，如图 5-61（d）所示。

如果因为直线比较短，光标总是显示为 （改变顶点的状态），即不方便选中并编辑边，可以将查看比例设大，如设为 200%，就比较容易编辑了。

现在完成了太阳笑脸的绘制。使用选择工具在笑脸中双击，选中整个图形，调整移动到光芒的正中心，如果大小不合适，可使用"任意变形工具"缩放。完成绘制后，锁定图层 2。

2．制作形状补间动画

下面要制作的动画是让光芒来回转动，笑脸保持不变。因此，需要对光芒图形制作形状补间动画。

在图层 1 的第 40 帧处右键单击，在弹出的快捷菜单中选择【插入关键帧】命令。这时舞台中只有光芒没有笑脸，这是因为在第 40 帧处，只有图层 1 新插入了帧，图层 2 只在第 1 帧处存在。可以看到，新插入的帧完全复制了第 1 帧的内容。第 1 帧相当于是初始的样子，第 40 帧可以看作是光芒转过去又转回来的样子，因此在中间位置，即 20 帧处，就应该是转到最大程度的样子。选择第 20 帧，右键单击，在弹出的快捷菜单中选择【插入关键帧】命令。

在"图层"面板解锁该图层，使用"任意变形工具"  双击选中整个光芒，并拖动右上角的旋转控制点，旋转一定的角度，如图 5-62（b）所示。

（a）第 1 帧　　　　　　　　（b）第 20 帧　　　　　　　　（c）第 40 帧

图 5-62　插入关键帧

选择第 1 帧，右键单击，在弹出的快捷菜单中选择【创建补间形状】命令，会看到图层 1 从第 1 帧到第 20 帧变成了淡绿色，而且有一条直线箭头贯穿始末（见图 5-63（a）），表明成功创建形状补间动画。如果两个关键帧之间的箭头是虚线，表示未成功创建动画，如图 5-63（b）所示。

选择第 20 帧，右键单击，在弹出的快捷菜单中选择【创建补间形状】命令，完成后半段的动画。按下【Enter】键，观察动画效果。

（a）成功创建　　　　　　　　　　　　　（b）未成功创建

图 5-63　创建"形状补间"

光芒转动的动画效果已经制作好了，还需要在每一帧上加笑脸。选择图层 2 的第 40 帧，右键单击，在弹出的快捷菜单中选择【插入帧】命令，这时，从第 2 帧到第 40 帧都完全复制了第 1 帧的内容。再次预览动画效果，达到了预期的目的。

5.4.3　制作动画补间动画

下面再制作一个白云飘动的动画补间，可以先绘制一朵白云，再制作飘动的动画效果。飘动可看作是同一朵白云对象移开再移回，因此应制作动画补间动画。

新建图层 3，因为此时已经有 40 帧动画效果了，因此新建的图层默认插入了 40 帧空白内容。

在时间轴上单击选择图层 3 的第 1 帧，选择"铅笔工具" ✐，笔触颜色设为浅蓝，高度设为 1，在舞台上画一朵白云，然后使用填充工具填充为白色，如果觉得大小不合适，可使用"任意变形工具" ▥缩放。

选择图层 3 的第 40 帧，右键单击，在弹出的快捷菜单中选择【插入关键帧】命令，其内容完全与第 1 帧相同。再选择第 20 帧插入关键帧，然后使用"选择工具" ↖ 选中整个图形，将白云向右上方移动一点距离。这样就完成了 3 个关键帧的制作。

单击选择第 1 帧，右键单击选择【创建补间动画】命令，可以看到，帧的颜色变成浅蓝色，从第 1 帧到第 20 帧出现了一条实线箭头，表明动画已成功创建。同样选择第 20 帧，创建后半段补间动画。同理，如果箭头为虚线，表明动画创建不成功。

下面按【Ctrl+Enter】组合键看一下效果。

（a）成功创建　　　　　　　　　　　　（b）未成功创建

图 5-64　创建"动画补间"

5.4.4　修改补间动画的属性

在创建好补间动画后，选择某个关键帧，可以通过"属性"面板（见图 5-65）对动作补间进行进一步的加工编辑。

图 5-65　帧属性面板（选择动画补间）

"补间"下拉框：包含了"无"、"动画"、"形状" 3 个选项，可以在这里修改动画的类型，或者通过选择"无"来删除已创建的动画。不同动画类型的属性是不同的。

● "缩放"复选框：选中后允许在动画补间的过程中改变对象大小。当然，这仅仅局限于两个关键帧中同一对象的大小发生了变化的情况。

● "缓动"参数：用于设置动画的缓动速度，值为负，则动画越来越慢，值为正，则越来越快。

● "旋转"参数：可以使对象在运动的同时产生旋转，如果选择自动，则只有同一对象在两个关键帧中的姿态确实发生了旋转的情况才产生旋转动画，如果选择顺时针或逆时针方向，会强制按指定的次数进行旋转。

最下面一行"调整到路径"、"同步"和"贴紧"是与引导动画有关的 3 个参数，具体内容请参见 5.7 节。

右侧是与声音设置有关的选项，具体内容请参见 5.6.2 节。

下面总结一下这两种动画的区别。

形状补间用于两个关键帧之间图形形状发生了变化的情况，可以看作是第 1 个关键帧中的图形，慢慢向第 2 个关键帧转变。因此，如果关键帧中的图形不是分离的图形（即选中时不是呈现为像素点的形式，而是一个完整的对象），创建的动画将无效。

动画补间是为两个关键帧之间相同的对象创建移动、旋转、缩放等效果，可以看作是同一对象属性变化的过程，所谓补间，其实就是对这些属性的补间。在 Flash CS3 中，这种动画补间动画一般是由元件制作的，所以最好将图形对象转换成元件后再制作。实际上在刚才的例子中，绘制的白云图形在添加了补间动画后，已经自动被转换成了图形元件。

5.5　如何制作和使用元件

打开"太阳.fla"文件，这里有两个动画效果，太阳用的是形状补间，而云朵用的是动画补间。现在思考这么一个问题，在很多动画中，太阳、云朵可能只是两个小道具而已，除此之外还有很多类似的动态的以及静止的道具及场景，整个剧本有一条时间主线，所有道具都分布在这条时间主线上，按要求参与主线上的活动，同时又有着自己的运动规律和周期。此时，就很难统一地控制它们的动画细节。即使在这个小例子中，如果想将太阳缩小一点，放置在右上角，也是非常麻烦的，因为太阳的光芒和笑脸在不同图层上，而且涉及了多个关键帧。同样，如果想再添加一朵稍大一点的云彩，也需要重头开始制作。在真实生活中，如果需要排演一场舞台剧，肯定会事先将这些旋转的太阳、飘动的云朵都制作成道具，甚至可以多制作几个，根据需要，在不同的时间点放在场景中的不同地方，甚至可以随着剧情的发展改变它们的位置大小等。例如，让太阳从东到西慢慢地划过天空，因为是一个独立的道具，所以在移动的过程中，它的光芒会依然保持转动。Flash 中也提供了类似的处理方式，这就是元件的概念。

5.5.1　认识元件

元件是 Flash 中一种比较独特的、可重复使用的对象，每个元件都有唯一的时间轴、舞台和若干个图层，可以独立于主动画播放。可以简单形象把元件理解为在后台独立制作的小道具，制作过程与整个动画上演的环境无关。

一个 Flash 文档只有一个主时间轴，它是唯一的，并且处于所有结构的最顶层。沿着主时间发生的是主场景，就是新建一个文档时看到的时间轴、图层和舞台。

主时间轴的作用主要用于组织动画，即将各种元件、对象等组织在一起，形成一个完整影片。因此，不建议在主时间轴上直接制作动画片段，而应在后台制作成元件。

Flash 软件支持 3 种类型的元件：图形元件、影片剪辑元件和按钮元件。

图形元件是可反复使用的静态的图形和图片，影片剪辑元件是可反复使用、独立播放的动画片段，而按钮元件用于创建动画的交互控制按钮，可以响应鼠标事件，是制作交互式动画必备的。

5.5.2　制作影片剪辑元件

打开"蓝天.fla"文件，里面只有一个图层，是前面使用矩形工具和渐变变形工具制作好的蓝天背景，为了便于区别，双击图层 1 更名为"蓝天"。下面逐步学习制作名为"春天来了"的动画，有转动的太阳、飘动的云彩、草地、小草、小花、飞舞的蝴蝶等。

单击【文件】|【另存为】菜单命令，将文件另存为"春天来了.fla"。

1. 制作太阳元件

首先制作太阳元件。由于制作的元件是一段动画片段，因此需要制作成影片剪辑元件。单击【插入】|【新建元件】菜单命令，弹出"创建新元件"对话框（见图 5-66），在"名称"文本框中给新建元件起一个好记的名字，如命名为"太阳"，在"类型"参数中选择"影片剪辑"，单击【确定】按钮。查看库面板，里面多了一个名为"太阳"的元件，类型为影片剪辑。

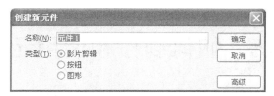

图 5-66　"创建新元件"对话框

这时舞台和时间轴都变成了新的，这就是这个元件自己的舞台和时间轴（见图 5-67），可以理解成后台的加工房间。制作动画的过程和方法和前面介绍的完全相同。制作完成后，单击◁按钮返回主场景。主场景中没有任何变化，因为刚才只是在后台制作了一个道具而已。

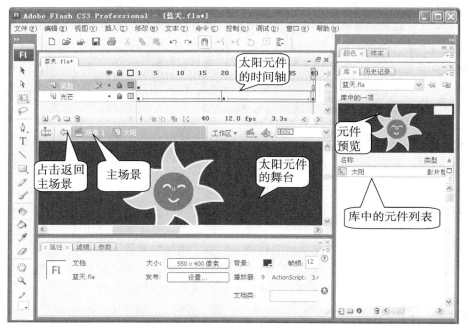

图 5-67　制作太阳元件

2. 制作白云元件

下面再创建一个白云影片剪辑元件。

单击【插入】｜【新建元件】菜单命令，弹出"创建新元件"对话框，输入名字"白云"，选择"影片剪辑"，单击【确定】按钮。观察库面板，新增加了一个名叫"白云"的元件。现在已默认进入白云的编辑状态。这时可以重新制作一段白云的动画，也可以从前一次制作的动画文件中复制动画帧。

单击【文件】｜【打开】菜单命令，打开"太阳.fla"文件，图层 3 上就是白云的动画。单击图层 3，就可选中图层 3 中的所有帧。右键单击选中的任何一帧，在弹出的快捷菜单中选择【复制帧】命令，单击"蓝天.fla"文档选项卡，切换回本文档中，目前还是在元件的编辑模式中，在时间轴上选中第 1 帧，右键单击，在弹出的快捷菜单中选择【粘贴帧】命令，就将从上一节制作的白云动画复制到了这个影片剪辑的时间轴中。单击◁按钮返回主场景。

5.5.3　制作图形元件

需要重复使用的图形可以制作成图形元件。单击【插入】｜【新建元件】菜单命令，输入名字"小草"，选择元件类型为"图形"，单击【确定】按钮。观察库面板，新增加了一个名叫"小草"的图形元件。主界面已默认进入元件编辑界面。

选择"直线工具" ╲，在"属性"面板中设置笔触颜色为深绿，笔触高度为 2，在舞台上连续绘制 3 条直线构成一个三角形，如图 5-68（a）所示。

使用"选择工具" ▶ 拖动顶点和边产生变形（见图 5-68（b）），变成小草一片叶子的样子，如图 5-68（c）所示。

使用"颜料桶工具" ◇，在颜色面板中设置类型为线性，双击左右两个颜色控制柄，分别设为深绿和浅绿，然后单击小草图形进行填充。

使用"渐变变形工具" ▣，改变渐变的方向为从上到下，完成一片叶子的制作，如图 5-68（d）所示。

一般一棵小草应该包含长长短短方向不同的几片这样的叶子，双击选中这一片叶子，使用快捷键【Ctrl+C】进行复制，然后鼠标单击舞台空白处，使用快捷键【Ctrl+V】粘贴。使用"任意变形工具" ▩，进行垂直翻转，生成对称的另一片叶子。拖动到第一片叶子的一侧，调整位置。

使用同样的方法，复制叶片并编辑叶片的长短方向，将制作好的叶片拖放在一起，就完成了小草图形元件的制作，如图 5-68（e）所示。

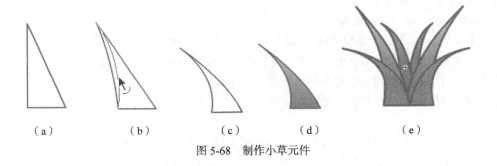

（a）　　　　　（b）　　　　　（c）　　　　　（d）　　　　　（e）

图 5-68　制作小草元件

由于绘制的是形状而不是对象，因此在上述过程中，一旦叶子之间发生了重合，就会合并在一起。因此，应该在空白处完成一片叶子的制作后再拖放在一起。在拖放过程中，应该确定调整好位置后，再取消选择。单击 ⬅ 按钮返回主场景。

5.5.4　使用元件

库中包含所有可用元件，使用时，只需要将需要的元件从库面板中拖到舞台中即可使用该元件。

新建一个图层，双击命名为"太阳"，将太阳元件从库面板中拖到舞台，称作创建了太阳元件的一个实例。使用"选择工具" ▶ 调整该实例至舞台右上角。

图 5-69　库

把元件拖到舞台中，并不是刚才创建的元件本身，而只是由它生成的一个实例。可以简单地把元件理解是一个模具，在舞台中使用的是由它复制出来的实例。

元件的实例只能放在关键帧中，并且总在当前图层上。例如，再新建一个图层，命名为"白云"。把白云元件拖到舞台中，那么白云的实例就添加在新图层中。

元件可以重复使用，即可以为一个元件创建多个实例，也可以放置在任何一个图层上。例如，选择"太阳"图层，将库中的白云元件拖入舞台，再创建两朵白云，调整一下位置。

需要注意的是，如果要为元件实例制作其在主场景中的动画效果，则应单独放置在某个图层中。

由于一个实例就是一个完整的对象，因此，只需要先选中该实例所在图层，然后使用"选择工具" ▶ 在其上单击，就可选中实例，拖动鼠标即可调整位置，按【Delete】键即可删除该实例。

当编辑修改同一个元件的实例时，它们互相之间不会产生影响。例如，使用"任意变形工具"

把新建的这一朵云缩小，既不会影响元件，也不会影响其他实例，而且其自身的动画效果不变。同样，将另一朵云缩小并稍旋转一点。

需要特别注意的是，如果修改了元件，所有实例都会受到影响。例如，双击任何一个白云实例，可进入元件编辑界面。选择第 20 帧，将白云的位置往下移一点，按回车键预览一下效果。单击 ⇦ 按钮返回主场景，按【Ctrl+Enter】组合键预览，可以看到，所有图层上的白云飘动的幅度都变小了。

图 5-70　使用元件

1. 为白云实例制作补间动画

按下【Ctrl+Enter】组合键预览动画效果，蓝天上太阳在转动，白云在飘动。虽然时间轴上只有一帧，但这一帧中的实例都是影片剪辑，自身就带有动画效果。这就好像在舞台上挂了一面钟，虽然表演没有开始，那面钟总是在不停地一圈一圈地走。

通常在主时间轴上设计整个场景的动画，可以为元件的实例制作补间动画，如让白云渐渐飘远。

选择白云图层的第 100 帧，按【F5】键插入关键帧，这一帧自动复制了第 1 帧的内容。使用"选择具" ▶ 选择一朵白云并拖动改变它的位置，使用任意变形工具缩小。再选择第 1 帧，右键单击，选择【插入补间动画】命令，在下面的"属性"面板中，选择勾选"缩放"选项。

再分别选择蓝天和太阳图层，在第 100 帧的位置插入帧，延续第 1 帧的内容。

按下【CTRL+Enter】组合键，预览一下动画效果。可以看到这朵白云越走越远，越来越小，在运动的过程中，重复着原来的上下飘动效果。而太阳和其他白云，一直在原地重复着元件中设定的动画效果。

2. 绘制山坡

最后，再用山坡和小草美化一下背景。

新建图层，双击并命名为"绿山坡"。设置"笔触颜色" ✏▨ 和"填充颜色" ♫ ▢ 均为深绿色，选择工具箱中的"铅笔工具" ✏，设置工具箱附加区中"铅笔模式" ⌇ 为平滑，用鼠标画一条贯穿舞台的曲线，并在舞台的下方转回闭合，超出舞台的部分可以画得随意一些，最后作品中是不会显示的。

使用"颜料桶工具" ♫ 在闭合曲线内单击填充，完成山坡的绘制，如图 5-71 所示。

选择第 100 帧，插入帧，将绿山坡延伸到 100 帧。

3. 使用和修改小草元件

再新建一个图层，双击并命名为"小草"，从库面板中把小草元件拖入到舞台中，使用"任意变形工具" ▨┊调整大小。

多创建几个大小高低不同的实例，调整一下位置，让它们重叠有序。

若要改变小草实例之间的前后遮挡关系，可右键单击某个小草实例，在弹出的快捷菜单中单击【排列】，可选择【移至顶层】、【上移一层】、【下移一层】、【移至底层】等命令，以改变小草实例间的前后位置。

最后单击拖动"小草"图层到绿山坡图层下面，让山坡盖住小草的根部。

现在发现小草的颜色有些单一，与山坡有些分不清，由于修改元件会影响所有实例，因此只要修改小草元件即可。

双击某个小草实例，或者在库面板中双击小草元件的图标，进入元件编辑界面，使用"颜料桶工具" ，将小草最里面的两片叶子填充成黄绿色，点击 按钮返回主场景，可以看到所有的小草颜色都发生了变化。

选择第 100 帧，插入帧，将小草延伸到 100 帧。

图 5-71　绘制绿山坡

图 5-72　添加小草实例并修改元件

按【Ctrl+Enter】组合键，预览整个动画效果。

5.6　如何导入和使用素材

在制作动画的过程，常常需要使用其他素材文件。Flash CS3 提供了强大的外部素材的导入功能，能够导入的素材类型有常规的图像素材和 PSD 素材、视频素材、音频素材、其他 Flash 动画素材等，涵盖了大多数媒体类型。

导入的素材既可以直接放置在舞台上应用于动画，也可以放在库中。这里建议导入到库中，以便多次使用。

5.6.1　导入和使用图像素材

1. 导入并使用静态图像素材

打开"春开来了.fla"文件，选择【文件】|【导入】|【导入到库】命令，弹出"导入"对话框，找到存放素材的文件夹，选择要导入的素材，如选择"小花.jpg"，单击【打开】按钮，返回工作界面。这时，选择的素材文件已经导入库中了。素材入库后，其使用方式和元件的使用类似，直接拖入到舞台中就可以了。

查看库面板，导入的 JPG 图像文件入库后，其类型为位图（见图 5-73（a））。新建一个图层，命名为"花"，将库中"小花.jpg"拖入舞台中。它是一个完整的对象，背景不透明。可以使用"选择工具" ↖ 选中并拖动鼠标移动，也可以使用"任意变形工具" ⊞ 进行缩放、旋转、翻转和倾斜，但无法扭曲变形，当然也不能局部修改颜色。可以为它制作动画，但是只能创建动画补间动画，不能创建形状补间动画，如图5-73（b）所示。

名称	类型	包
白云	影片剪辑	
补间7	图形	
太阳	影片剪辑	
小草	图形	
小花.jpg	位图	

（a）库　　　　　　　　　　　　　　　（b）使用

图5-73　导入并使用"小花.jpg"

如果要自由控制和处理这幅图像，或去除一部分内容，如白色背景，就需要先将它转换为矢量图。使用"选择工具" ↖ 选中"小花"，单击【修改】|【位图】|【转换位图为矢量图】命令，弹出"转换位图为矢量图"对话框（见图5-74（a）），通常可使用默认参数，单击【确定】按钮，就可将其转成矢量图，如图5-74（b）所示。

（a）　　　　　　　　　　　　　　　（b）

图5-74　位图转换为矢量图

为了便于以后使用，可先将它转换成一个图形元件。在选中"小花"的状态下，右键单击，在弹出的快捷菜单中选择【转换为元件】命令，弹出"转换为元件"对话框，更改元件名称为"小花"，设置元件类型为"图形"，单击【确定】按钮后，库中就多一个名为"小花"的图形元件，如图5-75（a）所示。

双击小花元件进入元件编辑界面，使用"选择工具" ↖，单击小花的白色区域，选中后按【Delete】键删除。删除所有白色背景后，就得到了一个背景透明的小花图形元件，便于以后多次使用。在时间轴面板的图层区选择图层"花"，拖到"绿坡"图层下面，调整小花的位置，让绿坡盖住小花的根部，如图5-75（b）所示。

Falsh的图像编辑能力相对比较弱，如有需要，建议在Photoshop中先对图像进行加工处理，再导入到Flash动画中。如果导入的是包含透明效果的PNG文件或GIF文件，透明效果将保留。

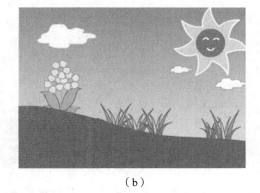

（a）　　　　　　　　　　　　（b）

图 5-75　小花图形元件

2. 导入并使用 GIF 动画素材

在收集素材时，往往会找到很多 GIF 动画文件，可以将 GIF 动画直接导入到 Flash 并加以利用。

选择【文件】|【导入】|【导入到库】命令，弹出"导入"对话框，找到存放素材的文件夹，选择"蝴蝶飞.gif"文件，单击【打开】按钮，观察库面板，会发现库中增加了很多项，如图 5-76 所示。

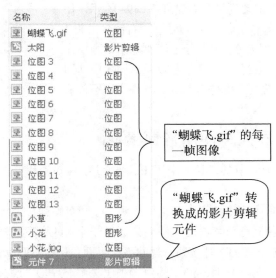

图 5-76　导入素材"蝴蝶飞.gif"入库

首先是"蝴蝶飞.gif"，它的类型是位图，不会保留动画效果。再单击其他各项，在本例子中是从位图 3 到位图 13，它们的类型都是位图，也就是一个完整的图像对象。从库面板的预览窗可以看出，这些实际上就是组成蝴蝶飞 GIF 动画的多个帧。

最后还有一个新的影片剪辑元件（此例子中为元件 7，由系统自动按流水号命名），它的类型是影片剪辑，双击元件 7 的图标，进入元件编辑界面，可以看到时间轴上密密麻麻地排列了 11 个关键帧（见图 5-77（a）），拖动播放头观察，每一帧都是一幅不同的蝴蝶图像（见图 5-77（b）），按回车键预览，可以看到蝴蝶飞的动画效果。这种动画叫作帧动画。也就是说，Flash CS3 在导入 GIF 动画时，既以图像的形式导入了所有动画帧，也自动生成包含整个动画的影片剪辑元件。

（a）　　　　　　　　　　　　　　　　　（b）11 帧内容

图 5-77　导入后生成的影片剪辑元件

双击元件 7，更名为"蝴蝶飞"，单击 ⇦ 按钮返回主场景，新建一个图层，双击更名为"蝴蝶"。将蝴蝶飞元件从库面板中拖入舞台（见图 5-78）。按下【Ctrl+Enter】组合键预览动画效果，场景中加了扇动翅膀的蝴蝶，但它只在原地飞，怎么能控制它从左到右飞过舞台呢？

最简单的方法是创建补间动画。选择蝴蝶图层的第 1 帧，使用"选择工具" ▸ 单击蝴蝶实例并拖到舞台左侧外面，然后右键单击 100 帧，在弹出的快捷菜单中选择【插入关键帧】命令，使用"选择工具" ▸ 将蝴蝶拖动到舞台右侧外面（也可使用"任意变形工具" ▦ 拖动并适当缩放），右键单击第 1 帧，在弹出的快捷菜单中选择【创建补间动画】命令，按【Ctrl+Enter】组合键预览效果。蝴蝶扇动翅膀从舞台左侧飞入，从右侧飞出，但是这种平移式飞行效果非常不自然。

图 5-78　在舞台上添加"蝴蝶飞"元件的实例

5.6.2　导入和使用音频素材

继续使用上一节的"春天来了.fla"学习导入并使用音频素材。

选择【文件】|【导入】|【导入到库】命令，弹出"导入"对话框，找到存放素材的文件夹，选择要导入的音频素材"化蝶.mp3"，单击【打开】按钮，返回工作界面。观察库面板，里面多了一个名为"化蝶.mp3"的声音项（见图 5-79）。素材入库后，其使用方法与元件一样，直接拖入舞台即可添加到当前图层上。音频素材可以添加到任何一个图层上，但是为了便于控制，通常将每个音频素材放在一个单独的图层上。在播放 Flash 动画时，会自动混合所有图层上的声音。

图 5-79　导入音频素材"化蝶.mp3"入库

新增一个图层，然后直接将导入的"化蝶.mp3"从库面板中拖到舞台中，声音就会添加到当前层中。为了便于区分，双击图层名字，更名为"音乐"，如图 5-80 所示。

单击音乐图层的第 1 帧，在"属性"面板中可以看到与声音有关的多个参数，如图 5-81 所示。

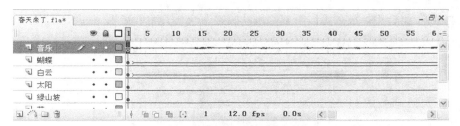

图 5-80　添加音频素材至图层

图 5-81　带有音频的帧的"属性"面板

"声音"下拉框中列出了库中所有的音频素材，可直接选择修改当前使用的素材。若选择"无"，则会删除声音。

"效果"下拉框中列出了多个音频效果，可以选择添加。例如，选择淡入，动画插入时，声音会从小变大。

"同步"有 3 个下拉框，用于控制声音和动画的同步方式。

第一个下拉框用于设置同步模式。

- "事件"模式：系统默认使用的同步模式，即当动画插入到音频的开始帧时，音频独立于时间轴插入，即使动画停止了，声音也会一直插入下去，直到播完。由于 Flash 动画默认情况下是循环播放的，因此每循环到第 1 帧都会重新开始播放声音，但如果上一轮播放时的声音文件还没有播完，就会叠加在一起，引起混乱。

- "开始"模式：指当动画播放到有音频的帧时，如果没有其他声音才开始播放，否则就不播放。因此，在这个例子中，应当选择"开始"模式，这样在动画循环播放的过程中，只有一个音频在播放。

- "停止"模式：是指到了这一帧，所有声音都停止。

- "流"模式：是指声音与动画完全同步，动画开始播放，声音也开始播放，动画到最后一帧时，不管声音文件有没有播完，都会停止。

第二个下拉框用于控制音频播放次数。若选择重复播放，则在第三个下拉框中设置重复的次数，动画播放时只播放指定次数的音频。若选择循环播放，则会一遍遍播放下去。

这个新建的"音乐"图层在时间轴上除第 1 帧是空白关键帧外，其他都是连续普通帧，因此修改任何一帧的参数都会传递给所有帧。如果希望在某一帧改变参数设置，就必须右键单击这一帧，在弹出的快捷菜单中选择【转换为关键帧】命令。同理，如果想控制声音从某一帧开始播放，或者从某一帧开始播放另一个音频文件，也需要先将这一帧转换成关键帧，再对各个关键帧单独设置其声音属性。

例如，修改刚才添加的声音属性，使其从第 20 帧开始播放。右键单击第 20 帧，在弹出的快捷菜单中选择【转换为关键帧】命令。选择第 1 帧，单击"属性"面板中的"声音"下拉框，选择"无"。选择第 20 帧，单击"属性"面板中的"声音"下拉框，选择"化蝶.mp3"（见图 5-82）。

按【Ctrl+Enter】组合键播放，可以听到这段动画过一会才开始有音乐。

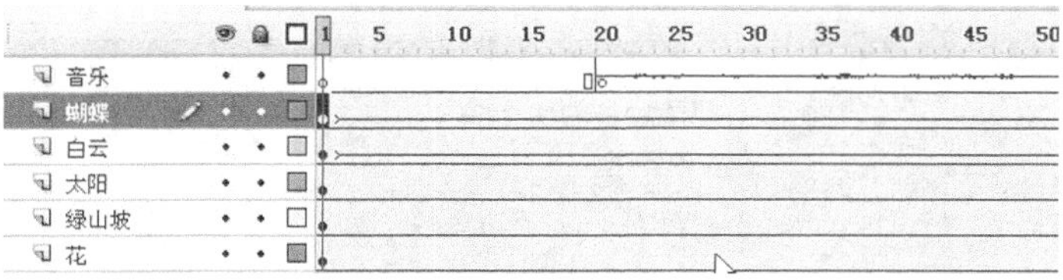

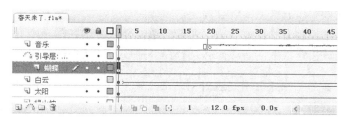

图 5-82　从第 20 帧开始添加音乐

5.7　如何创建引导动画

打开"春天来了.fla"文件，动画中拍动翅膀的蝴蝶是从外部导入的 GIF 动画自动生成的影片剪辑元件，从左向右的运动是创建补间动画的效果，也是这个动画作品中最不协调的地方。补间动画只能控制对象沿着直线运动，但在很多场景中，往往都是希望对象沿不规则的曲线运动，这就需要一种比较特殊的动画——引导动画。

所谓引导动画，就是预先设置好轨迹线，让对象沿着轨迹运动的动画。它由引导层和被引导层组成，引导层用于放置轨迹，被引导层用于放置运动对象。

5.7.1　引导蝴蝶沿路径运动

首先删除前面创建的不太美观的补间动画。在"图层"面板中单击选择"蝴蝶"图层，该图层的所有帧都处于选中状态，右键单击任何一帧，在弹出的快捷菜单中选择【清除帧】，恢复到初始状态。注意，【清除帧】命令仅仅是清除帧中的内容，不会删除帧本身。因此操作后，在"蝴蝶"图层上仍然保留着 100 个空白帧。

选择第 1 帧，从库中将"蝴蝶飞"影片剪辑元件拖入舞台，并使用"任意变形工具"拖到舞台左侧合适的位置，通过翻转、旋转调整其姿态，使蝴蝶的触角朝着运动的方向。确认图层蝴蝶为当前图层，单击"图层"面板下方的"添加运动引导层"按钮，新建一个引导层。可以看到，新建的引导层位于"蝴蝶"图层上方，"蝴蝶"图层向右侧缩进，表明受该引导层控制。

图 5-83　为图层蝴蝶添加引导层

使用"铅笔工具"在工具箱下方的附加区单击，设置"铅笔模式"为光滑模式，在舞台上绘制一条引导线，也就是蝴蝶的运动路线。在这个动画中，希望蝴蝶从左边一直飞到右边，并在中间盘旋着转个圈。注意，引导线要尽可能平滑，动画效果才更好。

选择"蝴蝶"图层的第 1 帧，使用"选择工具"，并在工具箱下方的附加区中按下"紧贴至对象"按钮，然后把蝴蝶实例拖动到引导线左端点处。注意，一定要使它的中心圆圈和引导线的端点重合，如果操作正确会有一种吸附上去的感觉。使用"任意变形工具" 调整蝴蝶的姿态，使其飞行方向与路径方向一致（见图 5-84）。

用鼠标右键单击"蝴蝶"图层的第 100 帧，插入关键帧，使用"任意变形工具" 调整大小姿态，拖动蝴蝶使它的中心圆圈和引导线右端点重合，否则起不到引导的作用（见图 5-85）。

图 5-84　第 1 帧：依附于引导线上　　　　　　　图 5-85　第 100 帧：依附于引导线末端

选择"蝴蝶"图层的第 1 帧，用鼠标右键单击，在弹出的快捷菜单中选择【创建补间动画】命令，在"属性"面板中（见图 5-86）设置相关参数。

图 5-86　第 1 帧的属性面板

- "缩放"复选框：选中该复选框可使得对象大小在首帧和末帧之间发生渐变过渡。
- "调整到路径"复选框：选中该复选框可使得在动画过程中运动对象或实例随路径调整姿态。
- "同步"复选框：选中该复选框可对实例进行同步校准。
- "贴紧"复选框：选中该复选框可将对象自动对齐到路径上。

为了让蝴蝶飞得更自然，需要选中"缩放"、"调整到路径"复选框。按【Ctrl+Enter】组合键，预览动画效果。

引导动画，可以看作是一种特殊的补间动画。和补间动画一样，最好对元件或者图像对象、文字对象创建这种动画效果，而不要对矢量图形创建这种动画。

5.7.2　引导文字沿路径运动

通过为文字对象添加引导动画，可以使文字沿路径运动。

新建一个图层，双击并更名为"文字"。在工具箱中选择文本工具，在"属性"面板中设置文本类型为静态文本，字体为华文楷体，大小为 48，暗红色，加粗，倾斜。

在舞台中左上角处，单击并拖动鼠标创建一个用于输入的文本框，在文本框中直接输入文字"春天来了"。单击舞台空白处，退出文字编辑状态。

1. 引导整条文字运动

单击"图层"面板下方"添加运动引导层"按钮 ，为文字图层创建引导层。选择"铅笔工具" ✐ , 在舞台上绘制一条引导线（见图 5-87）。为了便于区分不同的引导路径，可绘制成不同的颜色，引导线的颜色和粗细对动画效果没有任何影响，引导线也不会出现在最后的动画作品中。

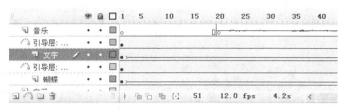

图 5-87　为文字图层添加引导层

选择"文字"图层的第 1 帧，使用"选择工具" ▲ ，并在工具箱下方的附加区中按下"紧贴至对象"按钮 ⬝ ，将文字对象拖动到引导线左端点处，使其中心的圆圈和引导线的端点重合。用鼠标右键单击第 100 帧，插入关键帧，同样拖动文字使它的中心圆圈和引导线右端点重合。

为了使文字在运动过程中发生翻转，可在中间某帧处添加关键帧并设置翻转文字。例如，用鼠标右键单击第 50 帧，在弹出的快捷菜单中选择【插入关键帧】命令，使用"任意变形工具" ⧉ ，将鼠标移至文字框的上边，向下拖动使其水平翻转，然后将鼠标移至文本框内，拖动文字对象使其中心点依附到引导线上，如图 5-88 所示。

用鼠标右键单击第 1 帧，在弹出的快捷菜单中选择【创建补间动画】命令；用鼠标右键单击第 50 帧，在弹出的快捷菜单中选择【创建补间动画】命令。

按【Ctrl+Enter】组合键观看一下动画效果，文字沿预先设定的路径运动，并在中间发生翻转。

图 5-88　第 50 帧：翻转文字并依附于引导线

2. 独立控制每一个字运动

目前，"春天来了"这 4 个文字作为一个整体参加动画，如果想分别控制，就一定要让它们分离并处于不同的图层。

选择"文字"图层的第 1 帧，首先删除刚创建的补间动画。用鼠标右键单击第 1 帧，在弹出的快捷菜单中选择【删除补间】命令。使用"选择工具" ▲ 选中文字，单击执行【修改】菜单中的【分离】命令，或者直接按下快捷键【Ctrl+B】，选中的文字变成了 4 个独立的文字。右键单击选中的 4 个字，在弹出菜单中选择【分散到图层】，观察"图层"面板中，自动创建了 4 个图层，分别以这 4 个字命名并分别放置着这 4 个字，且这 4 个图层均处于引导层之下，可以分别控制这 4 个字沿路径运动。在引导层上可以绘制多条引导线，被引导的对象放置在哪条线上，就沿哪条路径运动。也可以只绘制一条引导线，在不同帧控制不同的字现出在引导线上。

例如，利用前面绘制好的引导线，独立控制每个字的运动。删除"文字"图层，然后分别在"春""天""来""了" 图层的第 1、8、16、24 帧处插入关键帧，并拖动到引导线端点，分别在第 100 帧处插入关键帧，并拖动到引导线末端，分别在第 50、58、66、74 帧处插入关键帧，并且翻转文字后拖动到引导线上同一位置。选中"天""来""了"图层的第 1 帧，按【Delete】键删除对象。分别为各图层的关键帧创建两段补间动画（见图 5-89）。按【Ctrl+Enter】组合键观看动画效果，4 个文字依次沿引导线翻转运动。

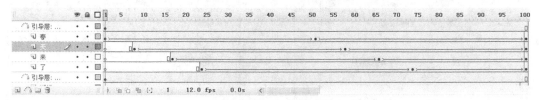

图 5-89　独立控制多个图层中的对象沿引导线运动

5.8　如何输出和发布动画

用 Flash CS3 制作的动画保存为 ".fla" 文件，这是 Flash 软件的专有格式。在动画制作完成后，需要将做好的动画发布或者导出成 Flash 动画的通用格式 ".swf" 文件，或者其它通用的文件格式。

在输出和发布之前，应确保已对动画内容进行了优化和测试，没有任何问题。

默认情况下，使用【文件】菜单中的【发布】命令就可以创建 SWF 文件，以及将 Flash 动画插入浏览器窗口所需要的 HTML 文件。

作为正式的动画产品，在发布之前，一般要先对发布参数进行设置，以保证发布的内容满足用户的需求。

5.8.1　发布 Flash 动画

选择【文件】|【发布设置】菜单命令，打开 "发布设置" 对话框（见图 5-90），在默认情况下，复选框处于选中状态的是 "Flash（.swf）" 格式和 "HTML（.html）" 格式。Flash CS3 还提供了多种其他发布格式供用户选择，包括 GIF 图像、JPEG 图像、PNG 图像、Windows 放映文件、Macintosh 放映文件和 QuickTime 格式，可以把做好的动画发布成这以上任何一种格式。如果发布成图像格式，则会失去动画效果。

默认情况下，发布动画时会使用文档原有的名称，若需要改成新的名字，可以在 "文件" 文本框中输入新的文件名。需要注意的是，不同格式的文件扩展名不同，在改文件名时注意不要修改扩展名。

选择了某种格式后，若该格式包含参数设置，会显示相应的格式选项卡，用于设置发布格式的参数。默认情况下只发布成 "Flash（.swf）" 格式和 "HTML（.html）" 格式，因此只有 Flash 和 HTML 的选项卡。

单击切换到 "Flash" 选项卡，如图 5-91 所示，这里列出了发布 Flash 的参数。

- "版本" 参数：可以选择输出 Flash 动画的版本，范围从版本 1 到版本 9，由于 Flash 动画的播放是靠插件支持的，如果用户系统中没有安装高版本的插件，那么使用高版本输出的 Flash 动画就不能正确地播放。如果使用低版本输出，有可能一些高版本动画支持的新功能将无法正确运行，所以这里一般选择使用默认值。

- "加载顺序" 参数：指当动画被读入时装载图层的顺序，由于 Flash 动画经常是在网上观看的，当远程调用时，如果网速不够，无法实时显示出来，这个参数就决定了先显示最下面的背景，然后逐渐加载上层的内容，还是先显示最上面的内容，逐渐再加载下面的层。

图 5-90　发布设置对话框

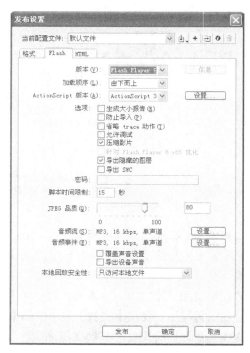

图 5-91　Flash 设置对话框

- "选项"参数："选项"设置中包含了一组复选框。勾选"防止导入"，可以在下面输入密码，这样其他人就无法把你的动画直接导入到自己的动画中，起到版权保护的作用。勾选"压缩影片"，在发布时会对视频进行压缩处理，使得文件在网络上快速传输。

- "JPEG 品质"参数：可拖动滑块，也可以直接设置数值，此参数用于设置位图文件在 Flash 动画中的 JPEG 压缩比，也就是说，设置画面被压缩后的保真程序。这个值越高，画面质量越好，但文件也越大。

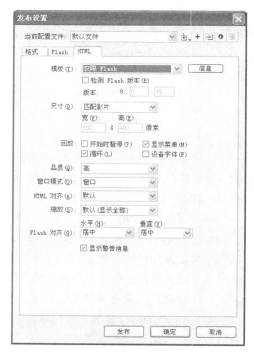

除此之外，还可以单独对音频流和音频事件进行设置，一般情况下可以使用默认值。

单击切换到"HTML"格式选项卡（见图 5-92），这里是对在浏览器中观看动画时的参数设置。

- "尺寸"参数：用于设置影片的宽度和高度属性值，下拉框中有 3 种选择："匹配影片"、"像素"和"百分比"。默认情况下是"匹配影片"，这时在浏览器中看到的与实际制作的 Flash 动画是一样大的。如果选择"像素"，则可自己输入宽度和高度的像素值；若选择"百分比"，则可设置与浏览器窗口的百分比。

"回放"参数：用于设置控制播放的形式。默认情况下，只要一打开 HTML 网页，动画就开始循环

图 5-92　HTML 设置对话框

播放。如果勾选了"开始时暂停"复选框，则只有通过用户右键单击，在弹出菜单中选择了播放时才开始播。勾选"循环"复选框，则动画会在浏览器中循环播放，否则只播放一遍就停止。

　　设置好发布参数后，单击【发布】按钮，则会发布影片，在指定的文件夹中，会出现勾选格式的文件。例如，根据现有设置，会出现了"春天来了.swf"和"春天来了.html."文件。

　　如果单击【确定】按钮，也会关闭对话框，但只会保存这些发布参数，而不会发布播放文件。待以后需要发布时，可选择【文件】菜单中的【发布】命令直接发布。

5.8.2　导出 Flash 动画

　　除了发布功能外，Flash CS3 还提供了导出功能，导出和发布类似，只是简单地将当前 Flash 动画的全部内容导出为单一文件格式。

　　选择【文件】|【导出】命令，在弹出的子菜单中有【导出图像】和【导出影片】两个命令，这是 Flash 动画的两种基本导出格式，可根据需要选择导出。一般情况下都会选择导出成影片，弹出"导出影片"对话框（见图 5-93），单击"保存类型"下拉框，可以选择保存文件的类型，常用的有 Flash 动画的标准格式".SWF"，视频文件的常见格式".avi"、".mov"等。需要注意的是，保存成图像格式会丢失动画效果，所以一般会在前 3 种中选择。

图 5-93　"导出影片"对话框

　　选择保存类型为"Flash 影片（.swf）"，设置保存文件的位置，使用默认文件名（与当前".fla"文件相同）或者自己输入文件名，单击【保存】按钮，弹出"导出 Flash Player"对话框（见图 5-94）。在这个对话框和前面发布参数里的 Flash 设置类似，单击【确定】按钮即完成动画文件的导出，这时硬盘上指定位置就多一个名为"春天来了.swf"的文件。

　　如果选择保存类型为传统的视频格式，如"*.avi"，则会弹出"导出 Windows AVI"对话框，可以设置导出影片的尺寸、格式、是否压缩及声音格式等信息，单击【确定】按钮后，会在硬盘上指定位置出现一个名为"春天来了.avi"的文件。

图 5-94 "导出 Flash Player"对话框

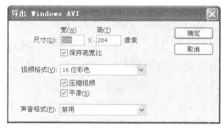

图 5-95 "导出 Windows AVI"对话框

习　　题

一、单选题

1. 以下有关动画的描述正确的是（　　　）。

　　A. 动画就是指动画片

　　B. 只有发生运动才能产生动画

　　C. 任何随时间发生的视觉变化都可以归属为动画

　　D. 动画不是一种媒体形式。

2. 下面有关关键帧的描述，正确的是（　　　）。

　　A. 关键帧就是包含了重要角色的所有帧

　　B. 一段动画就是由关键帧组成的

　　C. 关键帧一般表达某动作的极限位置、一个角色的特征或其他的重要内容

　　D. 关键帧只能由计算机生成

3. 有关矢量图，下列说法不正确的是（　　　）。

　　A. 矢量图是以像素点阵列（即矩阵）的形式存在的，矩阵中的每一个元素代表像素点的位置，元素值代表像素点的颜色

　　B. 矢量图一般只记录如何绘制图形的信息上，如位置、颜色等

　　C. 矢量图所需的存储空间一般比位图小

　　D. 矢量图放大缩小不会变形

4. Flash CS3 中的时间轴，最小单位是（　　　）。

　　A. 秒　　　　　　　B. 帧　　　　　　　C. 分钟　　　　　　D. 由用户自定义

5. 使用直线工具时，如果按下工具箱附加区的 🔘 按钮，则（　　　）。
   A. 消除线条的锯齿
   B. 便于将邻近的线条端点接合在一起
   C. 绘制的线条是矢量图形而不是对象
   D. 线条更平滑

6. 假设已在工具箱中设置笔触颜色为红色，填充颜色为黑色，要想绘制如下图所示的图形，以下操作正确的是（　　　）。

   A. 选择"椭圆工具"，在"属性"面板中将起始角度设 30，内径设为 5，将鼠标移至舞台，按住【Shift】键不放，按住并拖动鼠标绘制
   B. 选择"椭圆工具"，在"属性"面板中将结束角度设 30，内径设为 5，将鼠标移至舞台，按住【Shift】键不放，按住并拖动鼠标绘制
   C. 选择"椭圆工具"，在"属性"面板中将起始角度设 30，内径设为 50，将鼠标移至舞台，按住【Shift】键不放，按住并拖动鼠标绘制
   D. 选择"椭圆工具"，在"属性"面板中将结束角度设 30，内径设为 50，将鼠标移至舞台，按住【Shift】键不放，按住并拖动鼠标绘制

7. 要实现如下图所示的颜色渐变的填充，其操作方法为（　　　）。

   A. 在"颜色"面板中，将类型设为线性，分别设置两颜色控制柄为红色和黄色，填充后使用渐变变形工具旋转
   B. 在"颜色"面板中，将类型设为放射状，分别设置两颜色控制柄为红色和黄，填充后使用渐变变形工具旋转
   C. 在"颜色"面板中，将类型设为线性，分别设置两颜色控制柄为红色和黄色，填充后使用变形工具旋转
   D. 在"颜色"面板中，将类型设为放射状，分别设置两颜色控制柄为红色和黄色，填充后使用变形工具旋转

8. 选中文字对象后，按下【Ctrl+B】组合键，会使得（　　　）。
   A. 文字字体加粗　　　　　　　　　　B. 文字放大一倍
   C. 将文字变成矢量图　　　　　　　　D. 将文字分离成一个一个的字

9. ⊥ 表示这两帧是（　　　）。

    A．关键帧　　　　　　　　　　　　B．空白关键帧

    C．普通帧　　　　　　　　　　　　D．连续普通帧

10. 一般来说，插入新帧会继承左侧的帧，如果不想让新帧继承左侧帧的内容，可以插入（　　　）。

    A．空白帧　　　　B．关键帧　　　　C．空白关键帧　　　D．普通帧

11. 下列操作中可以删除选定帧的是（　　　）。

    A．右键弹出菜单中的【删除帧】命令

    B．右键弹出菜单中的【清除帧】命令

    C．按【Delete】键

    D．按【BackSpace】键

12. 若要从一个三角形平滑地过渡到一个矩形，就使用（　　　）。

    A．形状补间动画　　　　　　　　　B．动画补间动画

    C．帧动画　　　　　　　　　　　　D．引导动画

13. 补间动画仅发生在（　　　）。

    A．用户选择任意帧之间　　　　　　B．关键帧之间

    C．关键帧和空白关键帧之间　　　　D．关键帧和

14. 在时间轴中，表示（　　　）。

    A．第1帧和第20帧是关键帧，它们之间建立了形状补间动画

    B．第1帧和第20帧是关键帧，它们之间建立了动画补间动画

    C．第1帧是关键帧，第20帧是空白关键，它们之间建立了形状补间动画

    D．第1帧是关键帧，第20帧是空白关键，它们之间建立了动画补间动画

15. 在时间轴中，表示（　　　）。

    A．第1帧和第20帧是关键帧，它们之间建立了形状补间动画

    B．第1帧和第20帧是关键帧，它们之间建立了动画补间动画

    C．第1帧是关键帧，第20帧是空白关键，它们之间建立了形状补间动画

    D．第1帧是关键帧，第20帧是空白关键，它们之间建立了动画补间动画

16. 在时间轴中，表示（　　　）。

    A．成功创建了形状补间动画

    B．成功创建了动画补间动画

    C．创建形状补间动画，但未成功

    D．创建动画补间动画，但未成功

17. 制作元件是在（　　　）完成的。

    A．主场景所在的时间轴和舞台　　　B．所有元件公共的时间轴和舞台

    C．每个元件独立的时间轴和舞台　　　D．库中

18. 新建一个元件，制作完成后，会自动出现在（　　　）。

    A．舞台中　　　　B．库面板中　　　　C．当前图层中　　　　D．当前帧中

19. 当对元件创建动画时，以下说法正确的是（　　　）。

    A. 只能创建形状补间动画，不能创建动画补间动画

    B. 只能创建动画补间动画，不能创建形状补间动画

    C. 既能创建形状补间动画，又能创建动画补间动画

    D. 既能创建形状补间动画，又能创建动画补间动画

20. Flash CS3 中可以导入多种格式的图像素材，当使用【文件】|【导入】|【导入到库】命令导入一张名为"星星.jpg"图片时，以下描述正确的是（　　　）。

    A. 导入的图片自动添加到在当前图层中

    B. 导入的图片自动出现在舞台中

    C. 库中增加了一个名为星星的图形元件

    D. 库中增加了一个名为"星星.jpg"、类型为位图的项

21. 新建图层 1，并添加声音"s1.mp3"，其结果如下图所示，此时，若要让声音从第 10 帧再开始播放，以下操作正确的是（　　　）。

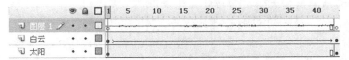

    A. 单击选择图层 1 的第 10 帧，在"属性"面板中单击"声音"下拉框，选择"s1.mp3"

    B. 单击选择图层 1 的第 1 帧，在"属性"面板中单击"声音"下拉框，选择"无"，
       然后再单击选择第 10 帧，在"属性"面板中单击"声音"下拉框，选择"s1.mp3"

    C. 单击选择图层 1 的第 10 帧，右键单击，在弹出的快捷菜单中选择【插入关键帧】
       命令，在"属性"面板中单击声音下拉框，选择"s1.mp3"

    D. 单击选择图层 1 的第 10 帧，右键单击，在弹出的快捷菜单中选择【插入关键帧】
       命令，在"属性"面板中单击声音下拉框，选择"s1.mp3"，单击选择图层 1 的
       第 1 帧，在"属性"面板中单击"声音"下拉框，选择"无"

22. 在引导动画中，若要让运动对象在运动过程中沿路径自动旋转方向使得与路径方向一致，应在关键帧的"属性"面板（见下图）中（　　　）。

    A. 单击"旋转"下拉框，选择"自动"

    B. 勾选"调整到路径"复选框

    C. 勾选"同步"复选框

    D. 勾选"贴紧"复选框

23. Flash 动画的标准文件格式是（　　　）。

    A. fla   B. gif   C. html   D. swf

二、多选题

1. 动画制作的关键技术包括（　　　）。

    A. 产生基于时间顺序的相关联的静止画面

B. 控制静止画面连续快速播放

C. 双眼立体视觉产生技术

D. 光存储技术

2. 下面有关计算机在二维动画中的作用，描述正确的有（   ）。

    A. 关键帧画面可以以数字化方式输入，也可以由用户交互编辑产生

    B. 在动画生成方面，给出两幅关键帧，计算机可以插值生成中间画面，甚至可以编程生成复杂运动

    C. 计算机可以辅助完成着色工作

    D. 计算机可以生成各种特效

3. 以下有关 Flash 动画的描述，正确的是（   ）。

    A. Flash 动画可以在浏览器中观看

    B. Flash 动画是基于矢量图形的动画

    C. Flash 动画在网上以流媒体的形式播放，可以边下载边看

    D. Flash 动画具有强大的交互功能，允许用户交互控制

4. 按下列中的（   ），可以观看动画效果。

    A. 空格键　　　　　　　　　　　　　B. 回车键（即【Enter】键）

    C.【Ctrl+Enter】组合键　　　　　　D.【Ctrl+Enter】组合键

5. 如果发生一次误操作，可以（   ）。

    A. 使用主工具栏中的"撤销"按钮

    B. 在"历史记录"面板中，单击上一步骤的描述

    C. 将"历史记录"面板中左边的滑块拖到上一步骤处

    D. 没有办法

6. 若时间轴如下图所示，以下描述正确的是（   ）。

    A. 当前图层为图层 3

    B. 图层 3 是黄色的，图层 2 是紫色的，图层 1 是绿色的

    C. 此时舞台上显示的是图层 1 和图层 3 的第 10 帧叠加在一起的效果

    D. 图层 1 被锁定了，图层 2 被隐藏了，所以只显示图层 3 的第 10 帧

7. 若想绘制一条自由曲线，应使用（   ）。

    A. 线条工具　　　　B. 铅笔工具　　　　C. 套索工具　　　　D. 多角星形工具

8. 使用基本矩形工具在舞台绘制一正方形后，以下操作可以得到预期结果的是（   ）。

    A. 使用选择工具选择正方形的一边条，将它的颜色改为红色

    B. 使用选择工具选择正方形的角，拖动将它改成圆角

    C. 使用选择工具选择正方形，在"属性"面板修改矩形边角半径为 10

    D. 使用选择工具选择正方形，在工具箱中修改填充颜色为黄色

9. 使用椭圆工具绘制了一个黑框红底的矩形（见下图），使用选择工具，在矩形中心处单击，以下说法正确的是（   ）。

  A.　这是一个矢量图形

  B.　目前选中的仅仅是矩形的填充

  C.　此时若按下鼠标左键并拖动鼠标的话，会移动整个矩形

  D.　此时选中了整个矩形

10.　使用自由变形工具时，可对绘制的矢量图形进行（　　　　）。

  A.　旋转   B.　翻转   C.　变形   D.　缩放

11.　当选择帧时，可以选择（　　　　）。

  A.　任何一个图层的任何一帧   B.　一个图层中连续的多个帧

  C.　多个图层中连续的帧   D.　多个图层中的多个帧

12.　下列有关元件使用的描述，正确的是（　　　　）。

  A.　元件可重复使用

  B.　将元件拖入舞台中，实际上是创建了该元件的一个实例

  C.　对元件的修改会影响所有实例

  D.　对实例的修改不会影响元件，但会影响其他实例

13.　当导入一个名为"小鸟.gif"的 GIF 动画时，以下描述正确的是（　　　　）。

  A.　库中增加了很多位图类型的项，它们是组成 GIF 动画的各个图像

  B.　Flash CS3 自动将该 GIF 动画转换成一个影片剪辑元件并添加到库中

  C.　Flash CS3 自动将该 GIF 动画转换成一个影片剪辑元件，这个元件本身是一个帧动画

  D.　无法导入 GIF 动画的动画效果，只能导入一张张图像

14.　如果把导入的图像拖到舞台中，以下说法正确的是（　　　　）。

  A.　它是一个完整的对象

  B.　可以选择去除部分颜色相近的背景

  C.　可以使用任意变形工具对它进行缩放、旋转、翻转和自由变形

  D.　可以使用【修改】菜单中【位图】命令项下的【转换位图为矢量图】命令，将它变为矢量图

15.　当使用【文件】|【导入】|【导入到库】命令导入音频素材时，（　　　　）。

  A.　会直接放在库中，其类型为声音

  B.　要使用该音频，只要直接从库中拖放到时间轴上任一图层中即可添加声音

  C.　要使用该音频，只要直接从库中拖放到舞台中即可添加声音

  D.　在一个 Flash 文档中，该声音只能被添加一次

16.　有关引导动画，以下说法正确的是（　　　　）。

  A.　所谓引导动画，就是预先设置好轨迹线，让对象沿着轨迹运动的动画

  B.　制作引导动画，就是在动画所在图层中绘制轨迹线，让对象沿线运动

  C.　引导动画一定包含两层，即引导层和被引导层

  D.　引导动画可以看作是一种特殊的补间动画

17. 关于创建引导动画，以下说法正确的是（　　　）。

    A. 要给当前图层添加引导动画，则需要在当前图层上新建一个引导层

    B. 引导线应该绘制在引层层上

    C. 选择构成动画的第 1 个关键帧和最后一个关键帧，一定要将这两帧中动画对象的中心分别置在引导线的起点和终点

    D. 在完成引导线的绘制以及首尾关键帧中运动对象与引导线的吸附后，在创建动画时，应右键单击起始关键帧，选择【插入引层动画】命令

18. 若"发布设置"对话框如下图所示，应用【发布】命令时，会在硬盘指定位置处生成（　　　）。

    A. myflash1.swf　　　　　　　　　　B. myflash1.html

    C. myflash1.gif　　　　　　　　　　 D. myflash1.exe

三、判断题

1. 动画产生的基本原理是：根据人眼的视觉暂留现象，只要连续快速播放一系列基于时间顺序的静止画面，就是给视觉造成连续变化的假象。　　　　　　　　　　　　　　（　　　）

2. 动画技术是随着计算机技术发展起来的一门新技术。　　　　　　　　　　（　　　）

3. 早期的"手翻书"、"留影盘"都是通过手工的、机械的方式来控制实现一系列静止画面的连续快速播放，从而产生动画的效果。　　　　　　　　　　　　　　　　（　　　）

4. 电影技术的产生与运用，使得能够用机器控制实现对连续静止画面的快速播放，从而促进了动画技术的发展。　　　　　　　　　　　　　　　　　　　　　　（　　　）

5. 二维计算机动画沿用传统的手绘动画片的制作原理，计算机的作用主要体现在对动画生成的辅助作用，并不能完全替代人的工作。　　　　　　　　　　　　　　　　（　　　）

6. 动画制作的一般流程包括策划、收集素材、动画制作、测试调试、发布这几个步骤。

                                                        （　　　）

7. 在 Flash CS3 中，每一帧都有多个图层，在制作动画时，可以控制到每一帧的每一层。

                     （　　）

8. Flash CS3 中的属性面板中永远显示 Falsh 动画的基本属性。   （　　）

9. 在使用矩形工具绘制矩形时，若笔触颜色设为红色，则绘制的矩形填充为红色。（　　）

10. 若图形中存在着细微的未完全闭合区域，是绝对无法使用颜料桶工具填充颜色的。

                      （　　）

11. 在 Flash CS3 中，使用文字工具添加多个文字时，不可独立设置每个字的颜色。（　　）

12. 完成文字输入后，就只能修改其颜色、大小等属性，不能修改其内容。 （　　）

13. 对于连续普通帧，不论修改哪一帧的内容，所有帧的内容都随之变化。 （　　）

14. 影片剪辑元件是可反复使用、独立播放的电影片段。   （　　）

15. 使用元件不仅可以有效地降低动画制作时间，而且还可以减少动画文件的大小。（　　）

16. Flash CS3 中可以导入 mp3 格式的音频素材。   （　　）

17. 若使用【文件】|【导出】|【导出影片】命令，则只可以导出 swf 文件。 （　　）